JOHANNA ROMBERG

Federnlesen

Vom Glück, Vögel zu beobachten

Mit Illustrationen von
FLORIAN FRICK

LÜBBE

Dieser Titel ist auch als E-Book erschienen

MIX
Papier | Fördert gute Waldnutzung
FSC® C002795

Originalausgabe

Textredaktion: Ann-Kathrin Schwarz, Berlin
Umschlaggestaltung: fuxbux, Berlin unter Verwendung
eines Motivs von © Florian Frick
Illustrationen im Innenteil: © Florian Frick
Satz: fuxbux, Berlin
Gesetzt aus der Caslon Pro
Druck und Einband: Livonia Print, Riga
Printed in Latvia
ISBN 978-3-431-04088-3

8 7 6 5

Sie finden uns im Internet unter: luebbe.de
Bitte beachten Sie auch: lesejury.de

JOHANNA ROMBERG

Federnlesen

INHALT

Meinen Eltern

STEINHUHN UND ALPENSCHNEEHUHN

EINLEITUNG

Rätselvogel im Gegenlicht

Wie ein Huhn eine Lebensfrage auslöste

Seit 52 Jahren lebe ich mit einer offenen Frage.

War es ein Schneehuhn? Oder doch ein Steinhuhn?

Dass es ein Huhn war, steht fest. So viel konnte ich damals schon erkennen, im Juni 1964. Wenige Wochen zuvor hatten mir meine Eltern ein Kinderfernglas und ein Bestimmungsbuch geschenkt, Titel: *Was fliegt denn da?* Unter der Frage war ein dicker roter Dompfaff abgebildet, dahinter folgten jede Menge Farbtafeln mit wenig Text. Das war mir nur recht, denn ich war gerade erst dabei, lesen zu lernen.

Der Vogel, den wir an diesem Junitag entdeckten, flog nicht, sondern saß nur still auf einem Felsen, leider etwas zu weit weg auch für die stärkeren Feldstecher meiner Eltern. Seine Silhouette, die sich in der Nachmittagssonne klar abzeichnete, erinnerte an ein Huhn. Unter der Rubrik »Hühnervögel« verzeichnete mein Vogelbuch acht Arten, die sich jedoch alle ziemlich ähnlich sahen. Den Fasan immerhin konnten wir gleich ausschließen – der hatte einen langen Schwanz, der dem Vogel X fehlte. Eine Wachtel könne es auch nicht sein, entschied meine Mutter, denn die sei, laut Bestimmungsbuch, nur so groß wie eine Drossel. Also zu klein.

Erst die Angaben neben den Farbtafeln halfen uns, die Zahl der möglichen Arten weiter einzugrenzen. Die römischen Ziffern bezeichneten das Verbreitungsgebiet, und XI stand für Hochgebirge. Da befanden wir uns gerade auf einem Plateau in den Kärntner Alpen. In diesem Lebensraum kamen, laut Buch, nur zwei Hühnerarten vor: Alpenschneehuhn und Steinhuhn. Aber welches hatten wir vor uns?

Es war eigentlich ein idealer Tag zum Vogelbeobachten. Sonnig, warm und so still, wie es nur in Regionen jenseits der Baumgrenze sein kann, wo kein Blättchen raschelt, kein Motorengeräusch aus dem Tal empordringt. Vogel X saß da, als wollte er uns Anfängern das Bestimmen extra leicht machen. Eine gute Viertelstunde blieb er unbewegt auf seinem Felsen sitzen. Nur seine Farben konnten wir nicht erkennen, weil das Gegenlicht ihn in einen schwarzen Scherenschnitt verwandelte. Als wir versuchten, uns anzupirschen, flog er auf Nimmerwiedersehen davon, buchstäblich: Ich habe seit diesem Junitag 1964 nie wieder ein Schnee- oder Steinhuhn auch nur von fern zu Gesicht bekommen.

Vielleicht war das ein Glück. Vielleicht hat dieses namenlos gebliebene Huhn dafür gesorgt, dass ich Vögel seitdem nie wieder ganz aus den Augen gelassen habe. Dass sich mein Blick auf sie, aber auch auf die Natur insgesamt dauerhaft und unwiderruflich verändert hat.

Hätte ich die Frage »Was fliegt denn da?« an jenem Tag im Juni schon beantworten können – womöglich hätte sie sich nicht zu einer Lebensfrage entwickelt. Es war auch diese Ungewissheit, die eine leise Sehnsucht hinterließ und zugleich meine Neugierde anstachelte: Werde ich Vogel X wiedersehen? Werde ich es dann schaffen, ihn zu identifizieren? Und wie viele Rätselvögel sind noch da draußen, die ich bisher nie gesehen habe und die darauf warten, entdeckt zu werden?

Seit 52 Jahren gehe ich kaum einen Tag vor die Tür, ohne automatisch den Himmel zu scannen, auf Vogellaute zu horchen. Auf der Fahrt zur Arbeit beobachte ich Wildgänse-Formationen und kreisende Bussarde durch die Windschutzscheibe, nehme Graureiher und Störche in den Wiesen neben der Autobahn zur Kenntnis. Ärgere mich, wenn ich einen Vogel im Vorbeifahren nicht gleich identifizieren kann. Bei Spaziergängen habe ich immer ein Fernglas dabei, und wenn ich verreise, dienstlich oder privat, besorge ich mir vorher ein Bestimmungsbuch der Zielregion. Ich habe Vögel im Stadtpark meiner Heimatstadt im Ruhrgebiet beobachtet und an den Fjorden Südalaskas, in der Elbtalaue und in der Savanne von Südafrika. Im Laufe der Jahre habe ich an die vierhundert verschiedenen Arten gesehen, grob überschlagen. Das klingt nach viel, ist es aber nicht. Und dass ich die genaue Zahl nicht kenne, sagt auch etwas aus über die Art, wie ich Vögel wahrnehme und beobachte.

Ich bin nämlich, das sollte ich gleich zu Anfang klarstellen, keine Expertin, nicht einmal eine besonders systematische Vogelkundlerin. Ich habe niemals Listen über gesichtete Arten angelegt, wie man es als ernsthafter Hobby-Ornithologe eigentlich tun sollte, oder gar regelmäßig Tagebuch über meine Beobachtungen geführt. Ich habe Vögel eigentlich immer nur zum Vergnügen betrachtet und belauscht – zweckfrei, ohne wissenschaftlichen Anspruch, auch ohne den Ehrgeiz, besonders viele, seltene Arten zu »sammeln«. Eines aber war mir immer wichtig: genau benennen zu können, was ich sah oder hörte. Und mit dem Namen des Vogels auch seine wichtigsten Eigenarten kennenzulernen, zu wissen, weshalb er mir ausgerechnet jetzt und an diesem Ort begegnet war. Über Vögel habe ich mir die übrige Natur erschlossen, die Pflanzen- und, ansatzweise, die Insektenwelt. Bis heute fühle ich mich in einer Landschaft erst dann zu Hause, wenn ich ihre Fauna und Flora zumindest in groben Zügen erkundet habe.

Die meiste Zeit meines Lebens bin ich allein auf Beobachtungstour gegangen, bis auf die Jahre, in denen ich mit meinen Eltern unterwegs war. Es gab in meiner Bekanntschaft immer nur wenige Menschen, die meine Leidenschaft für Vögel teilten, und früher waren es noch weniger, als es heute sind. Vögel beobachten hat ja, vor allem für Jüngere, immer noch einen Coolness-Faktor, der irgendwo zwischen Bienenzüchten und Briefmarkensammeln liegt. Wer in der Öffentlichkeit ein Fernglas trägt, zieht manchmal seltsame Blicke auf sich: Aha, einer von diesen Öko-Schraten! Mir ist das von Anfang an ziemlich egal gewesen. Ich fand es, im Gegenteil, sogar ganz schön, kein Trendsetter oder gar Teil einer großen Bewegung zu sein, sondern die Vogelwelt ganz für mich allein wahrnehmen zu können, auf meine eigene Art, nach meinen eigenen Vorlieben.

Diese Freude am Alleinsein ist jedoch seit einiger Zeit gedämpft. Und die Gründe dafür sind offensichtlich.

Man muss kein ausgewiesener Vogelkundler sein, um zu merken, dass es Vögeln zurzeit nicht besonders gut geht. Kaum ein Medienbericht zum Thema Umwelt oder Natur, der ohne Stichworte wie »Bestandsrückgang«, »Artensterben«, »alarmierend« und »bedroht« auskommt. Vögel stehen in den Meldungen besonders häufig im Fokus, zum einen, weil sie zu einer Klasse von Lebewesen gehören, die weltweit verbreitet ist, zum anderen, weil sie besonders sichtbar sind. Wenn Insekten, Amphibien oder bestimmte Pflanzenarten verschwinden, dann fällt das häufig nur einigen Spezialisten auf. Wenn aber Vogelstimmen verstummen oder der Himmel leerer wird, dann merken das auch Menschen, die die Natur nicht so systematisch beobachten. Und weil Vögel nicht nur für sich stehen, sondern auf vielfältige Weise eingebunden sind in das Ökosystem, in dem sie leben, ist ihr Verschwinden immer ein Alarmsignal für dessen Gesamtzustand.

Ich habe kein besonders gutes Gedächtnis für Zahlen, aber eine habe ich mir doch gemerkt: 421 Millionen. So viele Vögel sind allein zwischen 1980 und 2010 aus Europas Wäldern, Feldfluren, Dörfern, Städten, Küstengebieten und Flusslandschaften verschwunden. Das hat eine Langzeitstudie mehrerer europäischer Vogelschutzorganisationen ergeben, die auf den Daten Tausender systematischer Beobachtungen und Zählungen beruht. 421 Millionen: Das heißt, dass wir in den vergangenen vier Jahrzehnten mindestens ein Fünftel aller Vögel unseres Kontinents verloren haben.

Die Gründe für diese dramatischen Einbußen sind die gleichen, die seit Jahrzehnten genannt werden, wenn es um den Verlust von

Naturreichtum und Artenvielfalt geht. Die Zerstörung wertvoller Biotope. Die fortschreitende Intensivierung der Landwirtschaft. Die zunehmende Zersiedelung der Landschaft und die damit einhergehende Zerschneidung von Lebensräumen. Die nach wie vor erbarmungslose Vogeljagd in vielen Ländern. Und der Klimawandel, der vor allem spät heimkehrenden Zugvögeln zu schaffen macht, weil die Insekten, die sie fressen, sich früher als sonst entwickeln.

Es gibt, zum Glück, viele Menschen, die dieser Entwicklung nicht gleichgültig zusehen. Die ihre Stimme erheben, für Natur im Allgemeinen und Vögel im Besonderen, und sich auf verschiedenste Weise für den Schutz einzelner Arten wie auch den ganzer Biotope einsetzen. Aber es sind eben immer noch zu wenige, verglichen mit der großen Anzahl derer, die Vogelgezwitscher nur als Hintergrundmusik wahrnehmen und Natur insgesamt allenfalls als angenehme Spaziergangskulisse.

Manchmal beneide ich diese Leute, weil sie sich keine Sorgen machen, nicht darunter leiden, die fortschreitende Verarmung und Monotonisierung ihrer Umwelt mit ansehen zu müssen. Und dann wieder bedauere ich sie: weil sie nicht merken, wie viel ihnen entgeht. Natur wahrzunehmen, ist ja zuallererst ein Genuss, ein ästhetisches Vergnügen. Selbst unsere gezähmte, regulierte, über Jahrhunderte von Menschenhand überformte mitteleuropäische Landschaft ist immer noch so unendlich reich, vielfältig, aufregend, bezaubernd, wunderschön. Diese Schönheit aber kann man nur genießen, wenn man sich ihr zuwendet, sie im Wortsinn »zur Kenntnis nimmt« – sich also die Mühe macht, die Vielfalt der Arten wahrzunehmen und zu unterscheiden.

Wie wenige Menschen das tun, ist mir vor einiger Zeit wieder eindringlich bewusst geworden, an einem Abend Anfang Mai.

Ich stand auf dem Bahnhof einer norddeutschen Kleinstadt und wartete auf meinen Anschlusszug nach Hause. Neben dem Gleis lag eine dieser Brachflächen, wie Vögel sie lieben: verwahrlost und unscheinbar, überwuchert mit Holunder- und Schlehengestrüpp. Gut zwei Dutzend Vogelstimmen tönten daraus hervor. Ich erkannte Amseln und Rotkehlchen, Blau- und Kohlmeisen, Zaunkönige, eine Singdrossel. Und eine weitere Stimme, die ich lange nicht gehört hatte, die mich aber auf der Stelle die Wartezeit vergessen ließ.

Es war eine Nachtigall, und sie war in Bestform. Sie hatte das ganze Repertoire drauf, das ihren Gesang so unverwechselbar macht: die prallen, kehligen Triller, die virtuosen Tonsprünge über mehrere Oktaven, die Flötentöne, so klar und gerade, wie sie kein anderer heimischer Vogel hervorbringt. Und das alles in einer Lautstärke, die ausreichte, den gesamten zweihundert Meter langen Bahnsteig zu beschallen. Außer mir hörte ihr jedoch niemand zu. Die etwa zwanzig Wartenden, die neben mir auf dem Bahnsteig standen, guckten auf ihre Smartphones oder ins Leere; ihre Blicke verrieten, dass der Vogelgesang unbemerkt an ihren Ohren vorbeirauschte.

Ich war kurz versucht, einige Leute neben mir anzusprechen, hören Sie doch nur, diese Stimme, dies ist vielleicht die einzige Gelegenheit in diesem Jahr, sie zu erleben! Aber dann malte ich mir die möglichen Reaktionen aus, befremdete Blicke, amüsiertes Lächeln, genervtes Abwenden, und ich ließ es lieber.

An diesem Abend fasste ich jedoch einen Entschluss: Ich will meine Begeisterung für Vögel nicht länger für mich behalten. Sondern sie weitergeben, in einer Form, die möglichst viele erreicht und im Idealfall auch ansteckt.

Dass ich keine besonders systematische Beobachterin bin, sagte ich schon. Um ein Buch über Vögel zu schreiben, braucht es aber natürlich ein System. Einen roten Faden, zumindest einen soliden Ausgangspunkt. Um diesen zu finden, habe ich als Erstes mein altes Exemplar von *Was fliegt denn da?* herausgesucht. Das Vogelbuch, mit dem meine Eltern und ich damals, im Juni 1964, das Schnee-oder-Steinhuhn zu bestimmen versuchten.

Ich hatte das Buch schon lange nicht mehr in der Hand gehabt. Für den Beobachtungsalltag taugt es kaum noch, weil es ziemlich zerfleddert ist, außerdem ist es zum Teil nicht mehr aktuell: Die

Vogelwelt Mitteleuropas hat sich seit 1964 in vieler Hinsicht verändert, manche Arten sind verschwunden, andere dazugekommen, einige haben mittlerweile neue Namen, andere Verbreitungsgebiete oder sogar veränderte Zuggewohnheiten.

Für mich ist dieses Buch trotzdem eine unschätzbare Quelle, weil es so viele Erinnerungen wachruft – durch die Bilder, aber auch durch die persönlichen Aufzeichnungen, die es enthält. Am Anfang meiner »Karriere« als Vogelkundlerin habe ich nämlich zumindest zeitweise versucht, systematisch vorzugehen: Wenn ich einen Vogel zum ersten Mal sah, vermerkte ich dies mit Bleistift auf der zugehörigen Bildtafel im Buch, mit Datum und Ort der Sichtung. Etwa zwei Drittel der Bilder sind beschriftet. Der letzte Vermerk stammt aus dem Jahr 1974: eine Felsenschwalbe, gesehen an der Küste Nordwestspaniens. Danach kauften meine Eltern ein neues Vogelbuch; *Was fliegt denn da?* wanderte ins Bücherregal. Das Notieren neuer Sichtungen übernahm zunehmend meine Mutter, auch weil ich durch zu viel anderes (Pubertät und so) vom Beobachten abgelenkt war.

Während ich die Notizen las, die Bilder betrachtete, war es mir, als hätte ich ein altes Fotoalbum vor mir:

Den hab ich ja seit Ewigkeiten nicht mehr gesehen. Was mag aus dem geworden sein?

Die hier, die ist mir erst gestern begegnet, immer wieder schön, sie zu sehen. Und diese dort fliegt mir auch täglich über den Weg, es nervt schon fast, so oft sehe oder höre ich sie. Ist es nur mein Eindruck, oder begegnen wir uns tatsächlich häufiger als früher?

Dieser hier dagegen – der hat sich rargemacht in letzter Zeit, aber vielleicht liegt es auch daran, dass ich länger nicht dort war, wo er sich bevorzugt aufhält. Ich werde nie vergessen, wie ich ihm zum ersten Mal begegnet bin. Ob ich ihn überhaupt wiedererkennen würde, wenn ich ihn sähe?

Je mehr Fragen mir durch den Kopf schossen, desto mehr wurde mir auch klar: Es war zwar das Stein-oder-Schneehuhn, das mein lebenslanges Interesse an der Vogelwelt ausgelöst hat, aber es waren viele Erlebnisse mit vielen verschiedenen Vögeln, die es im Laufe der

Jahre immer wieder neu angefacht haben. Erlebnisse, die sich auch mit bestimmten Orten und Menschen verbinden.

Tafel 51 zeigte zum Beispiel die Haubenlerche: Ich sah die Vorortstraße vor mir, in der ich aufgewachsen bin und wo ich die ersten Vogelbeobachtungen meines Lebens machte. Tafel 172, der Wiedehopf: Ich erinnerte mich an den Garten des oberägyptischen Hotels, wo mir, völlig unerwartet, zwei Exemplare dieses seltenen Vogels vor die Füße trippelten. Tafel 324, der Kiebitz: Ich dachte an die Feuchtwiesen am Niederrhein, durch die ich mit meinen Eltern oft gewandert war und die damals förmlich wimmelten von Vögeln. Meinen Eltern begegnete ich auf fast jeder Seite. Ich sah meinen Vater vor mir, wie er die Hand hinter sein kriegsgeschädigtes linkes Ohr legte, um das Wispern eines Goldhähnchens zu vernehmen; ich hörte meine Mutter, wie sie uns die »Feldkennzeichen« der verschiedenen Hühnervögel vorlas, also die Merkmale, anhand derer man die Arten draußen in der Natur auch aus größerer Entfernung gut unterscheiden kann. Auch Vogelstimmen imitierte sie gern. Bis heute habe ich im Ohr, wie sie den Ruf der Weidenmeise nachmachte, in einem vollbesetzten Restaurant, so laut, dass man es an den Nebentischen hören konnte. Es war mir unendlich peinlich damals. Aber die Weidenmeise erkenne ich bis heute auf Anhieb, wann immer ich sie höre.

Weil es so viele Erinnerungen lebendig werden lässt, habe ich *Was fliegt denn da?*, mein altes Bestimmungsbuch, zum Ausgangspunkt meines eigenen Vogelbuchs gemacht. Eines Buchs, das nicht nur von Vögeln erzählt, sondern auch von meiner Beziehung zu ihnen. Von den Erlebnissen, die ich ihnen verdanke, dem Zauber, den sie auf mich ausüben, den Rätseln, die sie mir bis heute aufgeben. Eines Buchs, das aber auch eine praktische Frage beantwortet: wie man sich die Vogelwelt erschließt, ohne dass es in ein Biologiestudium ausartet. Wie man etwa lernt, die Stimme der Nachtigall aus einem Amsel- und Meisenchor herauszuhören, und wie man Hühner- und andere Vögel auch dann identifiziert, wenn sie im Gegenlicht sitzen.

Ich sage nicht, dass das leicht ist. Vögel bringen ihre Beobachter manchmal zur Verzweiflung, allein schon, weil sie fliegen können. Zwei von drei Malen sind sie verschwunden, bevor man sie genau betrachtet hat. Die verschiedenen Arten sehen einander zum Teil verwirrend ähnlich, und manche sind selbst dann kaum zu bestimmen, wenn man sie direkt vor sich hat – weil sie zu der in unseren Breiten reichlich vertretenen Kategorie »klein, braun, unscheinbar« zählen. Manche lassen sich nur anhand ihres Gesangs bestimmen, aber nicht alle Gesänge sind gleich einprägsam, und nicht alles, was Vögel von sich geben, ist Gesang.

Vögel bestimmen ist ein Handwerk, das man lernen muss und das gelegentlich Frusterlebnisse beschert. Aber früher oder später stellt man erstaunt fest, dass einem das Gucken und Horchen nach Vögeln zur alltäglichen Gewohnheit geworden ist. Und dass die Vögel selbst sich in eine Art *augmented reality* verwandelt haben – eine zusätzliche Wirklichkeitsebene, für deren Wahrnehmung es keinerlei digitale Hilfsmittel braucht.

Was fliegt denn da? enthält die Beschreibung von 337 Arten. Selbst wenn ich nur über die schriebe, die ich davon gesehen habe, würde dies den Rahmen eines Buchs sprengen. Deshalb habe ich eine Auswahl getroffen. Sie ist, wie könnte es in meinem Fall anders sein, nicht sehr systematisch. Sie bietet keinen repräsentativen Querschnitt der verschiedenen Artenfamilien, erhebt auch nicht den Anspruch, die schönsten, spektakulärsten, seltensten oder bekanntesten Spezies zu versammeln. Sie konzentriert sich vielmehr auf jene, die ich aus subjektiven Gründen besonders interessant finde, weil mich mit ihnen eine eigene Geschichte verbindet. Oft sind das zugleich diejenigen, bei deren Anblick mir die meisten Fragen durch den Kopf gegangen sind. Denn auch das ist mir beim Lesen in meinem alten Bestimmungsbuch aufgefallen: wie begrenzt meine Kenntnisse waren (zum Teil noch sind), wie wenig ich selbst über die Vögel wusste, deren Stimmen und Gestalten mir seit Jahrzehnten vertraut sind.

Also habe ich die Bekanntschaft mit ihnen von Grund auf erneuert. Habe die Orte besucht, an denen sie (noch) zu Hause sind, habe mit Experten gesprochen, die sie gründlich kennen – durch langjährige, systematische Beobachtung oder Forschung. Herausgekommen sind Vogelgeschichten, die zugleich Natur- und Beziehungsgeschichten sind. Sie beschreiben Landschaften, ihre Veränderungen und auf welch vielfältige, oft unerwartete Weise sich diese auf die Vogelwelt auswirken. Und sie zeigen, was Menschen und Vögel verbindet. Denn alle Experten, die ich getroffen habe, waren zugleich auf ihre Art auch Liebhaber, wie ich es bin. Ich habe von ihnen nicht nur viel über Vögel gelernt, sondern auch, wie viele verschiedene Gründe es gibt, sich für sie zu begeistern.

Diese Vielfalt hat mich aber auch vor ein inhaltliches Problem gestellt. Ich hatte zunächst vor, mich auf zwölf Kapitel zu beschränken: je ein Kapitel für einen Lieblingsvogel oder eine Vogelfamilie, samt der Geschichten, die es von ihnen zu erzählen gibt.

Aber schon als ich begann, den Stoff für die ersten Geschichten zu sammeln und zu sortieren, merkte ich, wie schwierig diese Beschränkung werden würde. Immer kam mir irgendetwas dazwischen, oder besser gesagt, es *flog* mir etwas dazwischen, denn meistens war es ein Vogel, der zwischendurch meine Aufmerksamkeit forderte. Manchmal direkt, bei einer Exkursion in Expertenbegleitung oder beim Gang durch den Garten, manchmal nur, weil während eines Gesprächs oder in einem Text ein Vogelname zitiert wurde, der mich neugierig machte. Immer verband sich mit dem genannten oder gesichteten Vogel irgendein Erlebnis, ein Thema, das ich zu interessant fand, um es beiseitezulassen.

Also habe ich auch diese Vogelgeschichten aufgeschrieben, in kürzeren Kapiteln, die ich mit »Zugeflogen« betitelt habe. Sie stehen zwischen den Hauptkapiteln, auch, weil sie sich so am besten in die Dramaturgie des Buches einfügen. Diese wird, natürlich, von der Jahreszeit vorgegeben. Denn die meisten Vögel sind ja für Beobachter nicht immer gleich sichtbar und hörbar, sondern haben ihre »Auftritte« nur in bestimmten Monaten.

Alle Kapitel zusammen umfassen die Vogelbeobachtungssaison eines Jahres, vom Spätwinter bis zum Herbst. Nur das letzte Kapitel spielt im Frühling des darauffolgenden Jahres.

Zum Schluss noch ein Geständnis oder auch eine Vorwarnung: Dieses Buch handelt vom Glück des Beobachtens, aber dieses Glück ist, wie ich schon gesagt habe, nicht immer ungetrübt. Ich habe eine Zeit lang überlegt, ob ich Sie, die Leserinnen und Leser dieses Buchs, mit den Sorgen behelligen soll, die mir der Zustand der Vogelwelt oft bereitet. Viele von Ihnen haben das Beobachten vielleicht gerade entdeckt und wollen es erst einmal unbeschwert genießen, bevor sie mit Problemen konfrontiert werden.

Da dies aber ein persönliches Buch ist, habe ich mich entschlossen, Ihnen das gesamte Spektrum der Empfindungen zuzumuten, die das Beobachten mit sich bringt – für mich und für alle Vogelfreunde, die ich kenne. Die Skala reicht von strahlender Euphorie bis hin zu Verlustangst und hilflosem Zorn. Diese Gefühle zu verschweigen wäre mir unehrlich vorgekommen. Und deswegen handelt *Federnlesen* auch von Themen wie Artenschwund, Lebensraumzerstörung und der mühevollen, oft entmutigenden Kleinarbeit des Naturschutzes.

Meine Erfahrung ist aber auch, dass die Freude, die das »Federnlesen« bereitet, am Ende allen Frust und Zorn bei Weitem aufwiegt. Und wenn dieses Buch dem einen oder der anderen hilft, diese Freude neu zu entdecken, dann hat es sich schon gelohnt.

Eine allerletzte Bemerkung zum Schluss: Die deutsche Sprache hat kein griffiges Wort für das, was ich beschreibe und was ich selbst bin. »Vögel beobachten« und »Vogelbeobachterin« sind lange und umständliche Begriffe. Deshalb habe ich gelegentlich auf die englischen Wörter *birding* und *birder* zurückgegriffen, die auch unter deutschsprachigen Vogelfreunden immer gebräuchlicher werden. Als »Birding« könnte Vogelbeobachtung womöglich sogar zum Trendsport werden – wie Hiking, Walking und Inline-Skating. Ich hoffe, dass ich das noch erleben werde.

ROTKEHLCHEN

KAPITEL 1

Singstunde mit Rotkehlchen

Vom Beobachten mit den Ohren,
und wie man es am besten lernen kann

Wenn es nicht gerade schüttet oder stürmt oder friert, gehe ich morgens nach dem Aufstehen für eine Viertelstunde raus auf den Balkon. Oder auch für eine halbe. Manchmal nehme ich eine Tasse Tee und mein Fernglas mit. Manchmal auch nicht.

Ich breite eine Wolldecke aus, lege ein Sitzkissen darauf, hocke mich hin und warte. Wobei – warten ist schon zu viel gesagt. Ich sitze einfach nur da. Manchmal sehe ich zu, wie die Sonne aufgeht, meistens ist es aber schon hell, wenn ich rausgehe. Ich bin keine Frühaufsteherin. Ich gehöre auch nicht zu denen, die morgens Gymnastik, Yoga oder andere nützliche Dinge praktizieren. Dazu fehlt mir die Disziplin.

Eine Zeit lang habe ich versucht, auf dem Balkon zu meditieren. Das soll außerordentlich gesund sein. Ich habe mir dafür extra ein Spezialsitzkissen gekauft, auf dem man stundenlang ausharren kann, ohne dass die Beine einschlafen. An manchen Tagen gelingt es mir sogar, für ein paar Minuten innerlich abzutauchen, die Welt um mich herum zu vergessen. Aber das klappt nicht oft. Früher oder später kommen mir immer die Vögel dazwischen.

Man kann Vögel übersehen, wenn man die Augen zumacht, aber sie zu überhören ist schwierig. Ich jedenfalls schaffe das nicht. Wenn ich eine bekannte Stimme höre – und die Vogelstimmen in meinem

Garten sind mir alle ziemlich vertraut –, dann notiere ich im Geist automatisch den Namen dazu. Die Gewohnheit sitzt so tief, dass ich sie nur schwer ablegen kann. Und wenn ich ehrlich bin, will ich das auch gar nicht. Weil es mir Freude macht, den Vögeln zuzuhören und sie wiederzuerkennen, jeden Tag aufs Neue.

»Vögel beobachten« – es gibt noch einen Grund, diesen Begriff nicht besonders zu mögen. Weil er nicht nur umständlich, sondern auch irreführend ist. Die meisten denken beim Stichwort »beobachten« spontan an Menschen, die durch Ferngläser schauen. Das ist natürlich nicht falsch. Ferngläser sind wichtig und unentbehrlich beim Vogelbeobachten. Ebenso scharfe Augen, die imstande sind, etwa eine größere Fläche schnell nach beweglichen Objekten zu »scannen«. Und ein geübter Blick, der beim Entdecken eines Vogels binnen Sekunden alle seine charakteristischen Merkmale erfasst: Größe, Statur, Haltung und Gefiederfarbe, am besten auch noch Details wie Schnabelform, Brustzeichnung und Länge der Schwungfedern.

Aber selbst die besten Augen und das stärkste Fernglas helfen beim Bestimmen oft nicht weiter.

Es gibt Vögel, die grundsätzlich nie lange genug an einem Fleck sitzen bleiben, um sie richtig ins Visier nehmen zu können. Oder sie kehren einem hartnäckig den Rücken zu. Sitzen zu weit weg oder vor der tief stehenden Sonne, sodass man ihre Farbe nicht erkennt. Oder sie sind so unscheinbar, dass man sie an neun von zehn Malen gar nicht erst entdeckt. Es existieren, ich gebe es ganz offen zu, eine Reihe von Vogelarten, die ich noch nie, wirklich noch nie, zu Gesicht bekommen habe, auch wenn ich ihnen schon begegnet bin – weil sie sich zum Beispiel nur in dichtem Röhricht oder in hohem Gras aufhalten. Trotzdem erkenne ich sie auf Anhieb, wann immer ich sie treffe. Weil sie sich durch ihre Stimme verraten. Jeder Vogel hat seinen eigenen akustischen Fingerabdruck, und es sind, zum Glück, oft gerade die Unsichtbaren und Versteckten, die am lautesten und markantesten singen.

»Vögel beobachten«, das heißt für mich auch und vor allem: zuhören. Rausgehen, sich irgendwo hinhocken und alle Aufmerksamkeit auf Stimmen und Laute lenken, am besten mindestens einmal am Tag.

Unter meinen Freunden und Bekannten sind viele Vogelliebhaber; Leute, die bei Spaziergängen gern ein Fernglas mitnehmen, ab und zu ein Bestimmungsbuch aufschlagen und im Winter draußen Futter streuen. Die meisten sagen mir, dass sie gerne öfter und intensiver beobachten würden, nur: Das mit den Stimmen sei so wahnsinnig schwer. So viele und fast immer mehrere gleichzeitig! Wie soll man sie auseinanderhalten? Und, noch schwieriger: Wie prägt man sich ein, zu welchem Vogel sie gehören? Wenn die Tierchen wenigstens das ganze Jahr über singen würden. Aber kaum ist das Frühjahr vorbei, sind alle still, und im nächsten Jahr fängt man wieder bei null an. Sisyphos lässt grüßen.

Ich sage dann immer, dass es Geduld braucht, dass es nie zu spät ist anzufangen und dass es schon ein Erfolg ist, wenn man ein halbes Dutzend der gängigsten Arten »drauf« hat. Aber wenn ich sagen soll, wie man beim Lernen am besten vorgeht und welche Hilfsmittel empfehlenswert sind, bin ich unsicher. Meine eigene Lernzeit liegt Jahrzehnte zurück. Ich weiß zwar noch, dass meine Eltern irgendwann Mitte der 1960er-Jahre eine Schallplatte mit Vogelstimmen kauften, die ich mir oft angehört habe. Ich weiß auch noch, dass während des Gesangs der Nachtigall im Hintergrund eine Kirchenglocke läutete. Aber ich erinnere mich nicht mehr, ob mir das Einprägen schwer- oder leichtfiel. Und wie viele Monate oder Jahre vergingen, bis ich die abgespeicherten Klangmuster auch draußen in der Natur einwandfrei bestimmen konnte.

Vor einiger Zeit las ich ein Interview mit dem US-amerikanischen Ornithologen Donald Kroodsma, der seit über vierzig Jahren Vogelstimmen erforscht und als einer der weltweit führenden Experten für *vocal behavior*, also »Stimmverhalten« von Vögeln gilt. Er hatte einen Ratschlag für Anfänger, der mir spontan einleuchtete: Man solle, sagte er, beim Erkunden der Vogelwelt genauso vorgehen wie beim Umzug in eine neue Stadt. Also nicht versuchen, auf einen Schlag Dutzende neuer Leute kennenzulernen oder sich möglichst schnell eine maximale Zahl unbekannter Gesichter und Namen zu merken. Sondern lieber zunächst Kontakt zu ein, zwei Nachbarn knüpfen. Sich so gründlich mit deren Eigenarten vertraut machen, dass man sie selbst bei flüchtiger Begegnung auf einer belebten Straße nicht mehr mit anderen verwechseln würde. Wenn diese ersten Bekanntschaften gefestigt genug seien, solle man darangehen, sein »soziales Netz« zu erweitern.

Ich würde Kroodsmas Ratschlag lediglich um einen Punkt ergänzen: Es kommt nicht nur auf die Methode des Kennenlernens an. Sondern auch auf den Zeitpunkt, an dem man damit beginnt.

Die meisten Vogelinteressierten wählen dafür das Frühjahr. In dieser Zeit werden die meisten Ferngläser, Bestimmungsbücher, Vogelstimmen-CDs und -Apps verkauft, und das liegt nahe. In den Monaten ab Mitte März sind Vögel am auffälligsten und am lautesten. Alle Männchen tragen ihr Brut- und Prachtkleid und sehen genauso aus wie ihre Abbilder auf den Farbtafeln der Bestimmungsbücher. Lokale Ornithologen- und Naturschutzvereine laden zu Vogelstimmenexkursionen ein, vorzugsweise in Gebiete, in denen man mit etwas Glück und bei mildem Wetter die ganze Palette der häufigsten heimischen Singvögel rauf und runter hören kann – einschließlich der Zugvögel, die bis Anfang Mai fast alle aus ihren Winterquartieren zurückgekehrt sind. Vor allem im Wald sind viele Arten in Chorstärke vertreten, und die gute Akustik sorgt dafür, dass selbst der zarteste Zilpzalp oder Zaunkönig so klingt, als singe er durch ein Megaphon.

Es ist wunderschön, so ein Vogelkonzert im Frühling. Aber als Anfänger kann man darüber verzweifeln, selbst in Begleitung eines stimmenkundigen Experten. Ich habe das schon mehrfach erlebt, wenn ich mit Freundinnen unterwegs war, die mich um einen Grundkurs in Vogelstimmenkunde gebeten hatten: Selbst wenn ich an jeder Wegbiegung aufs Neue erklärte, dass dies ein Buchfink, jenes ein Waldlaubsänger, das dort hinten eine Singdrossel sei – am Ende hatte ich immer das Gefühl, mehr Verwirrung als Erkenntnis gestiftet zu haben. Und das lag nicht am mangelnden Merk- oder Hörvermögen meiner Freundinnen: Vogelkundler des Naturschutzbunds Deutschland (NABU), die regelmäßig Exkursionen leiten, berichteten mir, dass sie Teilnehmer zu Beginn routinemäßig vor zu hohen Erwartungen an das eigene Hörgedächtnis warnen.

Der Verwirrung entgeht man übrigens auch nicht, wenn man sich strikt an Kroodsmas Ratschlag hält, zuerst seine unmittelbaren »Nachbarn« kennenzulernen. Also nicht zum Stimmenlernen in den Wald geht, sondern nur die Klanglandschaft vor der Haustür erkundet. Auch die kann im Frühling schnell unübersichtlich werden. Bei der »Stunde der Gartenvögel«, der jährlichen Vogelzählaktion des NABU Anfang Mai, komme ich regelmäßig auf über ein Dutzend Arten in Hörweite meines Balkons. Und das, obwohl unser Garten mitsamt Umgebung nicht unbedingt ein Hotspot der Biodiversität ist.

Es ist viel entspannter und effektiver, im Winter mit dem Hinhören anzufangen. Die Natur ist stiller, schon weil keine Blätter rauschen, und die Vogelwelt ist überschaubar. Alles, was Laut gibt, ist genau zu vernehmen und, dank fehlender Blätter, meist auch schnell zu sehen. Es gibt natürlich auch Tage, an denen sich gar nichts rührt, aber die sind selten. Selbst wenn ich im dunkelsten Dezember oder frostigsten Januar auf den Balkon gehe, höre ich früher oder später fast immer irgendetwas.

Die meisten Stimmen kommen nicht direkt aus meinem Garten, sondern aus dem Luftraum darüber. Trompetenrufe eines verspäteten Kranichtrupps, der in Richtung Südwesten unterwegs ist. Schreie von Graugänsen, die frühmorgens von den Wiesen in der Elbmarsch aufgebrochen sind und am Abend vielleicht in der Weserniederung einfallen. Sowohl Gänse als auch Kraniche rufen so durchdringend, dass ich sie oft sogar durchs geschlossene Fenster höre. Genau wie die Elstern, die im Winter in Trupps umherziehen, und die Krähenschwärme, die sich in den Baumkronen der umliegenden Gärten zu lautstarken Kongressen treffen. Wenn man Krähen länger zuhört, fällt einem übrigens auf, dass »Krächzen« nur ein Oberbegriff für eine ganze Palette differenzierter Lautäußerungen ist. Eine der auffälligsten, die Krähen in meiner Umgebung von sich geben, ist ein lang gezogenes »Knääät«, das unfassbar kläglich und übellaunig klingt. Der Laut erinnert mich immer an ein Kind, das quengelt, weil es endlich an den Computer will.

So interessant Krähen sind – ihr Gesang ist zumindest für mich kein Grund, an kalten Januartagen länger auf dem Balkon auszuharren.

Es gibt einen anderen Wintervogel, dem ich viel lieber lausche. Und wenn ich die Zeit hätte, könnte ich das auch tage- und stundenlang tun, denn er gehört zu den ausdauerndsten Sängern überhaupt.

Das Rotkehlchen singt fast das ganze Jahr über – mit nur einer längeren Pause ab dem Spätsommer bis zum Winteranfang. Dann erheben vor allem diejenigen Vögel die Stimme, die aus nördlichen Regionen zu uns ziehen, um hier die kalte Jahreszeit zu verbringen. Sie singen bei fast jedem Wetter, außer bei starkem Regen und Frost, sie singen morgens und abends, manchmal auch tagsüber, aber lieber noch im Dunkeln, vor dem Morgengrauen und nach Sonnenuntergang. Es gibt sogar Berichte über einzelne Exemplare, die bei einer einbrechenden Sonnenfinsternis anfingen zu singen, oder nachdem man sie in einen dunklen Stoffbeutel gesteckt hatte. Rotkehlchen singen, gefühlt, in jedem dritten Garten, und wer keinen hat, muss nicht weit gehen, um eines zu hören: Es gibt allein in Deutschland um die drei Millionen Brutpaare, die sich im Prinzip überall niederlassen, wo sie etwas Grün mit genügend blickdichtem Buschwerk vorfinden. Es singen die Männchen ebenso wie – seltener – die Weibchen, und Erstere singen fast immer solo: Rotkehlchen sind ausgesprochene Reviervögel; ihr Gesang dient auch dazu, Rivalen im Nachbarrevier auf Abstand zu halten. Das wiederum erleichtert Menschen das Zuhören, weil man die einzelne Stimme nicht aus einem Chor von Artgenossen herausfiltern muss.

Und wie klingt sie nun, diese Stimme?

Ich könnte es mir jetzt einfach machen und sagen, geben Sie den

Namen im Internet ein und hören Sie sich die erstbeste Tonaufnahme an, die Sie finden. Es gibt mittlerweile kaum noch einen Vogellaut, der nicht digital abrufbar wäre; Datenbanken oder spezielle Apps bieten sogar die Stimmen seltener Arten in meist mehreren Variationen. Und bei häufig vorkommenden Vögeln wie dem Rotkehlchen hat man die Auswahl zwischen Hunderten von Aufnahmen.

Aber ich möchte es mir nicht einfach machen. Ich möchte zum einen erklären, warum mich gerade der Gesang des Rotkehlchens so fasziniert; zum anderen möchte ich den Autoren einiger Vogelbücher und Webseiten widersprechen, die ihn als »unverkennbar« bezeichnen. Ich finde, er ist alles andere als das: nicht nur schwer zu erkennen, sondern auch fast unmöglich zu beschreiben. Er gehört zu den Gesängen, die ich erst relativ spät entdeckt habe, und es hat auch einige Zeit gedauert, bis ich ihn zu jeder Jahreszeit sicher »erhören« konnte.

Wenn man die Vogel(stimmen)welt nach dem Prinzip Kroodsma erkundet, also wie ein Neubürger eine Stadt voll unbekannter Menschen, dann stellt man bald fest, dass es unter ihren Bewohnern verschiedene Typen gibt. Solche, die einem das Kennenlernen leicht machen, und andere, die sich eher entziehen.

Es gibt Stimmen-Typen, die einem auf Anhieb vertraut sind wie alte Bekannte. Weil sie besonders markante Merkmale haben, oder auch, weil sie insgesamt eher schlicht gestrickt sind. Weil sie immer die gleichen eingängigen Floskeln wiederholen, die man schon bald in- und auswendig kennt.

Andere »Nachbarn« muss man sich dagegen erhorchen, mit viel Geduld und Aufmerksamkeit. Entweder sind sie so unauffällig oder einsilbig, dass man sie ständig überhört. Oder ihr Wesen ist so vielschichtig und schillernd, dass es Wochen und Monate dauert, bis man es in all seinen Facetten zur Kenntnis genommen hat. Es sind, nicht überraschend, vor allem diese »schwierigen« Typen, denen man besonders gern zuhört – sie werden einfach nie langweilig.

Zu den schlichteren Charakteren der Vogelwelt gehören, stimmlich gesehen, etwa Kuckuck und Zilpzalp. Ihre Namen sind die lautmalerische Übersetzung ihres Gesangs. Den Ruf des Kuckucks erkennen auf Anhieb sogar Menschen, die sonst weder Blicke noch Ohren für Vögel haben, und auch für den Zilzalp muss man nicht lange üben. Professoren bezeichnen ihn auch als »Studentenvogel«, weil er in der Regel der einzige heimische Sänger ist, den angehende Biologen im ersten Semester benennen können.

Wenn man im Winter mit dem Vogelstimmenhören beginnt, helfen Zilpzalp und Kuckuck allerdings nicht weiter, denn beide treffen erst im Frühjahr wieder in Europa ein, der eine ab Mitte März, der andere erst ab Ende April. So bleibt einem nichts anderes übrig, als sich ausgerechnet am Anfang auf eine der schwierigsten Stimmen aller heimischen Vögel einzulassen.

Über den Gesang des Rotkehlchens heißt es, dass er 275 unterscheidbare Motive aufweise. Das habe ich allerdings nur gelesen; es stand nicht dabei, mit welcher Methode die Werte ermittelt wurden. Ich bin mir nur sicher, dass ich es nie nachprüfen könnte.

Wenn ich das Rotkehlchen-Lied in einem Satz beschreiben sollte, dann ganz anders: als ein Lied ohne Eigenschaften. Es hat, zumindest für menschliche Ohren, keine unverwechselbaren Kennzeichen: keine Melodie, keinen Rhythmus, keine Laute, die an Sprechsilben erinnern. Oft hat es nicht einmal einen erkennbaren Anfang oder ein Ende. Wirklich nichts, an dem man sich beim Zuhören festhalten könnte.

Der Meister-Zuhörer Donald Kroodsma hat einen Tipp, wie man sich auch solche Stimmen aneignen kann. Man solle, sagt er, nicht versuchen, einen Vogel nur zu identifizieren, sondern sich vielmehr *mit* ihm identifizieren. Ihn als Individuum wahrnehmen, nicht nur als Vertreter einer bestimmten Spezies. Sich so lange und intensiv in ihn hineinhorchen, bis einem sein gesamtes Lautrepertoire vertraut ist, seine besondere Art, sich auszudrücken – einschließlich der persönlichen Nuancen und Varianten.

»Tiefes Zuhören« nennt Kroodsma diese Methode der Naturwahrnehmung. Auch das finde ich sehr nachahmenswert, aber ich bin nicht sicher, ob es gerade Anfängern wirklich weiterhilft. Ich würde mir bis heute nicht zutrauen, die verschiedenen Vogelindividuen in meinem Garten sicher am Gesang zu unterscheiden – und das, obwohl ich ihnen Jahr für Jahr viele Stunden zuhöre. Allein mit den Amseln wäre ich schon überfordert; in Hörweite meines Balkons gibt es mindestens fünf oder sechs – schwierig bis unmöglich zu erkennen, welche von ihnen sich gerade hören lässt.

Es gibt aber eine Variante des »tiefen Zuhörens«, von der ich aus eigener Erfahrung sagen kann, dass sie ganz gut funktioniert. Sie ist, soweit ich weiß, noch von keinem Experten empfohlen oder in irgendeiner wissenschaftlichen Studie getestet worden, aber ich bin sicher, dass sie auch von anderen Vogelkundlern schon entdeckt worden ist und erfolgreich praktiziert wird.

Die Methode besteht darin, einem Vogel in Ruhe zu lauschen, ohne dabei irgendetwas »festhalten« zu wollen. Den Gesang einfach auf sich wirken zu lassen, so, wie ein Baby die Stimmen seiner Umgebung auf sich einrauschen lässt: konzentriert, aber absichtslos, ohne den Versuch, sich irgendetwas zu merken, irgendwelche besonderen Kennzeichen herauszuhören. Das Wiedererkennen und Verstehen passiert dann früher oder später von ganz allein.

Das mit dem »Verstehen« ist natürlich nicht wörtlich gemeint. Aber es gibt einen Punkt, an dem man spürt, dass die Stimme im Kopf »angekommen« ist, dass sie etwas auslöst. Ich merke das daran, dass sich beim Zuhören Bilder vor mein inneres Auge schieben. Beim Rotkehlchen zum Beispiel sehe ich einen Wassertropfen vor mir, sehr kühl und sehr klar, der an einer Fensterscheibe herunterrinnt. Nicht gleichmäßig, sondern stockend, in einer unregelmäßigen Zickzackbahn. Er schwillt an, wird dann wieder zu einem Rinnsal. Und versickert irgendwo außer Sichtweite.

Manchmal sehe ich auch eine Gestalt, die sich auf einen zugefrorenen See wagt. Sie tastet sich vor, sehr unsicher auf den Beinen, glitscht immer wieder nach links und rechts aus. Und hinterlässt eine zittrige Spur, die der Schnee sofort wieder verweht.

Diese Bilder sind natürlich völlig subjektiv; jeder findet beim Zuhören seine eigenen. Aber sie helfen, die dazugehörige Stimme dauerhaft im Gedächtnis zu verankern. Irgendwann verschmelzen Bild und Stimme so, dass man das eine gar nicht mehr ohne das andere denken kann. Mir passiert es mittlerweile gelegentlich, dass ich beim Anblick einer verregneten Fensterscheibe automatisch den Gesang des Rotkehlchens im Kopf höre.

Es sind nicht nur die komplizierten, ausdrucksstarken Stimmen, die Klangbilder heraufbeschwören. Die Kohlmeise etwa hat einen Ruf, der nur aus drei Silben besteht, die mehrmals wiederholt werden. »Zizi däh, zizi däh, zizi däh.« Es ist tatsächlich nur *ein* Ruf von vielen; die Kohlmeise hat ein so umfangreiches Lautrepertoire, dass sie selbst erfahrene Beobachter gelegentlich verwirrt. Aber fast alle Laute klingen in meinen Ohren irgendwie »meisig«. Ich merke das daran, dass ich beim Hören einen bläulichen Eiskristall vor mir sehe, den jemand im Sonnenlicht rhythmisch hin und her bewegt. Dass es ein frostiges Bild ist, ist sicher kein Zufall: Kohlmeisen gehören ebenfalls zu den Vögeln, die mitten im Winter zu hören sind, vorzugsweise an sonnigen Tagen.

Es gibt zwei Wintervögel, zu deren Stimmen mir bislang keine Bilder eingefallen sind. Was vor allem daran liegt, dass ich sie zumindest akustisch noch nicht so lange kenne. Optisch sind beides alte Bekannte. Der Erlenzeisig fällt regelmäßig über unser Futterhaus her – »herfallen« ist das richtige Wort, denn diese Vogelart fliegt meist in Pulks ein, die andere Gäste sofort in die Flucht schlagen. Man erkennt Erlenzeisige äußerlich leicht, denn sie sind ziemlich lebhaft grün-gelb-schwarz gemustert. Seine Stimme aber ist mir über Jahre buchstäblich entwischt: ein hauchzartes, flüchtiges, wieselschnelles Wispern, mit einem seltsam starren Sirr-Ton in der Mitte. An diesem Ton habe ich den Gesang schließlich »zu fassen« bekommen. Der Ton dauert nur eine Sekunde an und klingt irgendwie elektrisch, wie ein surrender Telegrafendraht. Man könnte auf die Idee kommen, ein heimtückischer Computerbastler hätte den Ton in den Gesang des Zeisigs einkopiert – so technisch, so unnatürlich wirkt er. Beinahe schon unheimlich. Und, hier stimmt das Wort wirklich: unverkennbar.

Der zweite Vogel, dessen Stimme ich erst kürzlich kennengelernt habe, ist der Dompfaff. Die meisten neueren Bestimmungsbücher führen ihn unter »Gimpel«, aber seinen zweiten Namen finde ich viel treffender, ebenso seinen englischen: *bullfinch*, wörtlich übersetzt Bullenfink. Beide Bezeichnungen beziehen sich nämlich auf die wuchtige Gestalt des Vogels, und an der liegt es vor allem, dass mir seine Stimme so lange entgangen ist: Beides passt irgendwie nicht richtig zusammen.

Wenn man den Dompfaff in einem Busch hocken sieht, bullig, schwarzköpfig, dickschnabelig, das Männchen mit leuchtend kardinalsrotem Bauch, dessen Farbe es den Namen »Dompfaff« verdankt und der aufgeplustert fast wie ein Wanst aussieht – wenn man das sieht, dann erwartet man einen Ruf, der schmetternd und sonor klingt, so wie das Organ eines Domherrn, das von der Kanzel mühelos bis in die hintersten Kirchenbänke dringt. Stattdessen kommen zwei zarte Pfeiftönchen, denn der Vogel hat geradezu eine Fistelstimme. Das einzige Bild, das mir bislang dazu eingefallen ist, sind zwei kurze, leicht abfallende Buntstiftstriche auf einem Blatt Papier.

Der eigentliche Balzgesang ist noch unauffälliger: eine Serie von leisen Pfeif-, Tick- und Knirschlauten, die eher wie eine Aufwärmübung zum Singen wirken denn wie ein richtiger Gesangsvortrag.

Ich war trotzdem begeistert, als ich den Dompfaff zum ersten Mal vom Balkon aus singen hörte. Und kurz darauf sogar sah – dank einer gärtnerischen Grundsatzentscheidung, die wir gleich beim Kauf unseres Hauses gefällt hatten: keine Koniferen und Rhododendren auf unserem Grundstück zu pflanzen und die vorhandenen, so weit wie möglich, zu entfernen. Fast alle Büsche und Bäume, die ich von meinem Balkon aus sehen kann, sind daher im Winter kahl. Das sieht natürlich an manchen Tagen spröde aus, aber es hat einen entscheidenden Vorteil: Was immer zwischen November und Ende März unseren Garten anfliegt, entgeht mir so gut wie nie, erst recht nicht, sobald es den Schnabel aufmacht.

Wenn ich einem Vogel zum ersten Mal beim Singen oder Rufen zusehe, dann ist es oft, als wenn etwas »Klick« macht im Kopf. Als würde ich ihn erst in diesem Moment wirklich kennenlernen. Und manchmal ist das tatsächlich so: wenn es mir beim Zusehen gelingt, einen bis dahin unbekannten Laut erstmals zuzuordnen. Mich versetzt das in ähnliche Hochstimmung wie die erste Sichtung des Vertreters einer Art, die ich bis dahin noch nie in natura gesehen habe.

Ich hatte die beiden zarten Pfeiftöne zwar vorher schon vernommen, aber nur selten und nie richtig bewusst – vielleicht auch, weil sie so ähnlich klingen wie ein Pfiff aus einem Menschenmund. Kaum hatte ich sie identifiziert, hörte ich es plötzlich ständig irgendwo pfeifen. Das war keine Sinnestäuschung; bei anderen »neuen« Lauten ist es mir meist ähnlich gegangen. Vögelbeobachten hat eine langfristige Nebenwirkung: Je länger und genauer man hinhört und -sieht, desto mehr nimmt man wahr, desto schärfer werden die Sinne. Ich glaube, es ist nicht falsch, von einer milden Form von Bewusstseinserweiterung zu sprechen.

Bis heute löst das Pfeifen eines Dompfaffs bei mir übrigens einen Reflex aus: Ich muss sofort nach meinem Fernglas greifen, notfalls ins Haus gehen, um es zu holen. Es ist ja kein Zufall, dass der Dompfaff einer der meistgemalten Vögel der Kunstgeschichte ist und bis heute, neben dem Rotkehlchen, eines der beliebtesten Motive für Postkarten oder die Cover von Bestimmungsbüchern: Er sieht einfach spektakulär aus, mit diesem großen roten Bauch, der inmitten einer stumpf graubraunen Wintervegetation besonders auffallend leuchtet. Auch das Weibchen ist markant: nicht rot, aber genauso groß und bullig, mit der gleichen lackschwarzen Kopf- und Augenbedeckung, dem mächtigen Schnabel, den scharf abgesetzten weißen Flecken an Flügeln und Schwanzwurzel. Und es singt auch. Wenn ein Dompfaff pfeift, weiß ich, dass ich mit etwas Glück gleich zwei zu sehen bekomme; Weibchen und Männchen sind fast immer gemeinsam unterwegs und halten, zart pfeifend, Verbindung zueinander.

Nach dem Umzug in eine neue Stadt kommt früher oder später der Moment, an dem man das Gefühl hat, halbwegs angekommen zu sein. Man ist den Nachbarn oft genug begegnet, um sie nicht mehr zu verwechseln; manche kommen einem schon wie alte Freunde vor. Diese Vertrautheit ist eine gute Ausgangsbasis, um neue Bekanntschaften zu schließen.

Zwischen Mitte und Ende März landen die ersten Zugvögel in meinem Garten, meist macht der Zilpzalp den Anfang. In den folgenden Wochen verschwinden Dompfaff, Zeisig und Rotkehlchen zusehends aus meinem Blick- beziehungsweise Hörfeld. Sie ziehen sich aus meinem Garten in die Wälder der Umgebung zurück oder auch in ihre weiter nördlich gelegenen Brutgebiete – ein Teil von ihnen sind Zugvögel, die nur den Winter in Mitteleuropa verbringen. Das Rotkehlchen ist vergleichsweise ortstreu, aber seine Stimme geht vor allem tagsüber im Chor der vielen anderen unter, die markanter und zum Teil auch lauter singen. Morgens vor Sonnenaufgang, wenn es noch allein singt, verpasse ich es meistens, weil ich zu spät aufstehe.

Aber manchmal gehe ich auch abends auf den Balkon, wenn es schon dunkel ist. Hocke mich auf mein Kissen, schließe die Augen und lasse die letzte Vogelstimme des Tages auf mich wirken. Sehe zu, wie vor meinem inneren Auge die Tropfen ihre Spuren ziehen, zittrig und im Zickzack, aber sehr kühl und sehr klar. Wenn sie lange genug fließen, gelingt es mir manchmal, darin einzutauchen und für ein paar Minuten an nichts zu denken. Wirklich an nichts.

EISSTURMVOGEL

KAPITEL 2

Am Ende des Weges wartet vielleicht eine Röhrennase

Wie ein Vogelbuch mir half, Wanderungen mit meinen Eltern zu überstehen

Manchmal, wenn ich morgens auf dem Balkon sitze und den Vögeln lausche, versuche ich mich zu erinnern, wie es vorher war. Bevor ich das Schnee-oder-Steinhuhn in den Kärntner Alpen entdeckte, bevor meine Eltern mir das erste Fernglas und Bestimmungsbuch schenkten, bevor die Frage »Was fliegt denn da?« überhaupt in meinem Leben auftauchte.

Ich versuche mir vorzustellen, wie das war damals: morgens vor die Tür zu gehen und nicht zu sehen, was da fliegt, nicht zu hören, was da zwitschert und singt. Vögel gerade nur so wahrzunehmen wie Blätterwirbel am Straßenrand, Wolkenformationen oder Hundegebell: Naturphänomene und Tierlaute, die zum Grundrauschen des Alltags gehören.

Ich kann es mir nur schwer vorstellen. Es ist so lange her. Ich habe das »Federnlesen« etwa zur selben Zeit wie das Lesen gelernt. Wie das war, als Buchstaben und Zahlen für mich noch lustige Häkchen und Kringel ohne jede Bedeutung waren – auch daran kann ich mich nur noch dunkel erinnern.

Ich will es trotzdem versuchen. Wenn man andere fürs Vögelbeobachten begeistern will – und das will ich mit diesem Buch unbedingt –, dann sollte man eine Ahnung davon haben, wie die eigene Begeisterung geweckt worden ist.

Ich habe eine Quelle, die zumindest ein paar Anhaltspunkte liefert: der Kosmos-Naturführer *Was fliegt denn da?*, 17. Auflage 1964. Mein erstes Bestimmungsbuch.

Neulich habe ich es wieder einmal durchgeblättert, das schmale Bändchen mit den beiden dicken Dompfaffen vorne drauf. Und dabei zum ersten Mal auch Vorwort und Benutzungsanleitung genauer gelesen. Wirklich zum ersten Mal. Denn damals, als ich anfing mit dem Beobachten, habe ich die Seiten vor den Farbtafeln meist überblättert, auch weil ich das Lesen längerer unbebilderter Texte noch zu mühsam fand. Im Nachhinein denke ich, dass dieses Versäumnis vielleicht ganz gut war.

Der Verfasser von *Was fliegt denn da?*, Heinrich Frieling, war Doktor der Biologie und ein »vielseitig interessierter Mensch und Künstler« – so las ich es in einem Nachruf der Ornithologischen Gesellschaft Bayerns, der 1996 erschien. Der Nachruf erwähnt, dass Frieling, geboren 1910, nicht nur Vogelkundler war, sondern auch expressionistisch-surreale Bilder malte und 1948 ein »Institut für Farbenlehre und Farbpsychologie« gründete. Im gleichen Jahr veröffentlichte er ein Buch mit dem schönen Titel *Der singende Busch – Über die Seele der Landschaft in den Stimmen und Farben unserer Vögel.*

Über all das steht in *Was fliegt denn da?* kein Wort – obwohl Frielings Bestimmungsbuch schon damals, mit über 300 000 verkauften Exemplaren, ein Bestseller war. Die Vogelporträts auf den Bildtafeln lassen auch nicht ahnen, dass ein Künstler mit expressionistischer Handschrift daran mitgewirkt hat. Nur Vorwort und Benutzeranleitung verraten, wer der Verfasser – auch – war: ein Lehrer, der ebenso streng wie gewissenhaft gewesen sein muss. Und der beim Beobachten der Natur größten Wert auf systematisches Vorgehen legte.

»Vor dem Bestimmen unbedingt lesen!«, befiehlt die Überschrift der Benutzeranleitung, und Punkt 1 lautet:

»Der Vogel muss bei möglichst neutraler Beleuchtung und unter Beachtung seiner besonderen Stellung, am besten mit einem 6- bis 10-fach vergrößernden Feldstecher, beobachtet worden sein, ehe mit der Bestimmung begonnen werden kann. Man mache sich Notizen über Stimme und nähere Beobachtungsumstände.«

Punkt 2 weist auf die »Topographie« eines Vogels hin und rät dem Benutzer, sich diese gut einzuprägen. Also zu lernen, dass ein Vogel nicht bloß Kopf, Flügel, Schwanz und Beine hat, sondern auch Ober- und Unterschnabel, Schläfe und Zügel, kleine, mittlere und große Flügeldecken, Arm- und Handschwingen, Schenkelbefiederung, Schwanzaußenfedern – eine Skizze in der Anleitung führt insgesamt 36 anatomische Merkmale auf.

Dem Anfänger rät Frieling unter Punkt 4, er möge »nicht gleich mit der Bildvergleichung beginnen, sondern sich erst eine gewisse Typenkenntnis aneignen«. Sich also mit dem System der Klassen, Ordnungen, Familien und Gattungen vertraut machen, nach dem Biologen nicht nur die Vogelwelt, sondern die gesamte Fauna und Flora einteilen. Siebzehn Vogel-Clans führt die Anleitung von *Was fliegt denn da?* auf, mit zahlreichen Unterfamilien. Unterschieden werden, zum Beispiel, die Singvögel von den Specht- und Greifvögeln, diese wiederum von den Reihervögeln, Rallen, Ruderfüßern, Röhrennasen, Tauchern und Lamellenschnäblern. Zu Letzteren zählen etwa Schwäne, Gänse und Enten, die wiederum in Gründel- und Tauchenten unterteilt werden, was, laut Erläuterung, unter anderem an der Schwanzstellung und dem Vorhandensein von Lappen an den Hinterzehen zu erkennen sei.

Die Enten und ihre Verwandtschaft erscheinen dabei noch übersichtlich im Vergleich zu den Singvögeln, die mit zwanzig Unterfamilien aufgelistet sind – von den Rabenvögeln über Lerchen, Pieper, Meisen, Schnäpper und Laubsänger bis zu Grasmücken, Schmätzern und Drosseln. Die meisten Unterfamilien umfassen ihrerseits meist mehrere, zum Teil über ein Dutzend Arten. Zu deren Unterscheidung, das legt der Text nahe, man seine gesamten topographischen Kenntnisse aufbieten muss: Ober- und Unterschnabel sind ebenso genau in Augenschein zu nehmen wie Scheitelstreifung, Flügelbinden und Schwanzendbänder. Nicht zu vergessen Details wie die Flugbahn des Vogels – gerade oder wellenförmig – und die Farbnuancen des Gefieders, die von Zitronengelb über Zimtbraun und Gänsegrau bis zu Stahlblauschwarz reichen können. Was aber, wie gesagt, nur bei neutraler Beleuchtung zu erkennen ist.

Ich bin mir ziemlich sicher: Hätte ich all das damals, als Kind, schon genau gelesen und zu beherzigen versucht – ich hätte wohl gar nicht erst angefangen mit dem Beobachten. Oder das Buch mitsamt meinem Fernglas bald wieder in die Ecke gelegt.

Bis heute kann ich mir nicht merken, ob die Stelzen in der Systematik vor oder hinter den Würgern kommen, ob die Greifvögel auf die Reihervögel oder die Rallen folgen. Was der Unterschied zwischen Arm- und Handschwingen ist, habe ich erst vor Kurzem gelernt. Und gleich am Anfang meiner Beobachtungskarriere habe ich gegen Frielings wichtigste Regel – Punkt 3 – verstoßen: »Sehr sorgsam zu Werke gehen und lieber auf Bestimmung verzichten, wenn nicht alle Kennzeichen ›stimmen‹!«

Der Verstoß fiel mir erst beim erneuten Durchblättern der Farbtafeln auf. Ich entdeckte auf Seite 60, Abteilung Hühnervögel, eine Eintragung, die da nicht sein sollte. Auf der Tafel 256, die das Steinhuhn zeigt, steht mit Bleistift »Gaugen, 2. August 64.« Gaugen ist der Name des Bergs, den meine Eltern und ich an diesem Tag bestiegen haben. In meiner Begeisterung über die Beobachtung des Rätselvogels muss ich alle Zweifel an unseren Bestimmungskünsten in den Wind geschlagen haben.

Eines verrät die Eintragung allerdings nicht: weshalb mich dieses Huhn damals überhaupt so interessiert hat. Vögel gehören normalerweise nicht zu den Tieren, denen die Herzen sechsjähriger Kinder zufliegen, vor allem dann nicht, wenn sie über hundert Meter entfernt auf Felsen hocken. Irgendetwas oder irgendwer muss schon vorher meine Neugier geweckt haben.

Das lässt auch ein Foto vermuten, das mein Vater an diesem Junitag am Gaugen aufgenommen hat. Es zeigt mich während einer Rast beim Auf- oder Abstieg, im Gras sitzend, vertieft in *Was fliegt denn da?*, das aufgeschlagen auf meinen Knien liegt.

Das Buch und auch das Fernglas hatten mir meine Eltern, wie schon gesagt, einige Monate vor unserer Reise nach Kärnten geschenkt. Als Anregung, sicher, und um mir eine Freude zu machen. Aber sie hatten wohl noch einen anderen Grund. Das jedenfalls legt eine zweite Quelle nahe, ein schriftliches Familienerbstück, das ich meinem Vater verdanke.

Mein Vater, Jahrgang 1915, war Lehrer für Deutsch, Geografie und Geschichte. Und er hatte eine Angewohnheit, die aus heutiger Sicht eher kurios anmutet: Er schrieb Fahrtberichte. Er dokumentierte jeden Ausflug, den er allein, mit meiner Mutter oder mit uns beiden unternahm, in Wort und Bild. Und zwar wirklich jeden: den Sonntagsausflug an den Niederrhein ebenso wie die vierwöchige Urlaubsreise nach Österreich, Kroatien oder Irland. Wir brachen nie spontan ins Blaue auf, sondern folgten stets einer Route, die mein Vater vorher auf einer seiner vielen Straßen- oder Wanderkarten festgelegt hatte. Außer mindestens einer Karte nahm er immer Kamera und Schreibzeug mit. Unterwegs fotografierte er und machte sich Notizen: über Landschaft, Sehenswürdigkeiten, Wetter und Verkehrsverhältnisse sowie besondere Vorkommnisse: Reifenpannen, umgeknickte Knöchel, verpasste Fähren, aber auch interessante Urlaubsbekanntschaften, schwindelfrei gemeisterte Kletterpfade und, natürlich, spannende Naturbeobachtungen, vor allem von Vögeln. Die Eintragungen tippte er nach der Rückkehr, zu zusammenhängenden Texten ausformuliert, per Schreibmaschine ab, wobei er im Text immer Aussparungen für die Fotos ließ, die er natürlich selbst entwickelte und abzog.

Vaters gesammelte Fahrtberichte füllen zwölf dicke Aktenordner. Und sie liefern mir einen ebenso anschaulichen wie detailreichen Einblick in meine Kindheit. Dank seiner Schreib- und Fotografierlust könnte ich sämtliche Wanderungen und Exkursionen, die wir zwischen 1963 und 1974 gemeinsam unternommen haben, auf der Landkarte nachzeichnen – mitsamt Aussichtspunkten, Picknickplätzen, Verkehrsstaus und den Schauplätzen aller großartigen und schrecklichen Urlaubserlebnisse, die sich unterwegs ereigneten. Ich habe schwarz auf weiß, dass wir am 18. April 1964 bei Schaephuysen am Niederrhein zwei Hasen, drei Fasanenhennen und ein Feuerwehrauto gesehen haben, das einen brennenden Runkelrübenhaufen löschte. Ich kann belegen, dass ich am 9. August 1966 in der Caska-Bucht auf der kroatischen Insel Pag auf einen Seeigel getreten bin, und auch, dass ich am Tag danach das Gehäuse eines »Pelikanfußes« dort fand, einer seltenen Meeresschnecke. Und ich weiß, dass im August 1965 auf der Emberger Alm in Kärnten zwar keine Kiefernkreuzschnäbel auftauchten, wie im Jahr zuvor, dafür aber Schwärme von Neuntötern.

Vaters Berichte erinnern an viele Beobachtungen, die ich auch in *Was fliegt denn da?* notiert habe: die Schwärme von Wacholderdrosseln, die im März 1966 die Lippe-Niederung bevölkerten, die Birkenzeisige, die wir Ende April 1967 bei Labbeck am Niederrhein entdeckten, den gemeinsamen Auftritt von Feld- und Schlagschwirl am 16. Mai 1965 bei Neviges im Bergischen Land, die Zwergohreule, die Ende Juli 1968 auf einem Campingplatz bei Pula in Dalmatien rief, die Brandgänse, Säbelschnäbler, Austernfischer und Krickenten, die im Frühsommer 1970 Watt und Feuchtwiesen auf der Insel Texel bevölkerten.

Manchmal denke ich, dass Vater nicht nur ein Familiendokument hinterlassen, sondern auch ein Stück Naturgeschichte hätte schreiben können – wenn er denn Heinrich Frielings Empfehlung beherzigt hätte, regelmäßig und systematisch Notizen über seine ornithologischen Erlebnisse zu machen. Also nicht nur besonders interessante und erstmals gesehene Vögel zu vermerken, sondern für jede Exkursion eine komplette Liste zu erstellen, mit Detailangaben zum Beobachtungsort und zu den Umständen der Sichtung. Leider hat er das nicht getan. Mein Vater liebte die Natur, aber seine wahre Leidenschaft galt seinen ursprünglichen Studienfächern: Geografie und Geschichte. Keine Stauch- oder Grundmoräne, die seine Wege kreuzte, blieb unerwähnt, kein Monument entlang der Routen, das er nicht historisch exakt zwischen illyrisch, frühgotisch und spätbarock einordnete. Manchmal griff er zum Zeichenstift, um die Gesteinsschichten des Rheinischen Schiefergebirges oder die Grundrisse holländischer Patrizierhäuser abzubilden. Ganze Abschnitte seiner Reiseberichte widmete er der Beschreibung geologischer Hotspots, etwa einer Sandgrube bei Gerresheim, an deren vierzig Meter hohen Wänden Meeressand aus dem Oligozän mit Horizonten von Brauneisenstein zutage trat.

Als ich diese Passage aus dem Jahr 1952 nach langer Zeit wieder einmal las, sah ich förmlich die Vögel hin und her flitzen, die es dort damals mit Sicherheit gegeben haben muss: Uferschwalben. Diese Verwandten der bekannteren Rauch- und Mehlschwalben legen ihre Brutröhren ausschließlich in sandigen Steilwänden oder Uferböschungen an. Aber Vater erwähnt keine Schwalben. Seine frühen Fahrtberichte in den Jahren ab 1950 sind noch weitgehend vogel-frei. Erst im Mai 1964 bei einem Spaziergang am Niederrhein taucht plötzlich ein Kiebitz auf, kurze Zeit später eine Kette von Fasanen und ein nicht näher bestimmter drosselgroßer Vogel mit gesprenkeltem Rücken. Diese Häufung ist kein Zufall. Denn einige Monate zuvor hatten meine Eltern einen folgenschweren Entschluss gefasst: Ihre Tochter, fanden sie, war mit fünf Jahren jetzt alt genug, um bei Ausflügen selbst mitzulaufen. Statt, wie bisher, getragen oder geschoben zu werden oder gleich zu Hause bei ihrer Großmutter zu bleiben.

Ich sah das damals offenbar nicht so. Und das führte, wie ich jetzt wieder las, zu einem Dauerkonflikt, dessen Entschärfung erst mithilfe der Vögel gelang.

»Gegen Spazierengehen oder Wandern hat Johanna ja sowieso eine unüberwindliche Abneigung«, konstatiert mein Vater im Oktober 1963, nach einer Kurzreise in den Teutoburger Wald. »Wir brauchen nur von ferne etwas von Gehen zu sagen, dann fängt sie schon an zu protestieren: Ich bleibe aber hier.« Ich war überrascht, das zu lesen; in meiner Erinnerung sehe ich mich als Kind unermüdlich und wieselflink über Berge, Feldwege und Wiesenpfade stiefeln. Aber diese Erinnerungen trügen, wie der Fahrtbericht meines Vaters belegt. Meine Wanderunlust zieht sich wie ein Leitmotiv durch seine Aufzeichnungen, und das über mehrere Jahre. Keine Exkursion, zu der ich freiwillig aufgebrochen wäre. Kaum ein Weg, der mir nicht zu steil, zu waldig, zu heiß, zu nass, zu öde oder sowieso zu lang war. Vor allem in den Bergen meuterte ich. Meine Eltern hievten mich die Gipfel hoch, mir »zuredend wie einem kranken Pferd«. Manchmal quengelte ich so heftig, dass mein Vater explodierte, und dann flossen Tränen.

Wenn ich das heute lese, mit dem Abstand von über vierzig Jahren und dem Blick einer Mutter, die selbst zwei mäßig wanderfreudige Söhne großgezogen hat, dann wundere ich mich, dass meine Eltern sich das zugemutet haben. Sie hätten sonntags auch allein spazieren gehen können. Und sie hätten sich im Sommerurlaub vielleicht besser erholt, wären sie, solange ich klein war, ein paar Jahre lang nicht in die Berge, sondern an die See oder auf einen Erlebnisbauernhof gefahren. Aber das war für meine Eltern keine Option, am wenigsten für meinen Vater. Für ihn war Wandern nicht bloß ein Hobby, sondern ein elementares Lebensbedürfnis, Teil seiner Familienkultur. Seine Jugendfotos zeigen ihn vorwiegend in der Kluft der Wandervogelbewegung; mit achtzehn hatte er bereits halb Norddeutschland zu Fuß oder mit dem Paddelboot durchquert. Später, nach Kriegsende, verbrachte er vier Jahre in russischer Gefangenschaft und empfand die Entlassung nicht zuletzt deshalb als befreiend, weil er endlich wieder laufen durfte, wohin er wollte.

Ein Kind, das nicht wandern will – für meinen naturverbundenen, bildungshungrigen, bewegungsfreudigen Vater kam das einem Affront gleich. Genauso gut hätte ich das Lesen und Schreiben verweigern können. Einer solchen Weigerung nachzugeben war für ihn undenkbar, er hätte es als pädagogische Kapitulation empfunden.

Als engagierter Lehrer wusste er jedoch, dass bloßer Zwang bei Kindern meist nicht weiterhilft. Das hätte auch meine Mutter nicht zugelassen. Also bot er seine gesamte didaktische Trickkiste auf, um mich zur freiwilligen Benutzung meiner Füße zu motivieren. Er plante die Wanderrouten so, dass sie an möglichst vielen »Sensationen« vorbeiführten – Kletterfelsen, Molchtümpeln, Märchenwäldern,

Almen mit Limonadenausschank. Er versprach mir Überraschungen in Form von Hasen und Rehen. Er erzählte Geschichten, die er im Gehen erfand. Das half manchmal, aber nicht immer. Am Niederrhein gibt es keine Kletterfelsen, jenseits der Baumgrenze keine Märchenwälder, und Auftritte von Wildtieren sind in der Regel nicht planbar. Es gab nur eine natürliche Sehenswürdigkeit, die fast überall vorhanden war: Vögel. Diese waren, auf den ersten Blick, natürlich nicht wirklich sensationell. Viel kleiner als Hasen und Rehe, oft nur zu hören, aber nicht zu sehen, und mit dem Wort »Vogel« meist auch nur unzureichend beschrieben.

Aber genau das machte auch wieder ihren Reiz aus – jedenfalls aus meiner Sicht. Der Versuch, sie aufzuspüren, glich einem permanenten Suchspiel, einer Art Ostereiersuche unter verschärften Bedingungen. Sie zu finden erforderte Adleraugen, Radarohren und detektivisches Gespür, gelegentlich auch die Kunst, sich nach Indianerart lautlos anzuschleichen. Wobei das Ergebnis der »Ermittlungen« völlig offen war: Anders als bei üblichen Suchspielen oder Rätselaufgaben kannten meine Eltern die Auflösung, das passende Bild in *Was fliegt denn da?*, genauso wenig wie ich. Und vor allem das gefiel mir.

Es war ja nicht so, dass mich der Besitz eines Fernglases schlagartig in eine hochmotivierte Nachwuchsornithologin verwandelt hätte. Laut Fahrtbericht kam es auch in den Monaten nach der Entdeckung von Kiebitz, Fasan & Co. immer wieder zu heftigen Anfällen von Wanderunlust. Aber in einem Punkt bestätigt mein Vater, woran ich mich selbst erinnere: dass mir das Beobachten und Bestimmen nicht nur Spaß machte, sondern dass ich darin von Anfang an besser war als meine Eltern. Ich entdeckte die meisten Vögel früher als sie, ich erfasste ihre Kennzeichen schneller, und ich konnte mir sowohl ihre Namen als auch ihre Stimmen nachhaltiger einprägen. Notiz aus dem Kärntenurlaub 1964: »Einmal hörten wir ein vertrautes Kichern, konnten aber nicht sagen, was für ein Vogel das wohl sein mochte. Johanna wusste es sofort: Grünspecht!«

Das war eine wunderbare Erfahrung: meinen mächtigen, unerbittlichen, sonst immer allwissenden Eltern zumindest auf einem Gebiet überlegen zu sein. Und dadurch, ganz nebenbei, auch Tempo und Umfang der Wanderrouten ein bisschen mitbestimmen zu können. Denn Vögel beobachten heißt ja, immer wieder stehen bleiben und horchen zu müssen. Manchmal minutenlang auszuharren, bis das geortete Objekt identifiziert ist. Je mehr Vögel unterwegs bestimmt werden müssen, desto kürzer wird, logischerweise, die Strecke, die man insgesamt zurücklegen kann.

Ich erinnere nicht mehr, wann meine Freude am Langsamlaufen und Besserwissen in echtes Interesse an Vögeln umschlug. Ich weiß nur, dass das Bestimmungsbuch *Was fliegt denn da?* entscheidend dazu beitrug. In den Wanderpausen oder auch an Regentagen zu Hause schlug ich es immer wieder auf, betrachtete die Bildtafeln, buchstabierte die Namen. Und irgendwann begann ich, beides auswendig zu lernen.

Das klingt jetzt ziemlich streberhaft, aber so war es nicht. Im Grunde tat ich nichts anderes als viele meiner Altersgenossen, die sich, mithilfe von Sammelbildern oder Quartettkarten, in wochen- und monatelangem Selbststudium die Namen von Automarken, Fußballspielern oder auch Hunde- und Pferderassen einprägten. Kinderköpfe sind hocheffiziente Speicher für Wort- und Bildschätze, die aus Sicht von Erwachsenen unter die Kategorie »Unnützes Wissen« fallen. Und diese Sammelfreude war keine Zeiterscheinung der computerfreien 1960er-Jahre: Heute verblüffen Kinder ihre Eltern mit der Kenntnis sämtlicher Harry-Potter-Charaktere oder der Aufzählung aller bislang erbeuteten Pokémon-Figuren einschließlich jeweiliger Spezialkräfte und Erweiterungen.

Dank meiner Söhne kenne ich die japanischen Taschenmonster zumindest ansatzweise, und ich kann verstehen, weshalb sie so viele begeistern: Sie fliegen draußen herum, sie sind klein und knuddelig, vielfältig und wandelbar. Und noch eines haben sie mit Vögeln gemeinsam: Sie tragen seltsame, lautmalerische, zum Teil komische Fantasienamen. Eine Freude für Liebhaber ausgefallener Sprachschöpfungen.

Die Namen aus *Was fliegt denn da?* faszinierten mich von Anfang an mindestens so sehr wie die Vögel selbst. So schön kompliziert, bizarr und zum Teil sogar martialisch.

Säbelschnäbler. Schwarzstirnwürger. Ziegenmelker. Kampfläufer. Gänsesäger. Neuntöter. Basstölpel, Tordalk, Trottellumme, Gryllteiste, Knutt. Wer dachte sich bloß so etwas aus?

Einige Bezeichnungen, das war den Bildern zu entnehmen, bezogen sich auf das Äußere des jeweiligen Vogels. Einen schwungvoll aufwärts gebogenen Schnabel. Einen breiten schwarzen Streifen, der sich wie eine Banditenmaske über die Augen zog. Eine ausladende Federkrause, die an einen um den Hals gelegten Pfauenschwanz erinnerte. Andere Namen blieben ein Rätsel. Die knappen Texte zu den Bildtafeln verrieten nicht, wie etwa Ziegenmelker, Steinschmätzer und die verschiedenen Regenpfeifer-Arten zu ihren Namen gekommen waren. Über wen Zaun- oder Wachtelkönig herrschten. Ob Würger, Neuntöter und Gänsesäger besonders aggressives Verhalten an den Tag legten. Oder ob Seevögel, die »Tölpel« oder »Trottel« hießen, durch besondere Dummheit auffielen.

Die Namen der Vogelfamilien wirkten zum Teil noch seltsamer als die der einzelnen Arten. Einige Bewohner der offenen Meere, die weder zu den Möwen noch zu den Seeschwalben zählten, ordnete das Buch der Kategorie »Röhrennasen« zu. Diesen Begriff fand ich so merkwürdig, dass ich ihn ausnahmsweise im Systematikteil der Benutzeranleitung nachschlug. Aber da stand nur, dass es sich um Hochseevögel mit »Nasenröhren« handelte. Das regte meine Fantasie erst recht an. Ich versuchte mir vorzustellen, welche extremen Lebensbedingungen solch extravagantes Zubehör nötig machen könnten. Bei welch grausigen Temperaturen und Windstärken Sturmschwalbe, Eissturmvogel und andere Angehörige dieser Familie auf Nahrungssuche gehen mussten.

Die Bestimmungstexte gaben immerhin einige Hinweise zu Vorkommen und Verbreitungsgebieten der abgebildeten Vögel. Denen war zu entnehmen, dass ich viele der interessantesten und merkwürdigsten so schnell nicht zu Gesicht bekommen würde. Weil sie sehr selten waren, weil sie nur sporadisch auf dem Durchzug in unseren Breiten Station machten oder weil sie in Lebensräumen heimisch waren, die wir in absehbarer Zeit nicht bereisen würden. Moorenten, Seggenrohrsänger, Steppenweihen und Felsenschwalben würden bis auf Weiteres ebenso unerreichbare Sehnsuchtsobjekte bleiben wie Polarmöwen und Wellenläufer. Aber das entmutigte mich nicht.

Es gab ja zumindest die Möglichkeit, diese Vögel eines Tages zu sehen. Das unterschied sie von den Sammelobjekten, mit denen sich andere Kinder beschäftigten. Vögel waren keine Fabelwesen, sie waren auch keine veränderlichen Größen wie etwa Fußballspieler, deren Namen in jeder Bundesliga-Saison wechseln konnten: Die Vögel in *Was fliegt denn da?* würden in fünfzig Jahren noch genauso heißen und aussehen wie jetzt – die allermeisten jedenfalls. Und von Automarken und Flugzeugtypen unterschied sie vor allem eines: Sie waren lebendig. Wild, scheu, schön, unberechenbar, zugleich aber fast allgegenwärtig, einige von ihnen stets in Sicht- oder Hörweite. Wann immer ich vor die Tür ging, tauchte früher oder später irgendein Vogel auf, der mein Wissen und meine Beobachtungsgabe herausforderte.

Mit der Zeit merkte ich auch, dass mein Bestimmungsbuch nur ein schwacher Abglanz der realen Vogelvielfalt war. Selbst bekanntere Arten waren mit *Was fliegt denn da?* nicht immer eindeutig zu identifizieren: weil die Männchen anders aussahen als die – nur teilweise abgebildeten – Weibchen, weil Jungvögel teils nur entfernte Ähnlichkeit mit ihren Eltern hatten und weil alle Vögel, auch die Männchen, im Sommer und Herbst mehr oder weniger unkenntlich wurden – weil sie ihr Balz- und Brutgefieder gegen ein sogenanntes Schlichtkleid tauschten. All das war überraschend, manchmal auch verwirrend und frustrierend. Aber eben nie langweilig.

Das Vogelsammelfieber packte auch meine Eltern ziemlich schnell und nachhaltig. Vielleicht hatten sie Fernglas und Vogelbuch ursprünglich vor allem zu pädagogischen Zwecken gekauft, um mich vom Quengeln abzuhalten, aber wenn es so war, dann spielte das bald keine Rolle mehr. Vor allem meine Mutter entwickelte mit der

Zeit einen Ehrgeiz beim Beobachten, der meinen oft noch übertraf. Bei unseren Wanderungen bildete sie bald das ständige Schlusslicht, weil sie noch häufiger und länger stehen blieb als wir, noch ausgiebiger im Bestimmungsbuch blätterte, sich noch mehr aufregte, wenn ein Vogel davonflog, bevor sie ihn identifiziert hatte. Für gemeinsame Ausflüge mit anderen Familien waren wir bald alle drei kaum noch zu gebrauchen, weil wir uns wegen häufiger Horch- und Guckpausen nur im Schneckentempo fortbewegten.

Später, als ich meine eigenen Wege zu gehen begann, schlossen sich meine Eltern einem lokalen Vogelwanderclub an und unternahmen diverse ornithologische Fachreisen unter anderem in die Türkei. Wenn wir uns trafen oder telefonierten, tauschten wir gewohnheitsmäßig Updates über die letzten Beobachtungen aus.

»Wie geht's euch so?«

»Gut. Gestern war Eva mit den Kindern zum Kaffee da, und die ersten Mauersegler sind angekommen.«

»Ist bei dir auch so schlechtes Wetter?«

»Grauenhaft. Bin kaum rausgegangen die Woche. Der Kleine zahnt, und der Chef vom Dienst drängt wegen eines Abgabetermins. Aber wisst ihr, was ich neulich auf der Alster gesehen habe? Gänsesäger!«

Mit Wörtern wie »Magie« und »Zauber« sollte man sparsam umgehen, auch und gerade wenn es um die Beschreibung von Natur geht. Natur ist ja, wenn überhaupt für irgendetwas, für sich selbst da, nicht dazu, Menschen zu erfreuen oder zu faszinieren.

Aber wenn man einmal angefangen hat, mehr oder weniger regelmäßig zu beobachten, gelangt man früher oder später an einen *point of no return*, einen Punkt, an dem man Vögel nicht mehr übersehen und überhören kann. Und zwar egal, wo und wann sie auftauchen. Es ist, als ob die Vögel selbst gezielt dafür sorgten, dass das Interesse an ihnen lebendig bleibt. Oder wiederauflebt, wenn man über längere Zeit von anderen Dingen ferngehalten wurde.

Ich habe *Was fliegt denn da?* und seine Nachfolger manchmal über

Jahre nicht aufgeschlagen; mein Fernglas verstaubte mehr oder weniger ungenutzt im Regal – weil zu viel anderes wichtiger war oder schien. Aber dann flog mir bei einem Spaziergang wieder irgendetwas über den Weg, und ich merkte, dass alles noch da war: der schnelle Blick, die Erinnerung an Stimmen und Namen, die ich seit der Kindheit nicht mehr gehört und gesehen hatte. Und natürlich die Freude am Wiedererkennen ebenso wie am Bestimmen unbekannter Arten.

Seit ich mein altes Vogelbuch wieder gelesen und mich genauer an meine Beobachtungsanfänge erinnert habe, ist mir aber auch klar geworden: Der Zauber der Vögel hat bei mir nicht auf Anhieb gewirkt. Es hat Monate und Jahre gedauert, bis der Punkt ohne Wiederkehr erreicht war; bis mir Vögel so vertraut waren, dass ich sie (fast) so selbstverständlich »lesen« konnte wie Buchstaben. Vor allem die Aufzeichnungen meines Vaters haben mich unsanft daran erinnert, dass ich alles andere als ein Naturtalent war. Manchmal denke ich, dass ich die Vögel vielleicht nie wirklich entdeckt hätte – wären da nicht meine Eltern gewesen, die mich mit ihrer gnadenlosen Wanderlust mehr oder weniger zu meinem Glück gezwungen haben.

Der Gedanke hat etwas Ernüchterndes. Wenn es so viel Aufwand braucht, um Menschen für Vögel zu begeistern, dann ist es kein Wunder, dass die Menschen, die Vögel lieben, bis heute eine relativ kleine Minderheit geblieben sind. Dass Wanderer mit Fernglas immer noch erstaunte bis amüsierte Blicke auf sich ziehen, dass selbst studierte Biologen oft kaum mehr als eine Handvoll Arten benennen können, und auch, dass alle deutschen Vogel- und Naturschutzgebiete zusammengenommen gerade mal vier Prozent der Landesfläche ausmachen.

Was müsste passieren, damit sich das ändert?

Die Frage treibt mich schon länger um; sie taucht auch in Gesprächen mit Journalistenkollegen und Vogelfreunden immer wieder auf. Es geht darin nicht nur um das Wahrnehmen von Vögeln, sondern von Natur im Allgemeinen. Und mein Eindruck ist, dass es darauf bislang keine eindeutigen Antworten gibt.

Um sie zu finden, müsste man vermutlich umfassende wissenschaftliche Studien betreiben. Das deutsche Bildungssystem analysieren, besonders die Lehrpläne im Fach Biologie. Die aktuelle Wissenschaftspolitik unter die Lupe nehmen und erkunden, weshalb Biodiversitätsforschung an deutschen Universitäten noch immer ein Schattendasein fristet. Die Konzepte hinterfragen, nach denen Stadt- und Landschaftsplaner, Agrar-, Verkehrs- und auch Umweltpolitiker unsere äußere Umgebung gestalten und oft genug verunstalten.

Natürlich müsste man auch einen Blick auf uns selbst werfen, auf die Art, wie wir Natur wahrnehmen oder es auch unterlassen. Man müsste sich fragen, weshalb sie in unserem Alltag oft kaum noch eine Rolle spielt und auf welchen Wegen und Umwegen wir sie uns wieder erschließen könnten.

Das alles zu untersuchen würde den Rahmen dieses Buches sprengen. Aber zumindest dem letzten Aspekt werde ich ein bisschen nachgehen. Ich habe allen Vogelliebhabern, die ich während der Arbeit am Manuskript getroffen habe, ein und dieselbe Frage gestellt: Wann und wie sind Sie, bist du, auf Vögel aufmerksam geworden? Welche Erlebnisse und Personen haben dabei eine Rolle gespielt? Und wie hat der »Zauber« gewirkt, wodurch hat sich die Anfangsneugierde in lebenslange Leidenschaft verwandelt?

Auf die Antworten war ich gespannt. Ich erhoffte mir den ein oder anderen Ansatzpunkt für künftige Forschungen. Aber mein Interesse hatte auch einen sehr persönlichen Hintergrund. Mehr dazu in einem der späteren Kapitel.

Kraniche

Mitte Februar. Die Kraniche kommen zurück. Ich kann sie von meinem Schreibtisch aus hören, denn ihr Trompeten ist so laut, dass ich nicht mal das Fenster aufmachen muss.

Noch vor drei, vier Jahren wäre ich sofort aufgesprungen und auf den Balkon gelaufen, um zu sehen, aus welcher Richtung sie kommen und wie viele es sind. Mittlerweile tue ich das nicht mehr, jedenfalls nicht jedes Mal. Wenn ich alle Kraniche zur Kenntnis nehmen wollte, die Mitte Februar bis Anfang März über unser Haus fliegen, müsste ich ganze Tage draußen verbringen. Ihre klirrenden, glasklaren Rufe ertönen frühmorgens, nachmittags und sogar spät in der Nacht; ich empfinde sie beinahe schon als Alltagsbegleitmusik.

Manchmal lasse ich mich trotzdem von ihnen nach draußen locken. Kraniche sind so schön. Diese unverkennbaren Flugsilhouetten mit den langen Hälsen und den breiten Schwingen, die meist so gerade wie Flugzeugtragflächen in der Luft liegen. Und diese langen, streng linearen Formationen, die sich wie Reißverschlüsse quer über den Himmel ziehen. Manchmal löst sich eine Fluglinie plötzlich auf, verdichtet sich zu einem lockeren Schwarm, in dem die Vögel in engeren oder weiteren Bahnen neben-, über- und umeinander kreisen – so als wollten sie sich kurz über die weitere Route verständigen. Sobald diese feststeht, gehen sie wieder auf Kurs. Wie in einem Luftballett.

Ich bin nicht die Einzige, die im Februar oft mit hochgerecktem Kopf im Freien steht. Kraniche haben eine große Fangemeinde. Das merke ich, seit ich mir einen Twitter-Account eingerichtet habe, um mich, vor allem, mit Vogelfreunden und -forschern zu vernetzen. Ab Mitte Februar füllt sich meine Timeline mit Fotos von Kranichformationen, aufgenommen und begeistert kommentiert von Beobachtern aus ganz Europa. Ich führe keine Statistik darüber, aber ich schätze, dass fliegende Kraniche zu den meistfotografierten Vögeln überhaupt gehören, neben Eisvögeln, Papageien und jungen Eulen. Das liegt natürlich an ihrem Aussehen und den Mythen, die sich um sie ranken: als Vögel des Glücks, der Klugheit und der Wachsamkeit oder als Helden einer Ballade, wie die »Kraniche des Ibykus« von Schiller.

Aber das ist nicht alles. Es gibt noch etwas, das Kraniche, und nicht nur sie, für mich und viele andere Vogelfreunde besonders beachtenswert macht: Man sieht sie nicht alle Tage. Wenn ein Vogel sich rarmacht, ist es immer ein Erlebnis, ihn zu sehen – auch dann, wenn er nicht zu den Charismatikern unter den gefiederten Arten gehört.

Kraniche waren in Deutschland lange Zeit eine absolute Ausnahmeerscheinung. Meine ersten habe ich vor etwa zwanzig Jahren an der Elbe gesehen. Der Brutplatz war weiträumig abgeriegelt, um die empfindlichen Vögel vor Störungen zu schützen. Ich sah sie nur aus großer Distanz wachsam durch die Wiesen schreiten. Später habe ich Kraniche auch anderswo gesehen, aus größerer Nähe. Aber bis heute empfinde ich ihren Anblick als außergewöhnlich und spektakulär.

Soeben landet auf dem Rasen vor meinem Fenster das absolute Gegenmodell zum Kranich: eine Ringeltaube. Auch sie sieht schön aus, wie ich finde. Diese barock ausladende Körperform, dieses porzellanglatte Gefieder, dessen Farbe mit dem Wort »taubenblau« eigentlich nur unzureichend beschrieben ist: Es changiert, je nach Beleuchtung, irgendwo zwischen grau, grün, blau und lila. Doch trotz ihrer Schönheit hat die Ringeltaube nur wenige Fans. Weil sie, zum einen, sehr häufig ist, zum anderen auch noch auffällig, lebhaft und ziemlich laut. Ihr Gurren dringt genauso unüberhörbar durch meine geschlossenen Fenster wie die Rufe der Kraniche.

Es wäre übertrieben zu behaupten, dass ich ein Fan der Ringeltaube bin, aber ich mag sie. Sie ist, über die Jahre, so etwas wie mein Lebensbegleitvogel geworden. Meist ist sie der erste Vogel, den ich morgens höre. Wenn ich auf den Balkon gehe, sehe ich früher oder später eine auffliegen – mindestens ein Paar brütet jedes Jahr auf oder neben unserem Grundstück. Ich fahre zum Einkaufen in die nächste Kreisstadt: Ringeltauben picken auf den Raseninseln neben dem Parkplatz. Ich schaue aus dem Zugfenster: Ringeltauben flattern über die Felder, von Weitem erkennbar an ihren weiß gebänderten Flügeln. Wenn ich im tiefsten Winter spazieren gehe, hocken zugereiste Ringeltauben aus nördlichen Regionen zu Dutzenden in den Bäumen, grau, reglos und mit aufgeplusterten Federn noch größer als sonst. Sobald es ein paar Tage über null Grad ist, sehe ich die ersten in Balzlaune über die Dächer trippeln und höre bald darauf das charakteristische Flügelklatschen, mit dem sie ihr Revier markieren. Das Geräusch erinnert mich immer an einen Putzlappen, der energisch vor dem Fenster ausgeschlagen wird.

Wenn der Kranich so häufig wäre wie die Ringeltaube – wäre er dann wohl immer noch so beliebt? Die Frage ist nicht ganz hypothetisch. Neulich war ich bei einem Treffen von Vogelkundlern aus dem benachbarten Landkreis Lüneburg. Dort wurde berichtet, dass im vergangenen Jahr an der Elbe so viele Kraniche beobachtet worden sind wie nie zuvor. Kaum ein Teich oder Tümpel, der nicht von einem Kranichpaar besetzt war – die Vögel errichten ihre Nester immer am Wasser, direkt auf dem Boden. Der Kampf um die besten Brutplätze artet gelegentlich in Hauen und Stechen aus, buchstäblich: Die »Vögel des Glücks« scheuen sich nicht, Konkurrenten mit Schnabelhieben in die Flucht zu schlagen. Trotz des Nistplatzmangels und obwohl längst nicht alle Paare erfolgreich Junge aufziehen, ist die Kranich-Population allein in Niedersachsen förmlich explodiert: von gerade acht Paaren Anfang der 1970er-Jahre auf aktuell knapp unter tausend. Dazu kommen die Zugvögel, die auf ihrem Weg von oder nach Norden in der Elbtalaue oder anderen Feuchtgebieten rasten: Ihre Zahl wuchs von ein paar Tausend Mitte der 1990er-Jahre auf über hunderttausend.

Das ist eine wunderbare, auch ungewöhnliche Nachricht: Meist liest man ja davon, dass Vögel seltener werden, bedroht sind, geschützt werden müssen. Es gibt natürlich auch Vögel, über die man nie etwas liest – entweder weil sie schon immer selten waren oder weil sie heute noch genauso häufig sind wie vor ein paar Jahrzehnten. Ab und zu lese ich auch von Vögeln, die »zu häufig« geworden sind und daher als lästig empfunden werden. Meist schließt sich daran die Forderung an, ihre Bestände »zu regulieren«.

Ab wann gilt ein Vogel eigentlich als »selten« oder »häufig?« Oder, noch grundsätzlicher gefragt: Warum sind überhaupt manche Vögel häufig und andere selten? Ich habe darüber nie so richtig nachgedacht – bis ich, vor einigen Wochen, mein altes *Was fliegt denn da?* wieder aufgeschlagen habe. Schon beim ersten Blättern wurde mir klar: Die Antworten werden vermutlich komplizierter ausfallen, als ich es mir bislang vorgestellt habe.

RINGELTAUBEN

KAPITEL 3

Die Ringeltaube, das Multitalent

*Warum manche Vögel häufiger sind als andere,
und was wir Menschen damit zu tun haben*

Zunächst ein Geständnis. Ich habe nicht protestiert, als meine Mutter damals der Ringeltaube die Eier schüttelte. Dafür schäme ich mich bis heute.

Es war Anfang der 1970er-Jahre. Ein Ringeltaubenpaar hatte sich als Nistplatz die Rosenpergola ausgesucht, die etwa zehn Meter Luftlinie von unseren Küchenfenstern entfernt stand. Die beiden blieben auch dann seelenruhig auf ihrem Gelege sitzen, wenn ich wenige Schritte daneben an der Teppichstange turnte oder wenn mein Vater den klappernden Rasenmäher an ihnen vorbeischob.

Ich erinnere mich nicht mehr, was genau meine Mutter an den Tauben störte. Vielleicht ihre schiere Größe – eine Ringeltaube ist fast so massig wie ein kleines Haushuhn und selbst dann unübersehbar, wenn sie still in einem Busch hockt. Vielleicht wollte sie auch einfach keine Tauben im Garten haben. Natürlich wusste meine Mutter, dass Ringeltauben nicht mit Straßentauben zu verwechseln sind, den verwilderten Verwandten der Felsentauben, die vor allem Innenstädte großflächig verdrecken. Ringeltauben sind von Natur aus eher Waldvögel; sie brauchen Grünflächen, auf denen sie Körner aufpicken können, und nisten in der Regel auf Bäumen. Aber natürlich machen auch sie Dreck. Und sie balzen und brüten, wie ihre wenig beliebten Verwandten, vom Spätwinter bis in den Herbst hinein.

Nicht in unserem Garten, entschied meine Mutter. Als das Nest gerade für kurze Zeit unbesetzt war, nahm sie beide Eier heraus, schüttelte sie kräftig und legte sie wieder zurück. Die Tauben blieben auch in den Wochen danach unerschütterlich auf ihrem Gelege sitzen. Wir machten uns gelegentlich lustig über die stumpfe Hartnäckigkeit, mit der die Tiere ihre leblosen Eier bebrüteten. Und ich gestehe, dass ich bedenkenlos mitlachte. Dabei war ich, wie meine Eltern, schon damals Mitglied des Deutschen Bunds für Vogelschutz, wie der NABU damals noch hieß. Wir empörten uns, wie viele andere, über die Vogeljagd in Südeuropa. Fanden aber nichts dabei, den Vögeln in unserer Umgebung zu Leibe zu rücken, wenn wir sie als lästig empfanden.

Wenn die Ringeltauben heute in meinem Garten frühmorgens gurren und mit den Flügeln klatschen, dann klingt das in meinen Ohren irgendwie wie: »Siehste!« Als wollten die Vögel mich daran erinnern, dass ich mich damals zu früh über sie lustig gemacht habe; dass das Eierschütteln, alles in allem, nichts gebracht hat.

Sie scheinen unverwüstlich, diese Ringeltauben; sie sind klassische Allerweltsvögel. Und genau das macht sie, mittlerweile, schon wieder besonders. Denn von dieser Sorte Vögeln gibt es heute nicht mehr allzu viele. So jedenfalls mein Eindruck beim Blättern in *Was fliegt denn da?*.

Mein altes Vogelbuch kennzeichnet Vögel nicht nur nach Art und Vorkommen, sondern auch nach der damaligen Häufigkeit: mit einem, zwei oder drei Sternen. Zu den Drei-Sterne-Vögeln gehörten die Seltenen, Scheuen und Heimlichen oder solche, die gleich über alle drei Eigenschaften verfügten: der geheimnisvolle Habichtskauz etwa, der damals, wie andere Eulen auch, noch gejagt wurde und bis heute nur zerstreut in einigen östlichen Waldregionen vorkommt. Das Zwergsumpfhuhn, das nicht nur versteckt im Schilf lebt, sondern auch noch eine sehr leise, leicht mit Froschquaken zu verwechselnde Stimme hat. Und der Steinrötel, der in unzugänglichen Felsritzen des Hochgebirges nistet. Dazu kamen Zugvögel, die sich nur ausnahmsweise nach Mitteleuropa verirrten, wie etwa der bildschöne Bienenfresser – eine der wenigen wirklichen Raritäten, die auch ich schon als gesehen vermerkt habe.

Zwei-Sterne-Vögel waren in jener Zeit nicht direkt selten, sondern »nur örtlich und unregelmäßig anzutreffen«. Aber ihre Entdeckung war immer noch ein Ereignis. Ich weiß noch, wie mich der Gesang des Ortolans elektrisierte, einer Ammern-Art, die ich erstmals 1973 am Rand eines niederrheinischen Kartoffelackers vernahm.

Auch Ein-Sterne-Vögel waren noch eine Eintragung wert: Um etwa Birkenzeisige, Wasseramseln oder Uferschnepfen zu sehen, mussten wir immerhin eine Exkursion in ein geeignetes Biotop unternehmen. Aber dort waren sie ziemlich sicher anzutreffen.

Ein gutes Drittel aller 337 in *Was fliegt denn da?* aufgeführten Arten trug überhaupt keinen Stern; bei ihnen handelte es sich, laut Benutzeranleitung, um Arten, die »bei einiger Aufmerksamkeit fast überall regelmäßig und häufig zu beobachten« waren. Die meisten dieser Vögel hatte ich schon kurz nach Anschaffung des Bestimmungsbuchs als gesehen notiert. Fast alle Beobachtungsorte lagen innerhalb des Radius unseres Sonntagsspaziergangs, in den Feldfluren von Rhein und Lippe oder im Park am Rand unseres Duisburger Vorstadtviertels. Bei manchen Arten machte ich mir nicht einmal die Mühe, Ort und Datum der ersten Beobachtung zu vermerken: Ich schrieb einfach nur »bekannt« auf die Bildtafel. »Bekannt« waren etwa die Elster, der Haussperling, der Buchfink, die Amsel und natürlich die Ringeltaube. Aber auch viele Arten, von denen man das mittlerweile überhaupt nicht mehr sagen kann.

Wenn ich meine Eintragungen in *Was fliegt denn da?* heute wieder lese, kommt mir mein altes Vogelbuch fast wie ein Märchenbuch vor, ein Dokument aus einem versunkenen Naturparadies. So viele der »überall regelmäßigen und häufigen« Vögel habe ich seit Jahren nicht mehr gesehen; viele haben sich derart rargemacht, dass ich jedes Mal freudig überrascht bin, wenn sie mir über den Weg fliegen.

Seite 70, Tafel 324: der Kiebitz. Noch in den frühen 1980er-Jahren waren die Wiesen entlang unserer Wanderwege förmlich gesprenkelt mit den schwarzgrün schillernden Watvögeln, die durch ihren auffallenden Schopf auf Anhieb zu erkennen sind; ihr lang gezogenes »Kieee-witt!« gehörte zum Soundtrack der Landschaft am Niederrhein wie das Muhen der Kühe. Heute muss ich Wochen, Monate zurückdenken, um mich an meine letzte Kiebitz-Sichtung zu erinnern. War es bei der Exkursion in die Elbtalaue vergangenes Frühjahr? Oder im Winter davor, als auf einer Fahrt nach Hamburg ein Schwarm die Autobahn kreuzte?

Seite 32, Tafel 52: die Feldlerche. Ich kann mich an keinen Frühlingsspaziergang in den 1970er- und 1980er-Jahren ohne Lerchengesang erinnern; aus jeder Wiese, jedem Acker stiegen mindestens zwei, drei Exemplare jubilierend in den Himmel auf. Manchmal sangen so viele gleichzeitig, dass sich ihre Stimmen zu einem Klangteppich verwoben, der zwanzig, dreißig Meter hoch über der Feldflur zu schweben schien. Feldlerchen gibt es, zum Glück, auch in der Umgebung des Dorfes, in dem ich heute lebe, aber sie singen meist solo. Und ich bin nicht sicher, wie lange sie noch durchhalten werden: Gerade ist wieder eine der wenigen noch verbliebenen Brachflächen am Dorfrand zu einem Baugebiet umgewidmet worden.

Seite 26, Tafel 12: der Star. Ich erinnere mich noch, wie das klang, wenn eine dieser schwarzen Hundertschaften in einen Baum am Wegrand einfiel: Ein Rauschen ging durch die Luft, wie von einer Windbö, und die Blätter des Baums waren kaum noch zu sehen vor lauter Vögeln. Stare kamen damals, vor dreißig, vierzig Jahren, noch in fast unheimlichen Massen vor; sie waren so gefräßig, dass Obst- und Weinbauern sie bis 1980 sogar mit Nervengift und Dynamit bekämpften, ganz legal. Heute freue ich mich, wenn ich auf einem Gang durch die Feldflur vier oder fünf auf einem Fleck sehe; einen Schwarm von zwanzig oder mehr empfinde ich fast schon als Sensation.

Natürlich sind meine Beobachtungseindrücke subjektiv und geprägt durch die Region, in der ich lebe. Aber es gibt andere, die systematischer als ich Buch führen, und sie sind zu ähnlichen Ergebnissen gekommen.

In Münster, Westfalen, hat eine Organisation ihren Sitz, die so etwas wie das Statistische Bundesamt für die Vogelwelt ist: der Dachverband Deutscher Avifaunisten, kurz DDA. Avifaunisten sind Menschen, die Vögel – lateinisch *aves* – vor allem in freier Natur beobachten und zählen, während Ornithologen – die ihren Namen vom griechischen Wort für Vogel ableiten – sie eher gezielt erforschen. Beim DDA laufen seit über dreißig Jahren Meldungen von Vogelsichtungen aus ganz Deutschland zusammen, seit 2008 auch digital über eine Webseite. Weil sich seine hauptamtlichen Mitarbeiter – es sind gerade mal ein Dutzend – vor allem auf das Erfassen und Auswerten von Meldungen konzentrieren, ist der DDA auch unter Vogelfreunden viel weniger bekannt als etwa die großen Naturschutzverbände NABU und BUND. Beide stützen sich jedoch auf die Daten, die in Münster gesammelt und ausgewertet werden.

Mir begegnete der DDA zum ersten Mal in Gestalt eines Buches, das ich bei einem befreundeten Vogelkundler liegen sah. Es ist ein Koloss von einem Druckwerk, achthundert großformatige Seiten dick und vier Kilo schwer: der ADEBAR, Atlas DEutscher Brutvogel-ARten, gemeinsam herausgegeben von der Stiftung Vogelmonitoring Deutschland und dem DDA. 2014 erschienen, dokumentiert das Buch die umfangreichste und genaueste Bestandsaufnahme der deutschen Vogelwelt, die jemals unternommen wurde. Übrigens nicht nur der Vogelwelt: Keine andere Klasse von Tieren oder Pflanzen in Deutschland ist jemals so gründlich untersucht worden.

Das Projekt ADEBAR, so erfuhr ich von meinem Vogelfreund, wurde 2005 ins Leben gerufen. Und hätte ich schon damals davon erfahren, ich hätte sogar daran mitarbeiten können. Denn der ADEBAR ist, vor allem anderen, ein Gemeinschaftswerk von Leuten wie mir: Menschen, die Vogelkunde in erster Linie als Hobby betreiben, ohne wissenschaftlichen Ehrgeiz, allein aus Freude am Beobachten und aus Liebe zur Natur.

Über viertausend solcher Freizeitbeobachter sind ab 2005 einem Aufruf gefolgt, Daten für die erste große gesamtdeutsche Vogelvolkszählung zu sammeln. Es war nicht die erste überhaupt: Schon in früheren Jahrzehnten haben Vogelkundler das fliegende Inventar Deutschlands »kartiert«, wie es in der Fachsprache der Ornithologen heißt. Die meisten Zählungen waren jedoch regional begrenzt, die Methoden nicht immer einheitlich. Und natürlich zählten ost- und westdeutsche Beobachter bis 1989 getrennt. So ist es im Vorwort des ADEBAR nachzulesen.

Wie organisiert man eine landesweite Vogelzählung? Und was ist dabei herausgekommen? Ich hätte mir die Antworten aus den achthundert Seiten herauspicken können, bin dann aber lieber gleich nach Münster gefahren. Dort habe ich mit Sven Trautmann gesprochen, der nicht nur den ADEBAR mit koordiniert hat, sondern auch eines der wichtigsten fortlaufenden Zählprogramme leitet: das »Monitoring häufiger Brutvögel«, das (unter etwas anderer Bezeichnung) bereits 1989 initiiert wurde und bis heute andauert.

Wenn man öfter Experten interviewt, egal welcher Disziplin, dann lernt man, grundsätzlich auf zwei Arten von Antworten gefasst zu sein. Die erste: Es ist alles komplizierter, als anfangs vermutet. Die zweite: Man weiß im Grunde immer noch zu wenig. Beides, erfuhr ich von Sven Trautmann, gilt auch und gerade für Vogelzählungen und die Erkenntnisse, die man daraus ziehen kann.

Vögel sind, im Prinzip, dankbare Zählobjekte, weil sie auffällig sind und sich, zumindest während der Balzzeit, auch hören lassen. Andererseits sind sie sehr beweglich, und es gibt viele von ihnen. Es müssen also entsprechend viele Zähler und Zählerinnen ausschwärmen, die sich zudem an strikte Vorgaben halten, was Ort und Zeit ihrer Erhebungen angeht: Sonst wären die Daten wenig aussagekräftig. Es reicht nicht, wenn jeder einfach nur notiert, was im eigenen Garten auftaucht oder einem auf dem gewohnten Rundgang durch den Stadtpark oder das nächstgelegene Naturschutzgebiet begegnet: Das wäre etwa so, als würden Demoskopen sich bei ihren Erhebungen ausschließlich auf Villenviertel beschränken. Wenn man nur in Gebieten mit halbwegs intakter Natur kartiert, dann führt das zwangsläufig zu geschönten Ergebnissen.

Deshalb werden seit 2004 für alle Vogelzählprogrammen festgelegte Erhebungsgebiete ausgewählt: bis zu 3300 Quadranten, jeweils einen Quadratkilometer groß, die einen repräsentativen Querschnitt der deutschen »Normallandschaft« bilden. Zu dieser gehören natürlich auch Naturoasen: Feuchtgebiete, Salzwiesen, schilfgesäumte Seen, Eichenmischwälder, Hochgebirgsalmen. Aber eben auch und vor allem Zonen, die durch starke menschliche Nutzung geprägt sind: Neubaugebiete, Industriebrachen, eintönige Fichtenforste und baumlose Agrarsteppen. Einige Vogelzähler bewegen sich auch durch das Niemandsland neben Autobahnbaustellen und durch dicht bebaute Stadtviertel. Vollkommen freiwillig übrigens: Die Zählgebiete werden nicht einfach von oben herab zugewiesen, sondern jeder Freiwillige kann sich ein bevorzugtes in Wohnortnähe aussuchen – solange es noch nicht vergeben ist.

Mindestens viermal inspizieren die Freiwilligen »ihre« Gebiete, jeweils im Abstand von vier Wochen im Laufe eines Frühjahrs. Allein für den ADEBAR kamen dabei, grob geschätzt, 350 000 Beobachtungsstunden zusammen – alle ehrenamtlich geleistet. Ungezählte weitere Stunden, Tage und Wochen investierten Sven Trautmann und seine Kollegen vom DDA, um die Daten auszuwerten und in Text und Bild aufzubereiten. Daten, die zum ersten Mal ein umfassendes, objektives Bild vom Zustand der 311 Vogelarten bieten, die in Deutschland brüten: wo sie leben, wie groß ihre Vorkommen sind und, besonders wichtig, wie sich diese im Laufe der letzten dreißig Jahre verändert haben. Dazu zogen die DDA-Experten Daten von früheren Kartierungen heran – solchen, die einigermaßen flächendeckend und methodisch verlässlich waren.

Und die Ergebnisse? Die Auskunft von Sven Trautmann lässt sich mit dem Wort »gemischt« zusammenfassen, und das ist ein Glück: Es gibt nämlich auch gute Nachrichten aus der deutschen Vogelwelt. Zahlreiche Arten zeigen sich, alles in allem, wohlauf; ihre Bestände sind nicht nur stabil, sondern nehmen zum Teil sogar zu. Zu ihnen gehören einige, die in meinem alten Bestimmungsbuch noch Zwei- oder sogar Drei-Sterne-Status hatten: Der Bienenfresser etwa, der bis in die 1980er-Jahre nur als vereinzelter Gast in Deutschland auftauchte, hat sich mittlerweile von Süden und Osten zu uns ausgebreitet und eine stabile Population von rund achthundert Paaren aufgebaut. Der Bestand des Seeadlers, der sich nach jahrzehntelanger unerbittlicher Verfolgung nur mühsam auf ganze 120 Paare erholt hatte, hat seit Mitte der 1980er-Jahre einen kräftigen Aufschwung genommen: Heute brüten vor allem im Nordosten wieder über sechshundert Paare des imposanten Greifvogels. Noch eindrucksvoller ist die Entwicklung beim Kranich: von weniger als vierhundert Paaren im Jahr 1969 auf siebentausend bis achttausend Paare aktuell.

Diese Zahlen, sagte Sven Trautmann, zeigten nicht zuletzt, was konsequenter Naturschutz bewirken könne: Seeadlerhorste wurden und werden zeitweise rund um die Uhr bewacht, und der Kranich profitierte unter anderem von der Anlage neuer Biotope, etwa auf ehemaligen Moorflächen, die der Natur zuliebe wieder unter Wasser gesetzt wurden. Einige Vogelarten haben sich allein schon dadurch erholt, dass man sie seit einigen Jahrzehnten in Ruhe lässt: Für Greifvögel, den Seeadler eingeschlossen, gilt seit Anfang der 1970er-Jahre ein generelles Jagdverbot.

Häufig sind sie deshalb allerdings noch nicht. Als häufig, so Sven Trautmann, gilt ein Vogel erst dann, wenn sein Bestand um die hunderttausend Paare landesweit zählt. Und selbst das ist noch nicht wirklich viel. Mein Lebensbegleitvogel, die Ringeltaube, bringt es in Deutschland auf etwa drei Millionen Paare. Damit gehört sie zu den zwanzig häufigsten Vogelarten Deutschlands, zusammen mit einigen anderen regelmäßigen Besuchern meines Gartens: Kohl- und Blaumeise, Haussperling, Rotkehlchen, Zilpzalp, Zaunkönig und Mönchsgrasmücke, die jeweils mit Populationen zwischen zwei bis sieben Millionen Brutpaaren in Deutschland vertreten sind. Spitzenreiter auf der Liste sind Buchfink und Amsel, die mit jeweils knapp zehn Millionen Paaren den Titel »Allerweltsvogel« mehr als verdient haben.

Die Häufigsten der Häufigen machen achtzig Prozent des gesamten deutschen Vogelbestands aus, und sie sorgen dafür, dass es hierzulande, immer noch, rund doppelt so viele Federträger wie Menschen gibt: zwischen siebzig und hundert Million Brutpaare insgesamt. Und darin sind noch nicht die Millionen Zugvögel mit eingerechnet, die regelmäßig im Herbst und Winter hier Station machen.

Zweihundert Millionen Vögel – das ist auf den ersten Blick eine beeindruckende Zahl. Aber Experten wie Sven Trautmann sehen sie eher mit Sorge, denn sie war vor Jahrzehnten noch deutlich höher. Allein seit dem Jahr 2000 ist Deutschland um etwa vier Millionen Vogelpaare ärmer geworden. Wie viele Vögel es noch gab, als ich in den 1960er-Jahren meine ersten Beobachtungen in *Was fliegt denn da?* eintrug – dazu hat selbst der DDA keine verlässlichen Zahlen. Aber wenn es sie gäbe, würden sie einem vermutlich die Tränen in die Augen treiben.

Das ist die traurige Botschaft des ADEBAR-Projekts: Die Vogelwelt macht einen demografischen Wandel durch, der tiefgreifender ist als alles, was die menschliche Bevölkerung in Deutschland und den meisten europäischen Ländern derzeit erlebt. Und es sind vor allem häufige Arten, die davon betroffen sind, oder, wie es mittlerweile eher heißen muss: Arten, die vor dreißig, vierzig Jahren noch häufig waren. Dazu gehören vor allem Vögel, die in der offenen Landschaft zu Hause sind, auf Äckern, Viehweiden, Brachflächen und Feldrainen, aber auch in Obstgärten, an Dorfstraßen, rund um Ställe und Höfe. Vögel wie Stieglitz, Hänfling und Feldsperling, Rebhuhn und Wachtel, Neuntöter und Wiesenpieper, Rauch- und Mehlschwalbe. Alle diese Arten befinden sich, was ihren Bestand angeht, seit Jahrzehnten im Sinkflug; einige so sehr, dass sie bereits auf die Rote Liste der vom Aussterben bedrohten Arten geraten sind.

Auch für meine drei alten Bekannten sieht es nicht gut aus: Die ADEBAR-Ergebnisse zeigen deutlich, weshalb ich sie in letzter Zeit so viel seltener sehe als früher.

Dem Star geht es noch am besten; laut ADEBAR leben in Deutschland bis zu vier Millionen Brutpaare. Das sind jedoch weniger als halb so viele wie noch 1990; seit der Jahrtausendwende befinden sich die Bestände im freien Fall.

Bis zu zwei Millionen Feldlerchen singen hierzulande noch, vor vierzig Jahren waren es doppelt so viele. In einigen Regionen sind die Bestände um bis zu neunzig Prozent eingebrochen; große Teile meiner früheren Heimat Nordrhein-Westfalen sind bereits lerchenfrei.

Der Kiebitz ist hierzulande gerade noch mit 70000 bis 80000 Brutpaaren vertreten; Anfang der 1980er-Jahre waren es noch dreimal so viele. Aus Südwestdeutschland ist er fast komplett verschwunden; nur am Niederrhein und entlang der Nordseeküste kann man ihn noch häufiger beobachten. Aber auch dort geht die Tendenz weiter abwärts, unaufhaltsam.

Solche Zahlen schreien nach Erklärungen. Wer ist schuld an diesem massiven Vogelschwund? Wie kann man das Schrumpfen der Bestände aufhalten? Und: Warum trifft es einige Arten besonders heftig und andere überhaupt nicht? Warum werden Stare seltener, während sich Amsel und Zaunkönig nicht nur behaupten, sondern sogar zahlreicher werden? Was hat die Ringeltaube, was die Lerche nicht hat?

Auf diese Fragen hatte der DDA-Experte nur eine Antwort vom Typ eins: Es ist kompliziert. Weil der Rückgang vieler Vogelbestände nicht nur eine, sondern zahlreiche Ursachen hat. Und weil es nicht nur eine Eigenschaft gibt, die robuste von empfindsamen, häufige von seltenen Arten unterscheidet.

»Grundsätzlich sind alle Vögel Überlebenskünstler«, sagte mir Trautmann. »Alle Arten, die heute existieren, gibt es nur, weil jede einzelne es immer wieder geschafft hat, sich an verändernde Umweltbedingungen anzupassen, neue Nahrungsquellen zu erschließen, sich gegen Konkurrenten und Fressfeinde zu behaupten.« Natürlich seien die Überlebensstrategien unterschiedlich und auch nicht immer gleich erfolgreich. Einige Arten sind besonders experimentierfreudig beim Erkunden neuer Lebensräume, reagieren flexibler auf Veränderungen und stellen wenig Ansprüche bei der Auswahl von Nahrung und Nistplätzen. Solche »Generalisten« sind in der Regel häufiger als die »Spezialisten«, deren Erfolg auf dem Besetzen einer einzigen ökologischen Nische beruht.

Zu Letzteren gehört zum Beispiel die Hohltaube, eine nahe Verwandte der Ringeltaube: Sie brütet fast ausschließlich in Höhlen, die der Schwarzspecht gezimmert hat, der wiederum nur Bäume besiedelt, die mindestens achtzig Jahre alt sind. Entsprechend selten ist sie auch, mit höchstens 82 000 Paaren in Deutschland. Die Ringeltaube dagegen nimmt jeden Nistplatz, der stabil und einigermaßen geschützt ist; wenn alle geeigneten Bäume in ihrem Revier besetzt sind, weicht sie auf Hecken und Mauervorsprünge aus. Eine echte Generalistin, auch bei der Nahrungssuche: Körner, Beeren und Feldfrüchte schmecken ihr ebenso wie weggeworfene Pausenbrote.

Die ADEBAR-Zahlen, so Trautmann, zeigten aber auch: Allrounder sind nicht durchgängig erfolgreicher als Nischenbewohner. Es ist der Mensch, der diese Regel immer wieder außer Kraft setzt. Indem er zum einen viele natürliche Lebensräume bis zur Unkenntlichkeit verändert und dadurch selbst robuste, häufige Arten unter Druck setzt. Indem er zum anderen aber auch neue Habitate schafft, gezielt, aber häufiger noch zufällig – durch Eingriffe in die Landschaft, die nicht so sehr dem Schutz der Natur als vielmehr eigenen Interessen dienen. Dadurch eröffnen sich aber oft auch solchen Arten Verbreitungschancen, die ursprünglich eher auf spezielle Nischen beschränkt waren.

Wie zum Beispiel der Amsel, auch Schwarzdrossel genannt. Bis Anfang des 19. Jahrhunderts lebte sie ausschließlich in Wäldern, war scheu und zurückgezogen. Dann entdeckten einige Vertreter der Art, dass sich auch in den Büschen und Gehölzen, die Menschen rund um ihre Siedlungen anlegen, reichlich Nistplätze und Nahrung finden.

Noch verblüffender ist die Karriere des Hausrotschwanzes, den selbst die meisten Vogelexperten nur als Allerweltsart kennen. Was er aber ursprünglich gar nicht war: Bis vor 250 Jahren lebten Hausrotschwänze ausschließlich im Hochgebirge, wo sie in Felsnischen brüteten. Dann aber entdeckten die ersten Vögel, dass die Menschen auch in Tälern eigenartige viereckige Kunstfelsen errichten, mit Vorsprüngen, Ritzen und Spalten, in denen sich nahrhafte Insekten und Spinnen verstecken und in denen sich prima nisten lässt. Seitdem haben Hausrotschwänze, von Süddeutschland aus, nach und nach sämtliche Dörfer und Städte erobert. Bis heute breiten sie sich weiter aus – und profitieren, ironischerweise, nicht zuletzt von der zunehmenden Zersiedelung der Landschaft: Wo mehr Häuser stehen, gibt es auch mehr Hausrotschwänze. Zurzeit sind es deutschlandweit etwa 1,2 Millionen.

Das schornsteingraue Singvögelchen mit dem wippenden, rostroten Schwanz ist nicht der einzige frühere Spezialist, der zum Hausbesetzer geworden ist. Vor allem Großstädte haben sich in jüngster Zeit zu Hotspots der Vogelvielfalt entwickelt – das zeigen auch die ADEBAR-Daten. Unter den Newcomern sind nicht nur Felsbewohner, wie etwa Mauersegler und Wanderfalke, sondern auch auffallend viele Waldvögel wie die Amsel, der Zilpzalp und die Mönchsgrasmücke; diese Lebensraumerweiterer stehen auch fast alle auf der Top-Twenty-Liste der häufigsten Arten. Das hat noch einen Grund, sagte Sven Trautmann: »Die Städte sind in den vergangenen Jahrzehnten deutlich grüner geworden. Es gibt mehr Büsche, mehr Hecken; viele Parks sind, schon aus Geldmangel, nicht mehr so ›ordentlich‹ wie früher. Und die Bäume, die in den 1950er- und 1960er-Jahren gepflanzt wurden, sind jetzt so groß, dass auch Höhlenbrüter darin unterkommen – Meisen, Kleiber, Baumläufer, sogar Spechte.«

Es gibt einen weiteren »Standortfaktor«, der Städte für Vögel attraktiv macht: das reichliche Futterangebot in Form von Strauchbeeren und den Sämereien, die Vogelfreunde in ihren Gärten ausstreuen. Das schätzt auch die Ringeltaube, die ursprünglich ebenfalls ein reiner Waldvogel war. Im Laufe des 19. Jahrhunderts entdeckte sie zunächst das offene Land, auf dem damals zunehmend mehr nahrhafte Feldfrüchte wie Kohl, Rüben und Mais angebaut wurden, anschließend auch die Städte. Dort fasste sie aber erst ab den 1960er-Jahren, im Zuge des allgemeinen Baumpflanzens und Begrünens, so richtig Fuß. Am üppigsten vermehrte sie sich übrigens in meiner alten Heimat, dem Rheinland und dem Ruhrgebiet, wo sie bis heute besonders häufig ist.

Warum eigentlich nehmen sich Kiebitz, Lerche, Star und andere bedrohte Arten nicht ein Beispiel an der Ringeltaube und ziehen auch einfach in die Stadt? Die Frage kam mir zunächst abwegig vor. Aber im Laufe des Gesprächs mit dem DDA-Experten wurde mir klar, dass sie gar nicht so weit hergeholt ist. Schließlich haben alle mehr oder weniger häufigen Vögel zumindest eine wichtige Eigenschaft gemeinsam: Sie sind »Kulturfolger«, das heißt, sie besiedeln vorwiegend Lebensräume, die der Mensch geschaffen oder zumindest entscheidend geformt hat. Das gilt für Stadtbewohner, speziell solche, die an Gebäuden nisten, aber ebenso für die Vögel der offenen Feldflur. Denn auch Äcker, Viehweiden, Heuwiesen, Wegraine und Brachflächen sind ja vom Menschen gestaltete Kunstlandschaften.

Allerdings gibt es einen Unterschied zwischen Stadt- und den meisten Landvögeln: Die Ersten haben sich menschliche Siedlungen in der Regel erschlossen, ohne ihre ursprünglichen Habitate aufgeben zu müssen. Es gibt immer noch Amseln und Ringeltauben, die in Wäldern leben, ebenso wie Hausrotschwänze, die in Hochgebirgsfelsen nisten. Die Zweiten dagegen stammen oft aus Lebensräumen, die es in Mitteleuropa kaum noch gibt. Der Kiebitz etwa bewohnte, wie viele andere Watvögel, die Überschwemmungsgebiete großer Flüsse und die Moore, die einst große Teile Nordeuropas bedeckten. Die Feldlerche ist ursprünglich in Steppen und offenen Graslandschaften zu Hause: Die dehnten sich auch in weiten Teilen Mitteleuropas aus, vor vielen Tausend Jahren, als hier noch riesige Herden von Auerochsen und Wildpferden grasten.

Die meisten Flüsse sind heute reguliert, Auen und Moore bis auf wenige Reste trockengelegt oder abgetorft. Und die wilden Weidetierherden haben unsere Vorfahren bis auf wenige Reste ausgerottet oder in Wälder verdrängt. Aber durch Ackerbau und Viehzucht schufen sie Ersatzbiotope, mit denen die einstigen Moor- und Steppenbewohner unter den Vögeln bestens zurechtkamen. Hier fanden sie Futter in Form von Insekten, Unkrautsamen und Körnern, die nach der Ernte auf den Feldern liegen blieben. Es gab Hecken und Büsche, die Beerennahrung und auch Deckung boten, und Weidetiere, die dafür sorgten, dass das Gras nicht zu hoch wuchs. Das schätzen Kiebitze und Lerchen, die wie fast alle Vögel der offenen Landschaft ihre Nester direkt auf dem Boden bauen, und zwar vorzugsweise auf freien Flächen mit relativ kurzem, nicht zu dichtem Bewuchs. Das erleichtert die Suche nach Futterinsekten und sorgt für ein angenehmes »Wohnklima«. Wachsen die Pflanzen rund ums Nest zu hoch, wird es den Vögeln schnell zu feucht, und vor allem die Jungvögel verheddern und verirren sich im undurchdringlichen Grasdschungel. Kurz gemähtes oder abgeweidetes Gras schätzen auch die Stare, die in Baumhöhlen brüten, aber gern am Boden nach Kleintieren aller Art stochern. Wenn sie nicht gerade Obstbäume und Weinberge, zur Not sogar Müllkippen heimsuchen.

Man kann Kiebitz, Lerche und Star nicht vorwerfen, dass sie bei der Wahl geeigneter Lebensräume zu anspruchsvoll und zu wenig flexibel wären. Sie haben nur früher und drastischer als andere zu spüren bekommen, dass vom Menschen geschaffene Biotope auch eine Falle sein können.

Menschen sind unberechenbar. Sie verändern ihre Umgebung oft so schnell und nachhaltig, dass man selbst als Anpassungskünstler überfordert ist. Sie bauen neue Pflanzen an, die so schnell und so dicht wachsen, dass dazwischen kein Platz mehr zum Nisten bleibt. Sie holen die Kühe von der Weide, die das Gras kurzhalten, und lassen damit auch die Insektenschwärme verschwinden, die das grasende Vieh umschwirren: vor allem Wiesen- und Kohlschnaken, von denen sich Stare bevorzugt ernähren. Die Menschen fahren mit riesigen Maschinen über ihre Felder, die kein Körnchen zum Aufpicken übrig lassen, und sie zerstören schützende Feldraine und Hecken. Das Schlimme ist: Sie merken nicht einmal, was sie anrichten.

Der Rückgang vieler Feld- und Wiesenvögel, sagte mir Sven Trautmann, sei selbst Experten zunächst kaum aufgefallen. Weil diese

Vögel so häufig und alltäglich waren. Und weil Experten ähnliche Vorlieben haben wie Freizeitbeobachter: Sie richten ihr Augenmerk am liebsten auf Seltenheiten, wie Steinrötel, Habichtskauz und Tüpfelsumpfhuhn, und auf besonders auffällige, charismatische Arten, wie Seeadler, Kranich und den betörend türkisblauen Eisvogel.

Für die Kleinen, Alltäglichen, mehr oder weniger Unscheinbaren hat sich dagegen lange kaum jemand interessiert. Das änderte sich erst grundlegend durch großräumige Vogelkartierungen wie den ADEBAR. Dieser hat, auf europäischer Ebene, einige wichtige Vorläufer: Seit 1992 gibt es den European Bird Census Council, der die Entwicklung der Vogelpopulationen des Kontinents langfristig verfolgt. 2014 erschien die eingangs schon erwähnte Auswertung von Langzeit-Beobachtungsreihen aus fünfundzwanzig Ländern, mit dem viel zitierten alarmierenden Befund: ein Drittel weniger Vögel innerhalb von nur drei Jahrzehnten. Und neunzig Prozent dieser Verluste betreffen die 36 häufigsten Arten.

Es gebe eine Kernfrage, sagte mir Sven Trautmann, die in den nächsten Jahren zu klären sei: Was genau verraten die Veränderungen in der Vogelwelt über den Zustand unserer Natur? Vögel werden ja nicht nur um ihrer selbst willen beobachtet; sie sind auch das, was Ökologen »Bioindikatoren« nennen: An ihrer Zahl, aber auch an der Zusammensetzung der verschiedenen Arten, lässt sich ablesen, wie es um weniger auffällige Lebewesen bestellt ist. Um die Insekten, von denen sich viele Vogelarten ausschließlich ernähren, um die Pflanzen, von denen wiederum die Insekten leben, und deren Samen auch wichtiges Futter für andere Vögel wie Lerchen, Finken, Ammern und Sperlinge sind. Die Wirkungskette reicht hinunter bis zu den Böden, von deren Zustand abhängt, welche Pflanzen darauf und welche Kleinstlebewesen darin gedeihen können. Wenn es den Vögeln nicht gut geht, dann ist das ein Hinweis darauf, dass das gesamte lebende Inventar einer Landschaft unter schwerem Stress steht.

In einem Punkt, sagte Trautmann, seien sich alle Vogel- und Naturschutzexperten einig: Hauptursache für den Rückgang gerade der häufigen Arten ist die zunehmende Intensivierung der Landwirtschaft. Aber was heißt »Intensivierung« genau? Zunächst ist es nur ein Schlagwort, ein Oberbegriff für eine Vielzahl von Eingriffen: den verstärkten Einsatz von Dünger und Pestiziden, die Entwässerung feuchter Wiesen, die Zerstörung von Hecken und Feldrainen zur Schaffung maschinengerechter Riesenfelder, die Ausweitung von Raps- und Maismonokulturen zulasten von Grünland und anderen Feldfrüchten. »Was diese Eingriffe im Einzelnen anrichten«, so Trautmann, »und wie sie zusammenwirken, wie die verschiedenen Arten darauf reagieren, weshalb der Vogelschwund nicht in allen Regionen gleich stark ist: Dazu gibt es viele Vermutungen, aber genaue Zusammenhänge zwischen Ursachen und Wirkungen müssen wir erst noch herausfinden.«

Das ist auch deshalb nicht immer leicht, weil viele Vögel, häufige wie seltene, den größeren Teil des Jahres außerhalb Deutschlands oder auch Europas verbringen. In ihren Winterquartieren ändern sich die Lebensbedingungen ebenfalls: durch Zerstörung von Habitaten, intensivere Landwirtschaft, nicht zuletzt durch den Klimawandel. Entlang der Zugrouten lauern nach wie vor Scharen von Jägern und Vogelfängern. Wie stark diese Faktoren zum Rückgang vieler Arten beitragen – auch darauf gibt es bislang nur Antworten vom Typ zwei: Man weiß es nicht genau.

Aber die Chancen stehen gut, dass sich das bald ändert.

Seit einiger Zeit richten nämlich vor allem professionelle Ornithologen ihren Blick immer häufiger über die Grenzen Deutschlands und Europas hinaus. Sie verfolgen zum einen die Wege von Zugvögeln mit GPS-Sendern – um etwa herauszufinden, wie sich Klimaveränderungen auf genetisch programmierte Zugrouten auswirken. Zum anderen haben sie, in den vergangenen Jahren, systematischer als zuvor die Ergebnisse früherer Kartierungen studiert. Die gibt es, wie gesagt, schon seit den 1980er-Jahren, und zwar nicht nur in Deutschland: Auch anderswo wurden und werden Vögel systematisch gezählt. Was aus wissenschaftlicher Sicht ein Glück ist: Denn erst der Vergleich mit Zähldaten früherer Jahre erlaubt ja Aussagen darüber, wie sich die Bestände einzelner Arten langfristig entwickelt haben – nicht nur bei uns, sondern weltweit.

Der Blick auf diese Daten hat durchaus etwas Beruhigendes, gerade aus Sicht einer deutschen Vogelfreundin. Denn er zeigt, dass viele Vogelarten, um die wir uns hierzulande seit Langem sorgen, global gesehen nicht wirklich bedroht sind. Kiebitze etwa kommen in einem Gebiet vor, das sich von Spanien quer durch Europa und Zentralasien bis an die sibirische Pazifikküste erstreckt; allein der europäische Bestand umfasst zwischen 1,7 und 2,8 Millionen Paare. Noch ausgedehnter ist das Verbreitungsgebiet der Feldlerche, die allein in Europa mit mindestens vierzig Millionen Paaren vertreten ist. Der Star hat sich im Laufe des letzten Jahrhunderts sogar zu einem echten Weltbürger entwickelt – dank menschlicher Hilfe: 1890 setzten europäische Einwanderer sechzig Stare im New Yorker Central Park aus, deren Nachkommen sich im Laufe weniger Jahrzehnte über ganz Nordamerika ausbreiteten. Heute machen die Invasoren knapp die Hälfte der weltweiten Population aus, die auf über dreihundert Millionen Brutpaare geschätzt wird.

Dass es Staren, Kiebitzen, Feldlerchen und etlichen anderen Spezies weltweit noch ziemlich gut geht, heißt natürlich nicht, dass man sie hierzulande nicht mehr schützen sollte: Schließlich wollen wir sie ja auch für uns behalten, als Teil unserer heimischen Natur. Aber es gibt Arten, auf die wir in Zukunft womöglich genauer achtgeben sollten – weil wir eine besondere Verantwortung für sie tragen. Es sind dies Vögel, die in Deutschland als häufig und ungefährdet gelten, deren Verbreitungsgebiete aber eng begrenzt sind – auf Europa oder auch nur auf Teile davon. Wenn die Bestände dieser Arten hierzulande zurückgehen, dann kann ihr Überleben im Extremfall weltweit gefährdet sein. Einige Experten fordern bereits, mit Blick auf die europa- und weltweiten Verbreitungskarten, die Prioritäten im deutschen Vogelschutz neu zu überdenken.

Das Vogelbeobachter-Magazin *Der Falke* brachte vor einiger Zeit eine Liste der – möglichen – künftigen VIPs der heimischen Vogelwelt. Als ich sie las, war ich überrascht. Weil unter den zwei Dutzend Namen einige standen, auf die ich nie gekommen wäre.

An der Spitze der Liste stand, wie erwartet, der Rotmilan, der ja mittlerweile zum Symbolvogel für den Konflikt zwischen Klimaschutz und Naturschutz geworden ist: Viele dieser schönen Greifvögel sterben bei Kollisionen mit Windrädern. Und das treibt Vogelfreunde auch deshalb auf die Barrikaden, weil sich mittlerweile herumgesprochen hat, dass über die Hälfte aller höchstens 25 000 Rotmilan-Paare, die es auf der Welt gibt, in Deutschland leben.

Bei den übrigen Namen auf der Liste handelte es sich jedoch um klassische Allerweltsarten; Vögel, die ich regelmäßig in meinem Garten beobachte und nie für gefährdet gehalten hätte. Zum Beispiel Grünfink, Blaumeise, Mönchsgrasmücke, Heckenbraunelle, Sommergoldhähnchen und – meine alte Freundin, die Ringeltaube. Sie steht sogar auf Platz vier der VIP-Liste, weil etwa zwanzig Prozent ihres weltweiten Bestands in Deutschland heimisch sind. Ein Grund mehr, sie noch etwas aufmerksamer zu betrachten als bisher. Und nachzuforschen, was sie zumindest innerhalb ihres Verbreitungsgebiets so erfolgreich macht.

Denn wenn ich ihr zusehe, wie sie über unseren Rasen schreitet, schwerfällig, mit ruckelndem Kopf, bedächtig hier und da nach irgendetwas pickend, wundere ich mich immer, dass ausgerechnet dieses Tier zu den größten Überlebenskünstlern unter den heimischen Vögeln zählt. Natürlich, Ringeltauben sind robust, anpassungsfähig, anspruchslos bei der Futterauswahl. Aber das sind andere auch – Spatzen etwa, Kohlmeisen, Elstern und Krähen. Die sind außerdem flink, wehrhaft und, vor allem die Rabenvögel, extrem gewitzt. All das ist die Taube eher nicht. Sie bewegt sich vor allem zu Fuß extrem unbeholfen, zuckelt mehr, als dass sie läuft. Noch nie habe ich eine hüpfen, trippeln oder an Ästen turnen sehen, selbst mein nach allen Seiten offenes Futterhaus ist für sie unzugänglich. Trotzdem schafft es der Taubenclan meiner Umgebung, jedes Jahr mindestens eine komplette Brut aufzuziehen. Wie machen sie das?

Ich habe nachgelesen in einem meiner Lieblings-Vogelbücher: *Ornis* von Josef Reichholf, einem der bekanntesten Ornitho- und Zoologen Deutschlands. Seither weiß ich, dass die ach so gewöhnliche Ringeltaube, biologisch gesehen, ein interessanter Sonderfall ist. Tauben gehören nämlich, zusammen mit den Kuckucken, zu der Vogel(groß)familie der »primären Baumvögel«, die entwicklungsgeschichtlich viele Millionen Jahre älter ist als diejenige, zu der auch die Singvögel zählen. Deswegen sind ihre Beine, bewegungstechnisch gesehen, noch nicht so gut entwickelt wie die ihrer jüngeren Verwandten.

Neben diesem Handicap besitzen die Tauben jedoch eine »Zusatzqualifikation«, die ihnen gegenüber Singvögeln einen entscheidenden Vorteil verschafft: Sie können Körner und andere Pflanzennahrung in ihrem Kropf zu einer milchigen Substanz umwandeln, mit der sie ihre Jungen füttern. Deshalb sind sie in der Lage, auch zu Jahreszeiten zu brüten, in denen keine Insekten schwärmen, die für Vogelkinder vieler anderer Arten eine unverzichtbare Basiskost bilden. Außerdem haben Tauben einen besonders feinen Geruchssinn, der womöglich auch zu ihrem legendären Orientierungsvermögen beiträgt. Dieser hilft ihnen, einmal entdeckte Futterquellen immer wiederzufinden.

Man muss sich also, bis auf Weiteres, keine Sorgen machen um die Ringeltaube, und ich werde meinen Teil dazu beitragen, dass das so bleibt. Schließlich habe ich auch etwas gut zu machen bei ihr.

Es gibt keinen Rosenbogen in unserem Garten, zumindest keinen, der als Brutplatz taugen würde. Aber wir haben einen Haselstrauch, der mittlerweile groß genug ist, um einen Pfundsvogel samt Nest und Eiern zu tragen. Er steht so, dass ich ihn vom Küchenfenster aus gut im Auge behalten kann.

Ich hoffe darauf, dass sich früher oder später eine Taube darin niederlässt. Und wenn das geschieht, werde ich alles dafür tun, dass ihr kein Federchen gekrümmt wird.

Heckenbraunelle

Mitte März. Die Nächte sind frostig zurzeit, der Wind ist zu kalt, um länger als zehn Minuten auf dem Balkon zu verbringen. Aber diese kurze Zeit hat gereicht, um die erste Heckenbraunelle des Jahres zu hören.

Sie ist, wie schon im vergangenen Jahr, der erste Zugvogel, der in meinem Garten auftaucht. Wobei sie womöglich auch gar nicht weg war: In einem meiner neueren Bestimmungsbücher lese ich gerade, dass viele Vögel dieser Art hier auch überwintern. Die übrigen fliegen nur bis Südeuropa. Zugvögel sind sie trotzdem, im Gegensatz zu »Standvögeln«, die das ganze Jahr mehr oder weniger an einem Ort bleiben.

Es wäre kein Wunder, wenn ich die Heckenbraunelle im Winter übersehen hätte, denn sie ist der Inbegriff des kleinen, graubraunen, unscheinbaren Vogels. Auf den ersten Blick kann man sie mit einem Spatzen verwechseln, aber sie ist schlanker, hat keinen schwarzen »Kinnbart«, und ihr schmaler Schnabel verrät, dass sie sich hauptsächlich von Insekten ernährt. Auffällig ist nur ihr Gesang. Wobei auch der nicht viel hermacht: ein monotones Quietschen wie von einer ungeölten Schubkarre. Das Wort »Gesang« ist dafür fast übertrieben.

Ich werde sie gleich trotzdem bei ornitho.de eingeben, als erstes hörbares Signal des kommenden Frühlings.

Diese Webseite habe ich mehr oder weniger gleichzeitig mit dem ADEBAR entdeckt und mich dort gleich registriert. Und je länger ich sie benutze, desto mehr habe ich den Eindruck, dass sie genau für Leute wie mich eingerichtet worden ist. Vogelfreunde, denen das Führen eines Tagebuchs oder gar systematisches Zählen zu aufwendig ist, die aber trotzdem ihre Beobachtungen festhalten wollen – präzise, unkompliziert und möglichst so, dass die notierten Daten auch einen Nutzen haben. Also etwas beitragen zur fortlaufenden Dokumentation und Erforschung der heimischen Vogelwelt.

Das tun sie, und wie genau, das habe ich auch bei meinem Besuch in Münster erfahren. Denn dort, beim DDA, werden die Ornitho-Daten ausgewertet, von zwei Experten, die sich auch um den laufenden Betrieb der Webseite kümmern. Christopher König und Johannes Wahl erzählten mir, dass ich, als registrierte Nutzerin, Teil eines europäischen Netzwerks bin, das bereits über 100 000 Beobachter umfasst – aus der Schweiz, Österreich, Luxemburg, Frankreich, Italien und Polen. Diese 100 000 haben innerhalb weniger Jahre hundert Millionen Beobachtungen eingegeben; hundert Millionen Meldungen über gesichtete und gehörte Vögel, mit Angaben zu Zeit und Ort sowie zahlreichen Zusatzinfos – etwa, ob der jeweilige Vogel auf dem Zug, beim Balzen, Nestbauen oder Jungenfüttern beobachtet wurde. Ornitho.de ist so etwas wie ein ADEBAR im Dauerbetrieb, nur viel größer, detaillierter und weiter im Wachstum begriffen.

Ich wollte natürlich wissen, wer dieses Vogeldatenimperium erfunden hat und wem es gehört. Wahl und König erzählten mir von Gaëtan Delaloye, einem Schweizer Vogelkundler aus dem Raum Genf. Der hatte irgendwann im Jahr 2000 einen seltenen Vogel auf dem Genfer See entdeckt – und sich geärgert, dass er seine Beobachtung nicht schnell genug weitergeben konnte: Die meisten Birder kommunizierten damals noch per E-Mail oder mit (nichtsmarten) Handys. Delaloye, im Hauptberuf Software-Ingenieur, setzte sich hin und konstruierte eine Art Vogel-Facebook für seine lokale Community. Das musste er bald ausbauen, weil Beobachter aus der gesamten Umgebung förmlich darauf flogen. In den Folgejahren wurde das Ornitho-

Netzwerk auf die ganze Schweiz ausgedehnt, 2011 startete es, in Zusammenarbeit mit dem DDA, auch in Deutschland. Und es ist bis heute ein Liebhaberprojekt im besten Sinne geblieben: werbefrei, benutzerfreundlich, betrieben von Vogelfreunden für Vogelfreunde.

Ich habe, im Laufe des vergangenen Jahres, etwa siebzig Beobachtungen bei ornitho.de eingegeben, mit, grob überschlagen, etwa fünfhundert Vögeln. Das ist nicht viel, verglichen mit dem, was regelmäßigere Beobachter melden. Aber es ist trotzdem hilfreich, wie mir die beiden DDA-Experten versicherten. Die Ornitho-Daten sind, insgesamt gesehen, nicht so vollständig und verlässlich wie jene, die bei systematischen Zählungen mit strikten Vorgaben erhoben werden. Viele Nutzer geben nur die Vögel ein, die sie besonders interessant finden. Eisvögel und Kraniche etwa werden eher gemeldet als Heckenbraunellen, und die erste Heckenbraunelle des Jahres findet eher Eingang als die fünfte oder gar die fünfundzwanzigste. Durch ihre schiere Masse aber geben die Daten ganz neue Einblicke in den »Alltag« der Vögel. Sie erlauben es etwa, Bewegungen von Zugvögeln mehr oder weniger in Echtzeit zu verfolgen. Zu sehen, auf welchen Routen sich Kranichschwärme bewegen und wie sich die Abflug- und Ankunftszeiten verschiedener Arten über die Jahre verschieben. Hausrotschwänze und Feldlerchen etwa kommen mittlerweile bis zu vierzehn Tage früher zurück als noch vor ein, zwei Jahrzehnten. Daran zeigen sich, vermuten die DDA-Experten, bereits die Folgen des Klimawandels.

Für mich ist ornitho.de nicht nur eine Datenabgabestelle, sondern auch ein soziales Netzwerk. Als registrierte Nutzerin kann ich nämlich sehen, welche Arten in den vergangenen sieben Tagen gesichtet wurden, wo und von wem. Auf diese Weise habe ich in meiner Umgebung einige Hotspots entdeckt, die ich vorher nicht kannte. Zum Beispiel ein Waldstück in der Nähe meines Dorfes, aus dem kürzlich ein trommelnder Schwarzspecht gemeldet wurde. Und in der Elbmarsch eine Entnahmestelle für Kleiboden, ein feines Sediment, das man im Deichbau verwendet. Durch die Ausbaggerungen ist im Laufe der Jahre eine kleine Seenplatte entstanden, an der viele durchziehende Watvögel rasten. Einer der User von ornitho.de teilte mit, dass er dort ein Blaukehlchen und zwei Rohrammern gesehen hatte. Ich sollte dort unbedingt vorbeischauen.

Vorher aber werde ich eine Bestandsaufnahme in unserem eigenen Garten machen. Der Vorfrühling ist die beste Zeit dazu, weil die Bäume noch kahl sind. Man kann also die Vögel auch dann entdecken, wenn sie gerade nicht singen. Oder ihnen, was besonders schön ist, beim Singen zusehen. Wie etwa der Heckenbraunelle. Im Widerspruch zu ihrem Namen sitzt sie mit Vorliebe in der Krone einer unserer Birken und quietscht sich die Seele aus dem Leib.

Sosehr ich es bedauere, dass die meisten Vögel im Herbst verschwinden – es macht auch Spaß, sie jedes Jahr wieder neu kennenzulernen. Die Stimmen zu hören, die über ein Dreivierteljahr verstummt waren, die vertrauten Kennzeichen zu sehen. Die schwarze Kappe der Mönchsgrasmücke, die »Banditenmaske« des Neuntöters, den Wippschwanz der Bachstelze. Ich habe, wie in jedem Jahr, das Gefühl, auch mit dem Beobachten neu anzufangen. Nicht in dem Sinne, dass ich Namen, Stimmen und Kennzeichen erst wieder lernen müsste. Die sind fest verankert im Langzeitgedächtnis. Aber das Fernglas fühlt sich, nach der langen Beobachtungspause, noch etwas fremd in der Hand an. Und ich merke jedes Mal aufs Neue, wie viel Spaß es mir macht, es zu benutzen.

KOHLMEISE UND BLAUMEISE

KAPITEL 4

Sehschule mit Kolmsen und Blomsen

Wie man mithilfe der Meisen den richtigen Umgang mit Ferngläsern lernt

Wenn mich Leute fragen, weshalb ich so gerne Vögel beobachte, nenne ich meist drei Gründe. Zuerst, natürlich, die Vögel selbst. Sie sind schön, rätselhaft, auffällig, manchmal komisch, immer wieder überraschend, sie können singen und fliegen, sie sind empfindsam und schützenswert, und das sind nur eine Handvoll von mindestens hundert weiteren Gründen, sie liebens- und beachtenswert zu finden.

Der zweite Punkt, der fürs Beobachten spricht, ist, dass man es draußen tun kann, in der Regel an Orten, die auch ohne Vögel reizvoll sind: grün, ruhig, oft am Wasser gelegen und immer ein bisschen lebendiger und wilder als die durchschnittliche mitteleuropäische Kulturlandschaft. Man kommt beim Beobachten außerdem in Bewegung, aber nie zu sehr. Und wenn doch, bleibt man einfach stehen und guckt durchs Fernglas.

Das Stichwort Fernglas führt zum dritten Grund, der eher praktischer Art ist, aber ich finde, dass er das Vögelbeobachten angenehm von vielen anderen Outdoor-Aktivitäten abhebt: Man kommt dabei ohne viel Zeugs aus. Man braucht kein vielteiliges, ständig ergänzungsbedürftiges Equipment, keine digitalen Gadgets mit frostempfindlichem Akku und hundertseitiger Bedienungsanleitung, keinen Crashkurs in Werkzeug- und Materialkunde. Eigentlich sind zum Sichten und Bestimmen von Vögeln nur zwei Dinge nötig: ein Fernglas und ein Bestimmungsbuch. Und natürlich Kleidung, in der man weder nass wird noch friert.

An dieser Stelle könnte ein längerer Exkurs über die Auswahl des richtigen Zubehörs folgen. Denn das Angebot an Beobachtungsoptik ist natürlich riesig, ebenso wie die Auswahl an – gedruckten wie digitalen – Bestimmungshilfen. Und beide Sortimente umfassen außer den Basics Fernglas und Buch etliche andere nützliche Dinge: Spektive etwa, also Teleskope, die zum Beobachten auf Stative gestützt werden und mit denen man das Handschwingenmuster einer kilometerweit entfernt fliegenden Möwe gestochen scharf erkennen kann, oder Vogelstimmen-Apps, die mittlerweile sogar in natura erklingende Gesänge identifizieren – und so das mühsame Selbstlernen dieser Gesänge auf Dauer überflüssig machen könnten.

Was von alldem seinen Preis wert ist, kann ich schwer beurteilen, weil ich in meiner bisherigen Beobachtungskarriere mit ganzen zwei Ferngläsern, drei (gedruckten) Bestimmungsbüchern und einer Vogelstimmen-Schallplatte ausgekommen bin. Zum Thema Bücher zwei Tipps: Die aktuelle Ausgabe von *Was fliegt denn da?* ist ein guter Einstieg, wobei ich die Ausgabe mit Zeichnungen immer vorziehen würde – Fotos, egal wie brillant sie sind, taugen nicht so gut zum Bestimmen. Fortgeschrittene Beobachter werden früher oder später »den Jonsson« oder »den Svensson« erwerben. Diese Bestimmungsbücher, benannt nach ihren Autoren – beide heißen Lars und kommen aus Schweden –, beschreiben über siebenhundert beziehungsweise über neunhundert Vogelarten aus Europa, Nordafrika und Vorderasien; das eine wie das andere Werk zeichnet sich vor allem durch eine Fülle exzellenter Illustrationen aus. Die im Jonsson sind etwas größer und lebensnäher, laden eher zum Blättern und Betrachten ein, die im Svensson sind detailreicher und zeigen oft mehr Varianten derselben Art. Es schadet nichts, beide zu besitzen, sie ergänzen sich gut.

Zum Thema Optik kann ich nur eine persönliche Erfahrung weitergeben: Beim Kauf beider Ferngläser habe ich mir jeweils mehrere

Stunden Zeit genommen, was sich in beiden Fällen gelohnt hat. Denn ein gutes Glas sollte sich in möglichst vielen Beobachtungssituationen bewähren. Es muss im Nahbereich ebenso scharfe Bilder zeichnen wie in der Ferne, und das natürlich im gesamten Gesichtsfeld, das möglichst weit sein sollte. Wichtig ist auch, dass es die Farben richtig wiedergibt, bei prallem Sonnenlicht ebenso wie in der Dämmerung. Und natürlich sollte es leicht in der Hand liegen, damit man es auch auf lange Wanderungen mitnehmen kann.

Es gibt, soweit ich weiß, kein Fernglas, das in jeder Hinsicht perfekt ist; am Ende muss der Beobachter entscheiden, welche Eigenschaft ihm am wichtigsten ist – und natürlich, was sich für die eigenen Augen am besten anfühlt. Wer regelmäßig frühmorgens oder spätabends beobachtet, wird auf hohe Lichtstärke Wert legen, wer ein besonders ruhiges, wackelfreies Bild haben will, muss im Zweifel mehr Gewicht in Kauf nehmen. Wer vorwiegend im eigenen Garten oder während des Sonntagsspaziergangs nach Vögeln schaut, wird mit einem schlichteren Modell auskommen als jemand, der regelmäßig Wasservögel im Wattenmeer zählt.

Gute Linsen haben in jedem Fall ihren Preis, halten aber auch sehr lang, wenn man sie nicht versehentlich auf einen Steinboden fallen lässt.

Ferngläser gehören außerdem zu den wenigen Hightech-Produkten, die man ohne Einweisung sofort benutzen kann. Im Prinzip jedenfalls. Das Einzige, was man tun muss, ist: Vogel sichten, Glas an die Augen heben, Vogel in Vergrößerung betrachten, Fernglas absetzen, Bestimmungsbuch aufschlagen, Vogel mit Abbildungen vergleichen und identifizieren. So einfach ist das. Im Prinzip, wie gesagt.

In der Praxis ist es in der Regel komplizierter. Denn mit dem visuellen Erkennen von Vögeln ist es wie mit dem Unterscheiden von Vogelstimmen: Man muss es üben. Und es gibt bislang keine App, die es einem abnimmt. Zwar nehmen die meisten Menschen mit den Augen schneller und umfassender wahr als mit dem Gehör, aber meist doch nicht so genau, wie es zum Bestimmen nötig ist.

Wenn man zum ersten Mal mit dem Fernglas hantiert, fühlt es sich oft unerwartet sperrig an. Man merkt, dass der Umgang damit Übung erfordert und dass selbst die stärkste Vergrößerung nichts nützt, wenn Augen und Hände nicht optimal koordiniert sind. Das braucht seine Zeit. Ich trage seit über vierzig Jahren bei jeder Gelegenheit ein Fernglas mit mir herum. Aber wenn ich längere Zeit nicht zum Beobachten gekommen bin, bedingt durch schlechtes Wetter, zu viel Arbeit oder was auch immer, dann stelle ich oft fest, dass ich den Umgang mit meinem Seh-Werkzeug erst wieder trainieren muss.

Da sitzt ein Vogel in einem Baum, etwa siebzig Meter entfernt. Fernglas heben, hinschauen – und leise fluchen: Im Visier ist nur verschwommener Blattsalat zu sehen. Die Entfernung ist falsch eingestellt. Am Schärferegler drehen, wie immer zuerst verkehrt herum: Der Blattsalat verschwimmt zu grünen Schlieren. Andersrum drehen. Jetzt ist das Blattwerk gestochen scharf – aber kein Vogel ist zu sehen. Fernglas absetzen: Da sitzt er noch. Der Ausschnitt war falsch gewählt, das Glas wenige Zentimeter zu weit nach rechts gerichtet. Noch mal fixieren, ansetzen: Jetzt stimmt der Ausschnitt. Aber der Vogel ist weg. Absetzen: Da sitzt er, keine zwei Meter weiter links. Nur ist er jetzt leider durch einen Ast verdeckt. Und dann fliegt er auch schon davon, auf Nimmerwiedersehen.

Das sind die kleinen alltäglichen Frusterlebnisse, auf die man als Vogelbeobachter gefasst sein muss. Vor allem als Anfängerin bin ich oft verzweifelt, weil mehr als die Hälfte aller gesichteten Flugobjekte unerkannt entkamen. Aber die Erfolgsquote erhöht sich mit der Zeit. Und es gibt Vögel, mit denen man das Fernglashandwerk regelrecht trainieren kann. Um diese Vögel zu treffen, muss man oft nicht einmal das Haus verlassen: Meisen kommen in fast jeden Garten, und wenn sie dort nicht sind, entdeckt man sie im nächstgelegenen Park.

»Meisen« ist natürlich ein weiter Begriff; allein *Was fliegt denn da?* verzeichnet neun verschiedene Arten, die, nach der wissenschaftlichen Nomenklatura, nicht einmal alle eng miteinander verwandt sind, sondern drei eigenständigen Vogelfamilien angehören. Die meisten dieser Meisen wird man allerdings kaum im Garten antreffen, weil sie selten sind oder an bestimmte Lebensräume gebunden: wie die Bartmeise, die vorwiegend in großen Schilfbeständen vorkommt (und deren Männchen im Prachtkleid tatsächlich einen mächtigen schwarzen »Backenbart« trägt), wie die Beutelmeise, die ihre kunstvoll gewebten, natürlich beutelförmigen Nester in Sumpfgebieten baut, oder wie die Tannenmeise, die sich, wie ihr Name nahelegt, selten außerhalb von Nadelwäldern blicken lässt.

Wenn ich hier von »Meisen« rede, meine ich vor allem zwei, die in Mitteleuropa zu den bekanntesten und häufigsten Vogelarten überhaupt gehören und die beide allein in Deutschland in Millionenstärke vertreten sind. Meine Eltern und ich nannten sie früher meist nur »Kolmsen« und »Blomsen«, zwei Spitznamen, die Vertrautheit ausdrückten, manchmal aber auch eine Spur von Genervtsein: Wir konnten keinen Rundgang mit Fernglas machen, ohne dass uns entweder Kohl- oder Blaumeise, meistens aber beide, mindestens einmal, häufiger mehrmals, ins Blickfeld flogen. Oft auch dann, wenn wir gerade einen anderen Vogel genauer betrachten wollten. Beide Meisen kommen, grob gesagt, überall dort vor, wo ein paar nicht zu junge, vorzugsweise laubtragende Bäume beisammen stehen. Also in Wäldern und offenen Landschaften (sofern sie nicht komplett frei von Buschwerk sind), ebenso wie in städtischen Grünanlagen und Gärten.

Was meine Eltern und mich damals an Kolmsen wie Blomsen nervte, waren, außer ihrer Allgegenwart, ihre auffälligen Farben, die vor allem am Anfang immer wieder falsche Hoffnungen weckten.

»Guckt mal – der ist ja ganz *blau*!«, stammelte etwa mein Vater aufgeregt, und meine Mutter und ich rissen unsere Gläser hoch, während uns die Namen der magischen blauen Raritäten durch den Kopf schossen, die wir aus *Was fliegt denn da?* kannten: Eisvogel?! Blauracke?! Bienenfresser?! Aber dann dauerte es meist nur wenige Sekunden, bis einer von uns mit resigniertem Seufzen die Arme sinken ließ und feststellte: »Nur 'ne Blomse.«

Zwei so häufige und auffällige Vögel stellen natürlich auf den ersten Blick keine Herausforderung für Beobachter dar. Auf den zweiten aber schon. Denn so leicht Kohl- und Blaumeisen zu sichten sind, so schwer sind sie im Auge zu behalten, und gerade diese Kombination macht sie zu idealen Beobachtungstrainingsvögeln.

Beide Meisen sind, wie auch ihre näheren Verwandten, unglaublich beweglich. Das gilt für andere Vögel natürlich auch. Aber im Vergleich mit den kleinen Blauen wirken etwa Finken, Amseln und sogar Spatzen geradezu träge. Meisen erinnern in ihrem Verhalten an hyperaktive Kinder. Pick, hüpf, hüpf, pick, weiter zum nächsten Zweig, Ast, Busch, Baum, am Stamm landen, Borke picken, weiter zum Futterknödel, festkrallen, kopfüber baumeln lassen, pick, pick, pick, zurück zum ersten Busch, Baum, Ast, Zweig – und das alles in kaum fünfzehn Sekunden. Einen solchen Vogel wenigstens eine halbe Minute lang im Visier des Fernglases zu behalten, egal wohin er sich bewegt: Das ist ein Härtetest, der Aufmerksamkeit, Reaktionsvermögen und vor allem Fingerspitzengefühl im Umgang mit dem Seh-Werkzeug verlangt. Besonders bei Blaumeisen, die noch eine Spur lebhafter und akrobatischer sind als die etwas größeren Kohlmeisen.

Wer beide Arten regelmäßig beobachtet, wird sein Fernglas bald als erweitertes Auge empfinden, wird blitzschnell zwischen direktem Blick und Visier wechseln, ohne Fehlversuch immer den richtigen Bildausschnitt finden, wird nie mehr darüber nachdenken müssen, ob der Schärferegler rechts- oder linksherum gedreht werden muss.

Man kann diese Fertigkeiten, theoretisch, natürlich auch an anderen Vogelarten trainieren. An Laubsängern und Grasmücken etwa, die ähnlich hyperaktiv sind wie Meisen, weil sie, wie diese, immer auf der Jagd nach kleinen, flinken, meist geflügelten Insekten sind. Aber die Laubsänger, zu deren Gattung Zilpzalp und Fitis zählen, sowie die Mönchs- und Gartengrasmücke sind ungleich schwerer zu verfolgen, weil sie, wie die meisten Singvögel gemäßigter Breiten, gedeckte Tarnfarben tragen – laubgrün, rindengrau, erdbraun. Wer einen so unauffälligen Vogel einmal aus den Augen verloren hat, findet ihn kaum wieder, oft selbst dann nicht, wenn er fünf Meter entfernt sitzt und singt. Kolmsen und Blomsen dagegen stechen selbst aus dem dichtesten Laub hervor, weil sie eben blau und auch sonst Hingucker sind: mit ihrer schwarzblauen Kappe und dem ebensolchen »Schlips«, der sich über den ganzen Bauch zieht (bei der Kolmse), mit dem schwarzen Augenstreif und der leuchtend hellblauen, weiß eingerahmten Kopfplatte (bei der Blomse) sowie mit dem gelben Bauch, den scharf abgesetzten weißen Wangen und hellen Flügelbinden (bei beiden Arten).

An Kohl- wie Blaumeise lässt sich eine weitere wichtige Beobachtungstechnik trainieren: das genaue Hinsehen und Beschreiben. Das klingt zunächst banal: Zum Hinsehen hat man schließlich das Fernglas, und die Beschreibung steht im Bestimmungsbuch. Aber das Buch schlägt man in der Regel erst nach der Sichtung auf, und die Texte und Bilder darin helfen oft nur weiter, wenn man den Vogel wirklich umfassend und mit allen Details wahrgenommen hat, möglichst innerhalb weniger Sekunden.

Das ist alles andere als einfach. Ich merke es immer wieder, wenn Freunde oder Bekannte mir von der Sichtung eines unbekannten Vogels erzählen, in der Hoffnung, dass ich ihn anhand ihrer Beschreibung identifizieren kann.

»Also, er war ziemlich klein. Irgendwas zwischen Drossel und Spatz. Obendrauf war er dunkelbraun, unten hellbeige, mit dunklen Tupfern. Wir haben ihn irgendwo am Waldrand gesehen. Was könnte das sein?«

Ich sage dann, dass diese Beschreibung auf mindestens zwei Dutzend Arten passen könnte und dass ich zur Identifikation mehr Details brauche. Zwar lassen sich durch das Stichwort »Waldrand« schon einige Arten ausschließen – etwa Watvögel, die sich vorzugsweise auf ausgedehnten, baumlosen Feuchtwiesen aufhalten. Aber es bleiben auch so noch genügend Namen übrig, vor allem wenn die Größe nicht richtig abgeschätzt wurde. Helfen würde dann nur der genaue Blick aufs Äußere. War die Brust durchgehend hell, oder hatte sie einen rötlichen Schimmer? Waren die Tupfer braun oder tiefschwarz, punkt- oder eher strichförmig, bedeckten sie nur die Brust oder die gesamte Unterseite? Welche Form hatte der Schnabel, war er spitz und dünn wie bei Insektenfressern oder kräftig und dreiecksförmig, wie bei Finken und Ammern, die sich vorwiegend von Sämereien ernähren?

Es gibt Menschen, die solche Fragen auf Anhieb beantworten können, weil sie mit einem fotografischen Gedächtnis gesegnet sind. Die meisten Vogelfreunde, die ich kenne, gehören nicht dazu, ich übrigens auch nicht. Mir passiert es immer noch oft, dass ich nach der Sichtung eines nicht eindeutig erkennbaren Vogels ratlos im Bestimmungsbuch blättere und überlege: Hatte der Schwanz jetzt eine gerade Kante, oder war er gerundet? Trugen die Flügel zwei helle Streifen oder einen? War die Kopfplatte glänzend oder matt, bedeckte der schwarze Latz nur das Kinn oder noch einen Teil der Brust?

Auf genau diese Kleinigkeiten muss man zum Beispiel achten, um zwei Verwandte von Kolm- und Blomse zu unterscheiden: die Sumpf- und die Weidenmeise. Beide sehen einander so ähnlich, dass man sie fast nur am Gesang unterscheiden kann. Aber auch der hilft nur bedingt weiter, weil beide Meisen, wie ihre häufigeren Verwandten, über ein ungewöhnlich breites Repertoire an Balz-, Lock- und Warnrufen verfügen. Die zum Teil leider auch noch ziemlich ähnlich klingen. Um die Verwirrung komplett zu machen, kommt die Sumpfmeise, im Widerspruch zu ihrem Namen, weniger in Sümpfen als in lichten Wäldern und auch Gärten vor, während die Weidenmeise eher an Feuchtgebiete, etwa Erlenbruchwälder, gebunden ist.

Früher, als ich noch mit meinen Eltern auf Beobachtungstour ging, war das Bestimmen leichter. Zwei von uns behielten den Vogel im Auge und zählten alle sichtbaren Kennzeichen laut auf, der oder die dritte – meist war es meine Mutter – suchte im Vogelbuch nach dem passenden Bild und stellte, wenn nötig, Nachfragen. Überaugenstreif? Fußfarbe? Bürzel? Helle Schwanzaußenseiten? Heute, wo ich meist allein unterwegs bin, behelfe ich mir, indem ich mir den gesichteten Vogel so genau wie möglich »vorlese«, vom Schnabel bis zu den Schwanzspitzen. Und dann so schnell wie möglich im Bestimmungsbuch nachschlage. Ich gestehe, zähneknirschend, dass ich mir die meisten Fachbegriffe aus Heinrich Frielings pedantischer Anatomiezeichnung in *Was fliegt denn da?* mittlerweile angeeignet habe – manchmal kommt es eben doch auf Details wie Zügelstreif (ein Strich, der sich vom Schnabel über die Augen zieht), Ohrdecken und äußere Handschwingen an.

Zum Bestimmen benutze ich mein altes Vogelbuch allerdings kaum noch; eigentlich bewahre ich es nur noch zur Erinnerung auf. Anfang der 1990er-Jahre bin ich dem Beispiel meiner Eltern gefolgt und habe mir den »Jonsson« gekauft. Er enthält nicht nur mehr als doppelt so viele Arten – über siebenhundert, einschließlich Durchzüglern und Irrgästen –, sondern auch ausführlichere Texte und Verbreitungskarten. Die zum Beispiel zeigen, dass etwa die Sichtung einer Trauer- oder einer Lasurmeise vermutlich ein Irrtum war, weil die eine Art vorwiegend in Südosteuropa, die andere nur im Baltikum und weiter östlich vorkommt. Das Wichtigste und Schönste an dem Buch aber sind, wie schon gesagt, die Zeichnungen, die alle Arten nicht nur aus verschiedenen Perspektiven zeigen, sondern auch in den wechselnden Federkleidern, die sie übers Jahr tragen, und die, anders als *Was fliegt denn da?*, meist auch Bilder von Weibchen und Jungvögeln umfassen.

Es gibt allerdings Momente beim Beobachten, in denen selbst das ausführlichste Bestimmungsbuch und das schärfste Glas nicht weiterhelfen. Weil der Vogel zu weit weg sitzt oder die tief stehende Sonne seine Farben unkenntlich macht, weil er so hoch oben im Baum hockt, dass nur seine Unterseite sichtbar ist, weil er nicht sitzt, sondern vorbeifliegt, und das so schnell, dass keine Zeit bleibt, ihn näher zu betrachten. Aber selbst solche Vögel »verraten« sich; durch eine Zeichensprache, die man lesen lernen kann wie Federfarben und Gesang. Bislang gibt es nur einen englischen Namen für diese Sprache; er klingt ein bisschen wie ein Zauberwort: *jizz*.

Als ich dieses Wort zum ersten Mal hörte, hatte ich schon knapp dreißig Jahre Beobachtungserfahrung hinter mir und galt zumindest im Kreis meiner Kollegen als Expertin für Vogelkunde. Deshalb hatte mich die Redaktionsleitung des Magazins GEO auf die Scilly-Inseln vor der Südwestspitze Cornwalls geschickt, um eine Reportage über britische Birder, also passionierte Vogelbeobachter, zu schreiben. In Großbritannien ist Birding, anders als bei uns, kein Nischenhobby, sondern ein Volkssport, für den sich Millionen begeistern. Und einer der besten Orte, diese Begeisterung in konzentrierter Form zu erleben, sind die »Scillies«. Vor allem im Oktober, zur Hauptzeit des Vogelzugs, pilgern ganze Schwärme von Fernglasträgern dorthin. Denn für Zugvögel ist die Inselgruppe etwa das, was London-Heathrow für den Flugverkehr ist: ein internationales Drehkreuz, an dem zahlreiche Reiserouten aus verschiedenen Himmelsrichtungen zusammenlaufen. Auf den Scillies machen nicht nur viele reguläre Durchzügler Station, die von Skandinavien, Großbritannien und dem Nordmeer kommend nach Südwesteuropa oder über die Straße von Gibraltar nach Afrika fliegen. Hier landen auch die »verlorenen Seelen der Vogelwelt«, wie die britischen Birder sie nennen: Irrgäste aus Nordamerika, die auf dem Zug gen Süden durch Stürme über dem Atlantik verdriftet worden sind, oder »Geisterflieger« aus dem Nahen und Fernen Osten, die aufgrund genetischer Fehlprogrammierung eine falsche Flugroute eingeschlagen haben.

In den drei Tagen, die ich auf den Scillies verbrachte, habe ich etwa achtzig Vogelarten gesehen, darunter ein halbes Dutzend, für deren Sichtung ich sonst um die halbe Welt hätte reisen müssen: Schieferdrosseln und Petschorapieper aus Sibirien östlich des Jennissei, Rosenstare vom Kaspischen Meer, Waldammern aus Nordskandinavien. Hätte der Wind noch stärker von Westen geweht, so wurde mir versichert, hätte ich womöglich auch Rotaugenvireos aus den USA beobachten können – ein Vogel dieser Art war im vergangenen Jahr die Sensation der Saison gewesen.

Alle diese Raritäten, und etliche andere der gesichteten rund achtzig Arten, hätte ich vermutlich nie identifiziert, wäre ich allein unterwegs gewesen. Zum Glück aber hatte ich Gelegenheit, einige erfahrene und ortskundige britische Birder zu begleiten. Diese waren, anders als ich, nicht nur mit Spektiven ausgerüstet, die um ein Vielfaches stärker vergrößerten als mein Fernglas, sondern auch mit Sprechfunkgeräten, auf denen sie Nachrichten über interessante Beobachtungen empfingen und zugleich eigene Sichtungen an die Community weitergaben.

Was Dick und Jim aus London mir aber vor allem voraushatten, war ihr Blick. Die meisten Vögel entdeckten sie nicht nur früher als ich, sondern benannten sie im Vorübergehen, ohne auch nur das Fernglas zu heben, und wenn sie genauer hinschauen mussten, stand ihr Urteil meist schon nach zwei, drei Sekunden fest: Rotschenkel. Zwergschnepfe. Grauschnäpper. Merlin. Ich war, wenn sie die Namen der Vögel verkündeten, meist noch mit dem Erfassen der verschiedenen Federkennzeichen beschäftigt, die aus der Distanz oft kaum zu erkennen waren. Meist blieb mir dann nur, reflexartig die immer gleiche Frage zu stellen: »Woran habt ihr den jetzt erkannt?« Worauf ich in der Regel die immer gleiche Antwort bekam: *»It's the jizz.«*

In einer Beobachtungspause erklärten mir Jim und Dick den Ursprung dieses Begriffs, und diese Geschichte klang fast noch seltsamer als das Wort selbst. Jizz, so die beiden Vogelfreunde, sei die Abwandlung einer militärischen Abkürzung, die von Piloten der Luftwaffe im Zweiten Weltkrieg geprägt wurde. Diese seien unter anderem darauf trainiert worden, gesichtete Flugobjekte während ihrer Kampfeinsätze blitzschnell als feindlich oder den eigenen Truppen zugehörig zu erkennen – anhand einer Methode, die abgekürzt GISS hieß, oder ausgeschrieben General Impression of Size and Shape. Die Technik, Flugobjekte anhand des Gesamteindrucks aus Größe und Form zu erfassen, hätten sich dann später, in friedlicheren Zeiten, auch Vogelbeobachter angeeignet.

Dieser Wortursprung ist, so las ich vor Kurzem, allerdings umstritten. Denn das Birder-Buzzword taucht schon früher auf, in den

1922 erschienen Memoiren eines britischen Vogelkundlers. Dieser berichtet darin von einem alten Mann, der über die Gabe verfügte, Tiere und auch Pflanzen seiner heimischen Umgebung – der irischen Westküste – allein anhand ihres Jizz, ihrer äußeren Gestalt, zu identifizieren. Es gibt noch eine andere Theorie, nach der das Wort direkt auf den deutschen Begriff »Gestalt« zurückgeht: Dieser hat, ebenfalls in den 1920er-Jahren, aus der Fachsprache der Psychotherapie ins Englische Eingang gefunden und hält sich dort bis heute – weil es dafür, in seiner umfassenden Bedeutung, keine wirklich genaue Entsprechung gibt.

Denn »Gestalt« bezeichnet, ebenso wie das daraus womöglich abgeleitete Jizz, mehr als nur die Kombination aus Größe und Form eines beobachteten Objekts. Es schließt auch dessen Habitus ein, seine Haltung, die Art, wie es sich bewegt. Vogelbeobachter achten zum Beispiel auf die charakteristische Sitzposition eines Vogels, die Frequenz seines Flügelschlags und natürlich auffällige Ticks wie Schwanzwippen oder Knicksen.

Man muss gar kein Birder sein, um einen Blick für Jizz zu haben: Auch Menschen haben ja ihre eigene, unverwechselbare Körpersprache. Vertraute Gestalten erkennt man oft schon aus einem halben Kilometer Entfernung, ohne ihr Gesicht zu sehen – am Schritttempo, an einer leichten Neigung des Oberkörpers, einer hängenden Schulter oder der Art, wie sie beim Gehen die Arme schlenkern lassen.

Als ich meinen Eltern von meinen Erlebnissen auf den Scilly-Inseln erzählte, stellten wir alle drei fest, dass uns das Konzept Jizz im Grunde schon lange vertraut war – aus Menschen- wie aus Vogelbeobachtungen. Und zwar nicht zuletzt dank unserer guten Bekannten, der Kolmsen und Blomsen.

Mein Vater hatte den Blaumeisen bereits vor Jahren einen zweiten Beinamen gegeben, nämlich »Franz Josef Strauß«. Die Ähnlichkeit zwischen den zarten Singvögelchen und dem 1988 verstorbenen CSU-Politiker ist nicht auf Anhieb offensichtlich, aber bei genauem Hinsehen leuchtet der Vergleich durchaus ein. Blaumeisen sind, im Vergleich zu Kohlmeisen und anderen kleinen Vögeln, auffallend gedrungen und »stiernackig«; der schmale schwarze Streifen, der quer über ihre Augen verläuft, gibt ihnen zudem etwas leicht Grimmiges. Und wenn man sieht, mit welch rastloser Energie sie durch die Zweige hüpfen, mit welch geradezu wütender Inbrunst sie auf Futterknödel einhacken, dann erkennt man auch vom Temperament her eine gewisse Verwandtschaft zu dem bulligen Bayern.

Es gab noch andere Vögel, die in den Augen meines Vaters menschliche Doppelgänger hatten. Stare etwa redete er gern mit »Herr Kuyper« an. Dabei handelte es sich um einen Freund aus den Niederlanden, an den ich mich leider nur vage erinnere, weil er starb, als ich noch klein war. Dennoch fällt mir sein Name ein, wann immer ich Stare sehe, weil mein Vater die Ähnlichkeit zwischen Freund und Vogel so plastisch beschrieb. Sie betraf weniger körperliche Merkmale als Bewegungsmuster und Charakter: den breitbeinigen, etwas wiegenden Gang, die beständige, aber nie hektische Geschäftigkeit, das ausgeprägt soziale, kontaktfreudige Wesen.

Stare sind überhaupt wie geschaffen, die Bedeutung von Jizz zu demonstrieren. Vor allem dann, wenn sie gemeinsam mit Amseln zu sehen sind – was gar nicht selten vorkommt, weil beide Arten sich gern auf kurz gemähten Rasenflächen, etwa in Stadtparks, zur Futtersuche niederlassen. Beide Vögel sehen sich, auf den ersten Blick und von Weitem, ziemlich ähnlich: Sie sind fast gleich groß, haben mehr oder weniger tiefschwarzes Gefieder und einen gelben Schnabel. Trotzdem sind sie anhand ihres Jizz auch ohne Fernglas leicht zu unterscheiden: Schwarzdrosseln, wie Amseln auch heißen, bewegen sich fast nur hüpfend vorwärts, in Schlusssprüngen, bei denen beide Beine gleichzeitig abheben und landen. Und nach jeder Hüpfserie verharren sie einen Moment fast reglos, den Kopf wachsam erhoben, während der Schwanz sich langsam hebt und wieder senkt. Stare dagegen sind fast ständig in Bewegung; sie hüpfen nie, sondern schreiten, ein Bein vors andere, gemächlich, aber stetig, den Blick meist zu Boden gerichtet, und sie halten nur inne, um mit dem Schnabel kurz nach einer Insektenlarve zu stochern. Auch im Flug erkennt man sie schnell: Ihr Körper hat eine fast ebenmäßige

Spindelform, und ihre Flügel bilden ausgebreitet ein fast gleichseitiges Dreieck.

Ich habe bislang keine Vögel nach Bekannten benannt. Auch finde ich nicht, dass alle Möwen aussehen, als ob sie Emma hießen, wie es in dem schönen Gedicht von Christian Morgenstern steht. Aber manche Arten erinnern mich schon an bestimmte Menschentypen: Beim Anblick von Graureihern, die stocksteif und mit hochgerecktem Hals an einem Bachufer auf Beute lauern, muss ich an hagere, korrekt gekleidete ältere Herren denken, die schweigsam an einer Bushaltestelle warten. Ringeltauben ähneln in meinen Augen korpulenten älteren Damen in hochgeschlossenen, sorgsam gebügelten Blusen, die mit ruckenden Hälsen der Kuchentheke eines Cafés zustreben. Solche Assoziationen sind natürlich rein subjektiv, ebenso wie die Bilder, die einem beim Klang bestimmter Vogelstimmen einfallen. Aber solche Gedankenbrücken können helfen, sich auch komplexe visuelle Muster dauerhaft einzuprägen – den Jizz zu finden.

Eines wird jeder Beobachter, jede Beobachterin früher oder später feststellen: Es gibt unter Vögeln, genauso wie unter Menschen, unverkennbare, charismatische Typen ebenso wie unauffällige »graue Mäuschen«. Die einen erkennt man auf Anhieb aus großer Distanz, selbst wenn die letzte Begegnung mit ihnen Jahre zurückliegt. Die anderen können einem zehn Mal über den Weg fliegen, ohne dass sie einen bleibenden Eindruck hinterlassen, und man verwechselt sie immer wieder mit den Vertretern mehr oder weniger verwandter Lookalikes.

Zum Glück für Anfänger gibt es gerade unter den häufigeren Arten eine ganze Reihe Charismatiker. Blaumeisen gehören natürlich dazu, wegen ihres auffälligen Federkleides und ihres Temperaments. Ebenso Ringeltauben, die auch im Flug durch ihre »großbusige« Silhouette auffallen, und Elstern, die durch den Kontrast zwischen ihren kurzen, rundlich geformten Flügeln und dem langen Schwanz unverkennbar sind. Der Schwanz ist vielleicht das ausdrucksvollste Jizz-Merkmal überhaupt, bei großen wie bei kleinen

Vögeln: Bei der Bachstelze wippt er, lang und dünn, unablässig auf und ab wie eine Kompassnadel, bei Rotschwänzen zittert er wie eine kurz angeschlagene Saite, vor allem nachdem die Vögel geknickst haben – ein weiterer Tick, der sie selbst aus großer Entfernung leicht erkennbar macht. Bei Schwanzmeisen ist das namensgebende Körperteil so auffallend lang, dass die Vögel im Flug aussehen wie winzige Stielpfannen.

Die Art, wie ein Vogel fliegt, ist oft verräterischer als das Bild, das er im Sitzen abgibt. Der unauffällige Baumpieper etwa – spatzengroß, oben braun, unten beige mit dunklen Tupfen – lässt sich beim Balzen sekundenlang im Sturzflug von Baumwipfeln herabgleiten; ich kenne keinen anderen Singvogel, der so etwas tut. Graureiher sind von großen Greifvögeln auf Anhieb zu unterscheiden, weil sie nie segeln, sondern ihre leicht gebogenen Flügel unfassbar langsam und träge auf und ab bewegen. Eichelhäher wiederum fliegen weniger, als dass sie ihre Flügel unregelmäßig auf- und zuklappen; sie benutzen sie meist auch nur, um ein paar Dutzend Meter zwischen zwei Bäumen zu überbrücken. Und wenn ein Vogel mit schmalen, spitz zulaufenden Schwingen so heftig und schnell flattert, dass er in der Luft auf der Stelle verharrt – »rütteln« heißt das in der Fachsprache der Beobachter –, dann handelt es sich mit Sicherheit um einen Turmfalken, einen der häufigsten Greifvögel Mitteleuropas.

Das Schöne am Beobachten mit Jizz-Faktor ist: Der Blick für die Körpersprache der Vögel schärft sich auf Dauer von allein, auch ohne dass man ihn gezielt trainiert. Es ist ähnlich wie mit den Vogelstimmen: Wenn man sie nur oft genug einfach wahrnimmt, aufmerksam, ohne den Anspruch, sich jedes Detail auf Anhieb merken zu müssen, dann prägt sich die ein oder andere Gestalt bald wie von selbst ein. Und fürs Zuhören wie fürs Anschauen gilt: Je vertrauter einem die Unverkennbaren werden, desto genauer registriert man auch die Merkmale der weniger Auffälligen. Man muss gar nicht jedes einzelne Merkmal bewusst abspeichern. Denn Gestalt oder Jizz stehen ja für den Gesamteindruck, in dem alle Details von

Form, Größe, Farbe und Bewegung untrennbar miteinander verschmelzen.

Dieser Gesamteindruck ist oft gar nicht leicht in Worte zu fassen. Wenn ich damals auf den Scillies Dick und Jim fragte, was genau den Jizz eines Grauschnäppers, einer Zwergschnepfe oder eines Merlins ausmache, dann mussten sie oft länger überlegen. Ihr Vogelwissen hatte sich, nach Tausenden von Sichtungen, zu einem Bauchgefühl verdichtet; das Erkennen und Bestimmen lief fast schon unbewusst ab. Sie erkannten die meisten Vögel so reflexartig, wie Eltern ihr Kind aus einem Pulk von Gleichaltrigen vor dem Schultor heraus*filtern* können.

Ich bin bis heute nicht imstande, einen Merlin oder einen Grauschnäpper allein anhand ihres Jizz zu bestimmen. Die Zahl der Vögel, die ich reflexartig erkenne, ist überschaubar geblieben, auch nach vierzig Jahren Beobachtungspraxis. Das liegt vor allem daran, dass ich zu einer anderen Spezies von Vogelbeobachtern gehöre als Dick und Jim und viele andere, die ich seither kennengelernt habe. Denn diese beobachten nicht nur viel häufiger und intensiver als ich, sondern sind vor allem darauf aus, seltene Arten zu sichten, vorzugsweise solche, die sie noch nie zuvor gesehen haben.

Ich finde es auch aufregend, neue Vögel zu entdecken. Dieser Moment, in dem eine ungewöhnliche Silhouette im Luftraum auftaucht, ein fremder Laut aus einem Chor vertrauter Stimmen heraussticht – das hat etwas Elektrisierendes, als würden alle Sinne plötzlich um den Faktor hundert gepusht. Wenn es einem dann auch noch gelingt, den Vogel zu bestimmen, löst das ein Hochgefühl aus, einen Kick, nach dem man süchtig werden kann. Und der sich nicht abnutzt, sondern mit jeder neu gesichteten Art stärker wird.

Sosehr ich solche Kicks genieße – ich brauche sie nicht unbedingt. Genauso wenig, wie es mich reizt, jede Woche neue Bekanntschaften zu schließen. Oft erschöpft sich das Kennenlernen ja in einem kurzen Blickkontakt, ein paar belanglosen Sätzen, dem Hinzufügen eines Namens auf irgendeine Liste. Und ein paar Monate später weiß man schon nicht mehr, was einen mit diesem Menschen verbindet.

So geht es mir mit dem Petschorapieper, der Schieferdrossel und der Waldammer, die ich damals auf den Scilly-Inseln gesehen habe. So großartig es war, diesen Vögeln überhaupt zu begegnen – ich habe nicht das Gefühl, sie wirklich kennengelernt zu haben. Weil ich sie nur einmal für ein paar Minuten wahrgenommen habe, inmitten eines Palisadenzauns von Teleskopstativen und aufgeregt klickenden Kameras – und dann nie wieder. Und auch, weil ich sie ohne den Hinweis meiner erfahrenen Begleiter nie entdeckt, geschweige denn identifiziert hätte.

Wenn ich in einem Wort zusammenfassen sollte, was das Schönste am Vögelbeobachten ist, dann würde ich sagen: das Wiedererkennen. Durch die Landschaft gehen, vor der Haustür oder etwas weiter weg, und dabei immer wieder auf mehr oder weniger vertraute Gestalten zu treffen. Der große Graue mit dem eingeklappten Hals, der aussieht, als wollte er gleich einschlafen beim Fliegen: ein Graureiher. Der Schwarm fliegender schwarzer Spindeln, der gerade in einen Obstbaum einfällt: Stare, was sonst. Die vier kleinen Knickser auf dem Rasen: drei Rotschwänze, ein Rotkehlchen. Alles Jungvögel, unscheinbar graubraun, aber das Rotkehlchen ist anhand seines Jizz gut zu erkennen: seine kugelförmige, etwas pummelige Gestalt unterscheidet es deutlich von den schlankeren Rotschwänzen.

Bei den häufigeren Arten habe ich mittlerweile gewisse Routine im Erkennen und Benennen; langweilig wird mir beim Beobachten trotzdem nie. Zum einen, weil sich der Kreis der Bekannten mit der Zeit stetig erweitert, um »Zugezogene« und um Unauffällige, die erst nach einem halben Dutzend Sichtungen ihre Identität preisgeben. Zum anderen, weil ich auch an denen, die mir seit Jahrzehnten vertraut sind, immer wieder neue Seiten entdecke.

Neulich sah ich auf einem Rundgang vor der Haustür eine Blomse, die so blau war, wie ich es noch nie gesehen habe. Ein strahlendes und zugleich eisiges Hellblau, das an Aufnahmen von Polargletschern erinnerte, in denen sich das Sonnenlicht bricht. Vielleicht lag es an der Wintersonne, dass die Meise so strahlte, vielleicht aber auch an ihr selbst. Tatsächlich sind ja manche Vögel intensiver gefärbt als andere – das haben britische Forscher bei genauen Messungen festgestellt. Wobei wir Menschen diese Unterschiede nur begrenzt wahrnehmen können, denn das Gefieder der Meisen leuchtet, mit Vogelaugen betrachtet, weniger blau als vielmehr ultraviolett, vor allem auf der Kopfplatte. Das Gefieder der Männchen hat im Vergleich zu den Weibchen die größeren UV-Anteile, und die Studien zeigen, nicht überraschend, dass Weibchen bei der Partnersuche die strahlendsten Männchen bevorzugen, weil stärkere UV-Reflexe größere genetische Fitness signalisieren.

Ich kann mich nicht sattsehen an den kleinen Blauen. Es gibt nur eines, was mich nach wie vor an ihnen nervt: dass ich bei ihrem Anblick jedes Mal an Franz Josef Strauß denken muss.

ZUGEFLOGEN

Singdrossel, Zaunkönig, Tchibo-Vogel

Ende April. Ich habe einen Brief geschrieben, an den Bürgermeister und die Ratsmitglieder unserer Gemeinde. Denn ich möchte, zumindest im Kleinen, etwas mehr für Vögel tun, als bloß Futter ausstreuen. Gemeinsam mit Mitstreiterinnen der örtlichen NABU-Gruppe habe ich eine Initiative zum Schutz von Acker- und Wiesenrainen gestartet. Es sollte, finden wir, in der intensiv bewirtschafteten Feldflur rund um unser Dorf zumindest ein paar Rettungsinseln für Wildpflanzen und -tiere geben – für Insekten und Amphibien ebenso wie für Vögel und Feldhasen. Bislang werden die Saumstreifen zwischen bewirtschafteten Flächen, Wegen und Waldrändern ziemlich lieblos behandelt – zu früh und zu oft gemäht, gespritzt oder schlimmstenfalls überpflügt. Wir haben unsere Gemeindevertreter freundlich aufgefordert, das zu ändern – mit dezentem Hinweis auf die Rechtslage: Laut niedersächsischem Kommunalverfassungsgesetz sind öffentliche Flächen nämlich so zu pflegen, dass die Tier- und Pflanzenwelt nicht beeinträchtigt wird. Wir sind gespannt, wie die Reaktion ausfällt.

Es gibt zum Glück noch ein paar Nischen für Vögel in meiner Umgebung. Wie etwa das Wäldchen rund um den Aussichtsturm in der Dorfmitte. Ideal für einen kurzen Abendspaziergang mit Begleitmusik.

Heute ist es windstill und warm, und ich höre schon von Weitem die Singdrossel. Sie ruft: »Mon Dieu, mon Dieu!« Singdrosseln singen nämlich auf Französisch. »Bonjour, bonjour, Monsieur Hubert, Monsieur Hubert, Piz Palü, Piz Palü!« Zwei oder drei Silben, immer mit Wiederholung. Vor ein paar Tagen habe ich diese Assoziation noch nicht gehabt, aber jetzt ist sie bereits fest eingebrannt in mein Gedächtnis. Vielleicht zu fest. Ich weiß, dass ich diesen Vogel nie wieder so hören werde wie früher, als er einfach nur eine schöne Stimme unter vielen war. Andererseits merke ich aber auch, dass ich Struktur, Formenvielfalt und Facettenreichtum dieser Stimme viel genauer wahrnehme als vorher.

Das verdanke ich dem Vogelstimmenseminar, das ich kürzlich besucht habe und aus dem der Vergleich mit dem französischen Wortschatz stammt. Ein Wochenende für Menschen, die lernen wollten, sich in der Vielfalt der Frühlingsgesänge zurechtzufinden. Im Prinzip kann ich das, aber ich hatte schon länger vor, mein Wissen aufzufrischen; außerdem interessierte mich, ob es noch andere Methoden zum Stimmenlernen gibt außer der, die ich favorisiere: hinsetzen, still sein und einfach zuhören.

Es gibt keine bessere. Das versicherte mir der Seminarleiter Uwe Westphal, der sie seit vielen Jahren praktiziert, noch häufiger und intensiver, als ich es tue. Er zeigte uns aber auch einige ergänzende Tricks und Techniken zum Erkennen und Einprägen von Vogellauten, die mir zum Teil neu waren und die, so mein Eindruck, ziemlich gut funktionieren.

Uwe Westphal, an seinem Akzent auf Anhieb als Hamburger erkennbar, hat eine seltene Doppelbegabung: Er kennt die Vögel Europas nicht nur in- und auswendig, sondern spricht auch ihre Sprache. Wenn er auf dem Seminar etwa, durch subtiles Pfeifen zwischen Lippen und Zähnen, ein Rotkehlchen nachahmte, blickten einige von uns unwillkürlich um sich, um den zugehörigen Vogel zu entdecken. Er schwatzte wie eine Rauchschwalbe, flötete wie eine Grasmücke, quietschte wie eine Heckenbraunelle und jubilierte wie eine Lerche. Und das tat er so täuschend echt, dass sich die Vögel in der Umgebung der Tagungsstätte gelegentlich sogar dazu animieren ließen, ihm zu antworten. So konnten wir ihre Stimmen gleich mehrfach hören, in aller Ausführlichkeit. Auch das Wetter war so, wie Vögel es lieben, wenn sie in Singlaune sind: mild, feucht und windstill. So wie jetzt.

In dem Wäldchen am Aussichtsturm ist nun ein hohes, haarfeines Wispern zu hören, und ich erkenne es erstmals ohne Nachhilfe durch einen Experten. Denn das Sommergoldhähnchen, das habe ich im Seminar gelernt, »zeichnet« mit seiner Stimme eine Linie, die schräg nach oben aufsteigt, während das – äußerlich sehr ähnliche – Wintergoldhähnchen mit tieferen und höheren Tönen den ersten Buchstaben seines Namens »schreibt« – umgekehrt und mit einem zusätzlichen Zacken: rauf, runter, rauf, runter, rauf und am Ende wieder runter. Das klingt etwas kompliziert, aber wenn man es sich einmal im Geiste aufgemalt hat – oder auch in echt –, vergisst man es nicht mehr.

Es gibt eine ganze Reihe von Vögeln, deren Stimmen sich aufzeichnen lassen, ähnlich wie Melodielinien auf einem Notenblatt. Der Waldlaubsänger – jetzt singt er gerade – beginnt mit einer Serie kurzer, immer schnellerer Töne, die in einen Dauerton übergehen, und der Verlauf erinnert an die Flugbahn, die er zwischen den Baumkronen zurücklegt: sanft abfallend und dann wieder aufsteigend. Manche Melodien ergeben, ganz nebenbei, auch ein Bild: Der Gesang des Fitis etwa, eines Verwandten des Zilpzalps, erinnert an ein Blatt, das langsam zum Waldboden herabtrudelt. Als Westphal es beschrieb, wunderte ich mich, dass es mir nicht längst selbst aufgefallen war.

Man kann Vogellaute auch ganz systematisch in Form von Spektrogrammen abbilden. Das hat etwa der Ornithologe Hans-Heiner Bergmann getan, in seinem Buch *Stimmen der Vögel Europas*, das wir im Seminar kennenlernten; es enthält zugleich ausführliche akustische Porträts jedes Vogels. Und zwar nicht nur seines Gesangs: Jede Art hat, darüber hinaus, ihr eigenes Repertoire an Warn-, Lock-, Bettel- und Wohlfühllauten. Die zu unterscheiden, das merkten wir schnell, erfordert allerdings mehr als ein Wochenendseminar.

Mir waren die meisten Spektrogramme zu abstrakt, ich konnte sie nicht mit meinen inneren Bildern in Einklang bringen. Aber einige

Seminarteilnehmer sagten, dass sie erst dadurch die Eigenart und Struktur der Gesänge begriffen hätten. Es gibt eben verschiedene Wege, sich Vogelstimmen zu erschließen und die eigene Wahrnehmung zu schärfen. Jeder Mensch tut das auf seine eigene Weise.

Eines bewirken Vogellaute bei allen, die ihnen aufmerksam zuhören: Sie regen die Fantasie an, vor allem die sprachliche. Wer versucht, Vogellaute mit Worten zu beschreiben, wird zwangsläufig zum Poeten und Lautmaler. Das gilt sogar für den Autor meines guten alten Bestimmungsbuchs *Was fliegt denn da?*, dessen Beschreibungen sonst eher nüchtern sind. »Tett-tet«, »schüäh«, »chpreeh«, »tschacktschack«, »düdlüoh« – so klangvoll charakterisiert er etwa die Stimmen von Feldsperling, Grünfink, Star, Elster und Pirol. Natürlich können selbst solche fantasievollen Kunstsilben keine Vorstellung von den echten Stimmen vermitteln, aber mir haben sie früher oft geholfen zu erkennen, wem ich gerade zuhörte.

Manche Vogelrufe prägen sich leichter ein als andere, weil man sie mehr oder weniger direkt in Menschensprache übersetzen kann. Uwe Westphal hatte ein paar schöne Beispiele: »Siehste mich, siehste mich, siehste mich« – die Kohlmeise. »Ich, ich, ich bin drrrrr König bin ich« – der Zaunkönig. Am eingängigsten fand ich, neben dem französischen Subtext der Singdrossel, die Übersetzung des Trauerschnäppergesangs: »Ja, Tchibo, Tchibo Kaffee ist gut, ja!« Auch diesem Vogel werde ich nie wieder begegnen können, ohne sofort diesen Spruch im Ohr zu haben. Er brütet ebenfalls in diesem Wäldchen. Noch habe ich ihn nicht gehört, aber das heißt nichts, denn er gehört zu den Zugvögeln, die besonders lange Strecken zurücklegen und daher erst Anfang bis Mitte Mai zurückkehren.

Ich habe am vergangenen Wochenende auch eine neue Stimme kennengelernt, eine, die ich, soweit ich mich erinnere, noch nie gehört habe. Sie war markant, fast ein bisschen unheimlich: eine Serie durchdringender, hoher, fast kläglicher Quäktöne. Leider erklang sie nicht aus dem Schnabel des zugehörigen Vogels, sondern nur aus dem Mund von Uwe Westphal. Ein Mittelspecht sei das, klärte er uns auf, ein Verwandter des Buntspechts. Seltener als dieser. Aber durchaus zu finden, wenn man länger durch den Wald gehe. Nicht durch irgendeinen Wald allerdings, sondern durch einen, der zum einen groß genug ist und zum anderen den sehr speziellen Bedürfnissen dieses Spechtes entspricht.

Genau so einen Wald werde ich demnächst besuchen. Hoffentlich mitsamt aller Vögel, die darin leben.

GRÜNSPECHT

KAPITEL 5

Murphy und der Herrgottsvogel

Wie man Spechte im Wald aufspürt – oder auch nicht

In diesem Kapitel geht es, unter anderem, um Murphys Gesetz. Außerdem um einen Vogel, den es vermutlich nicht mehr gibt, vielleicht aber doch. Viel totes Holz kommt auch darin vor.

Aber der Reihe nach.

Bald nach dem Abendspaziergang durch unser Dorfwäldchen bin ich in einen richtigen Wald gefahren. Einen, der mich auf Schritt und Tritt daran erinnerte, wofür das Wort »Wald« eigentlich steht.

In der Umgebung unseres Dorfes gibt es natürlich auch größere Ansammlungen von Bäumen, die üblicherweise »Wälder« genannt werden. Aber zum größten Teil sind es eher Nutzholzäcker, angelegt nach dem Krieg auf Sandböden, die für die Landwirtschaft nicht genug hergaben. Die Bäume, die darin wurzeln – mehrheitlich Kiefern und Fichten –, sind noch im Kindergartenalter, gemessen an der Lebensspanne, die Bäume von Natur aus erreichen können. Dünne, kahle Stangen, unter denen nicht viel mehr gedeiht als ein Flaum aus Gras, Farnkraut und Dornengestrüpp. Die meisten von ihnen werden gefällt, bevor sie wirklich erwachsen sind. Schließlich sollen sie vor allem Ertrag bringen.

Der Wald, um den es in diesem Kapitel geht, muss nichts mehr bringen, jedenfalls keinen Ertrag, den man in Festmetern und Euro messen könnte. Er wurde im Jahr 1907 komplett unter Schutz gestellt – auf Initiative eines brandenburgischen Forstmeisters, dessen Beweggründe, Jahre später niedergeschrieben, sich noch heute hochaktuell lesen: »Wo aber finden wir in einem Kulturlande den Ort, wohin die Menschheit nicht gekommen ist? Nirgendwo! … Aus diesem Verlangen, sich in das Anschauen der unberührten Natur zu versenken, … ist der Gedanke entsprungen, Plätze zu schaffen, an denen der einsame Wanderer sich zurückversetzen kann in Urzeiten und sich ein Bild ausmalen, wie es vordem aussah.«

Max Kienitz hieß der Forstmeister, der das schrieb, und er hatte das Glück, einen mächtigen Verbündeten für sein Anliegen zu finden: Hugo Wilhelm Conwentz, einen der Gründerväter der Naturschutzbewegung in Deutschland und Europa. Conwentz war Direktor der 1906 errichteten Staatlichen Stelle für Naturdenkmalpflege in Preußen, und er setzte durch, dass das Plagefenn, ein 179 Hektar großer Wald bei Chorin in Brandenburg, zum ersten Naturschutzgebiet Norddeutschlands erklärt wurde.

Seit 1990 ist der Wald Teil des Biosphärenreservats Schorfheide-Chorin; bei dessen Gründung wurde die ursprüngliche Schutzzone auf angrenzende Wälder ausgedehnt und so um fast das Zehnfache erweitert. Eine Kernzone von 276 Hektar gilt als Totalreservat; hier ist seit Jahrzehnten kein einziger Baum mehr gefällt worden. Es darf darin, außer in Randzonen, auch kein Wild mehr gejagt und in den Seen, die dazugehören, nicht gefischt werden. Nur die Amurkarpfen und Weißfische, die (zum Schaden der ortstypischen Wasserfauna) zu DDR-Zeiten dort ausgesetzt wurden, werden von Zeit zu Zeit am Überhandnehmen gehindert. Die Gräben, die früher Teile des Gebiets entwässerten, wurden wieder verfüllt. Das Einzige, was Menschen im Plagefenn heute noch uneingeschränkt tun dürfen, ist spazieren gehen und die Natur beobachten.

Ich habe das nicht als »einsame Wanderin« getan, sondern in Gesellschaft eines Experten, der diesen Wald und sein Inventar so gut kennt wie den Vorgarten seines Hauses. Martin Flade war viele Jahre lang Leiter des Biosphärenreservats Schorfheide-Chorin, zu dem auch das Plagefenn gehört; er ist außerdem einer der bekanntesten Ornithologen Deutschlands. Und wie es sich für ernsthafte Vogelkundler gehört, geht er regelmäßig Vögel zählen, unter anderem in dem Wald, der praktischerweise gleich vor seiner Haustür liegt. Einer der letzten Zähltermine fiel auf einen bedeckten, aber milden Tag Mitte Mai.

Normalerweise gehe ich nicht mit einer Checkliste auf Exkursion, sondern lasse die Dinge lieber auf mich zukommen. Beziehungsweise -fliegen. An diesem Tag ist das anders: Es gibt ein paar Vögel, die ich liebend gern sehen oder auch wiedersehen würde, und ich bin nicht zuletzt ihretwegen hierhergereist.

Seit meiner Kindheit habe ich ein Faible für Spechte. Das liegt auch daran, dass der erste Vogel, den ich einwandfrei identifiziert habe – 1965, in den Kärntner Alpen – ein Grünspecht war. Gesehen habe ich ihn damals nicht, nur seinen Ruf vernommen, aber das reichte völlig. Denn ich hatte die Stimme einige Wochen zuvor auf unserer Vogelstimmen-Schallplatte gehört, ein durchdringendes, fast höhnisch klingendes Gelächter: »Hoihoihoihoihoi!« Unheimlich und unverkennbar.

In diesem Sommer bestimmte ich auch den ersten Vogel mithilfe von Fernglas und Vogelbuch, und zwar zweifelsfrei. Es war ebenfalls ein Specht, ein Dreizehenspecht. Er verschaffte mir wie auch meinen Eltern einen Lichtblick auf einer besonders frust- und tränenreichen Familienwanderung, denn über seinem Anblick vergaß ich kurz sogar, wie steil der Weg war. Der Vogel saß nur wenige Schritte davon entfernt, und er war wirklich kinderleicht zu identifizieren: dunkles Gefieder, markantes schwarz-weißes Streifenmuster am Kopf und ein schmaler gelber Scheitel – ein Kennzeichen, das ihn von allen anderen Spechten in *Was fliegt denn da?* unterschied. Außerdem war er nicht scheu und ließ sich minutenlang aus der Nähe beobachten. Ich hätte sogar das Merkmal erkennen können, das ihm seinen Namen gegeben hat: Er hat tatsächlich nur drei Zehen, von denen beim Klettern am Baum zwei nach vorne gerichtet sind, eine nach hinten. Aber so genau habe ich damals nicht hingeschaut.

Leider. Denn seit diesem einen Mal im Sommer 1964 habe ich nie wieder einen solchen Specht gesehen. Und beim Spaziergang im Plagefenn, das hat mir Martin Flade gleich zu Beginn unserer Exkursion gesagt, werden wir ihn auch nicht entdecken – Dreizehenspechte kommt fast nur in alten Nadelholzwäldern vor, vorwiegend solchen, die in den Bergen gelegen sind. Das Plagefenn aber ist ein Laubmischwald im Flachland. Zwar enthält er auch Gebiete mit mehr oder weniger großem Anteil an Nadelbäumen, aber die wurden größtenteils erst im 19. Jahrhundert gepflanzt – befinden sich also, in Baumzeitmaßen gerechnet, noch in der Pubertät.

Für die meisten anderen mitteleuropäischen Spechtarten – zehn sind es insgesamt – ist dieser Wald trotzdem ein Eldorado. Das sieht man sofort, wenn man ihn mit den Augen eines Vogelliebhabers betrachtet.

Es ist nicht leicht, das Plagefenn zu beschreiben, denn es sieht an jeder Wegbiegung anders aus. Mal ist es finster, so dicht von Unterholz durchwuchert, dass man vom Weg aus den Eindruck hat, ins Innere eines Reisighaufens zu blicken. Dann wieder wird es plötzlich licht, weil ein umgestürzter Baum gleich mehrere Nachbarn mitgerissen hat; um ihn herum streben die ersten neuen Triebe empor, um die Lücke im Kronendach zu füllen. Mal verlaufen die Wege durch den Wald hügelan auf sandige Kuppen, auf denen, locker verteilt, eher mickrige Nadelbäume gedeihen. Dann wieder führen sie abwärts in den Sumpf, wo dunkle, langsam absterbende Stämme von Eichen und Buchen aus großflächigen Tümpeln emporragen. An deren Rändern wuchern hellgrüne Büschel von Schwertlilien, über ihrer Oberfläche schweben die zarten Blüten der Wasserfeder.

Es gibt ein besonderes Kennzeichen, das diesen Wald, und zwar alle seine Teile, von den meisten anderen baumbestandenen Gebieten in Deutschland unterscheidet: Er ist nicht aufgeräumt. Überall liegt Holz herum, Zweige, Äste, ganze Stämme, einiges frisch abgebrochen oder umgefallen, anderes noch aufrecht, aber offenbar seit Jahren vor sich hin modernd, von Moos und Pilzen überzogen, teilweise auch, wenn man genau hinsieht, von kräftigen Vogelschnäbeln behackt.

In einem »normalen« Wirtschaftsforst fällt Alt- und Totholz meist nur in kleinen Mengen an, weil die Bäume darin mit spätestens 80 bis 120 Jahren gefällt werden – also noch im Jugendalter. Morsche oder sturmgeschädigte Stämme werden häufig aus Sicherheitsgründen weggeschafft, aber auch, weil ihr Anblick stört – viele Waldbesitzer mögen es immer noch lieber, wenn ihr Wald »ordentlich« aussieht. Im Plagefenn bleibt dagegen alles stehen und liegen, in einigen Teilen bereits seit vielen Hundert Jahren. Dort ist es so sumpfig, dass für Holzfäller seit jeher kaum ein Durchkommen war.

Alle Bäume wachsen nicht nur, wo und wie lange sie wollen, sie dürfen auch eines natürlichen Todes sterben, und der zieht sich bei Bäumen meist über Jahre und Jahrzehnte hin. In diesem langsam vor sich hin faulenden Holz aber »tobt die Biodiversität«, wie Martin Flade es ausdrückt. Es gibt allein an die 2500 Arten von Großpilzen, Algen und Flechten, die sich von Holz in verschiedenen Verfallsstadien nähren; dazu kommen nochmals über 1300 Arten von Käfern, außerdem Ameisen, Wildbienen und Wespen. Und das sind nur die Insekten.

So paradox es klingt: Vom Totholz hängt ab, wie lebendig ein Wald ist, wie reichhaltig sein Inventar auch an größeren Tieren und wie nahe er dem kommt, was es in Mitteleuropa kaum mehr gibt: unberührte Natur. Man kann diese Lebendigkeit sehen, aber auch hören, denn das Totholz bestimmt nicht zuletzt, wie viele Vögel im Wald vorkommen und welche. Eine Artenfamilie ist darauf in besonderem Maße angewiesen.

Spechte leben von den Insekten, die im Holz wohnen. Diese nutzen sie auf zweierlei Art: zum einen als Futterquelle, zum anderen als Vor- und Hilfsarbeiter beim Wohnungsbau. Denn Spechte legen ihre Bruthöhlen grundsätzlich in solchen Baumteilen an, die durch Pilz- oder Käferbefall bereits vorgeschädigt und dadurch leichter zu bearbeiten sind. Man sieht das den Bäumen übrigens nicht immer an. Einige Arten, darunter der Schwarzspecht, standen lange im Verdacht, sich auch über gesunde Bäume herzumachen, was ihnen die Förster natürlich sehr übel nahmen. Noch bis Ende des 19. Jahrhunderts wurden Spechte sogar als »Waldschädlinge« verfolgt und rigoros abgeschossen. Heute weiß man es besser: Je mehr Spechte ein Wald beherbergt, desto naturnäher ist er – weil ihre Anwesenheit eben ein Beleg für die Lebendigkeit des Ökosystems ist, für die Existenz jener Vielzahl von Lebewesen, die sich von Holz in verschiedenen Verfallsstadien nähren. Und reife, naturnahe Wälder, das zeigt die Erfahrung der vergangenen Jahrzehnte, sind auch widerstandsfähiger gegen Stürme, Dürreperioden und Schädlingsepidemien – alles mögliche Begleiterscheinungen des Klimawandels.

Die meisten Spechtarten, erklärt mir Martin Flade, haben sich bei der Nahrungs- wie bei der Wohnungssuche auf bestimmte Baumarten spezialisiert, einige haben zudem exakte Ansprüche an den Zustand des Holzes, an sein Alter und sein Verfallsstadium. Wenn man diese Vorlieben kennt, kann man einem Wald also auf Anhieb ansehen, welche Arten von Spechten darin vorkommen können. Diese verraten sich zudem durch die Spuren, die sie bei der »Arbeit« am Baum hinterlassen: Einige Arten haben spezielle Techniken, die Insekten unter der Rinde zu erbeuten oder auch den Holzsaft anzuzapfen, der darin fließt. Wieder andere erkennt man an der Form und Größe ihrer Höhlen.

Wir werden eine Reihe schöner Spechtbäume sehen, das hat Martin Flade mir versprochen; darauf freue ich mich. Noch mehr würde ich mich allerdings freuen, echte Spechte zu sehen.

Die Chancen dafür stehen grundsätzlich nicht so schlecht. Denn Spechte haben eine Eigenschaft, die uns Vogelbeobachtern sehr entgegenkommt: Sie sind ortstreu. Haben sie einmal ein Revier besetzt, verlassen sie es meist nicht mehr. Und sie ziehen auch, anders als die meisten Singvögel, im Winter nicht in den Süden, wozu auch: Ihr Futter, vor allem Insektenlarven, bleibt schließlich auch, wo es ist, nämlich gut zugänglich unter der Baumrinde. Einige Spechte, die von Waldameisen leben, graben sich ihre tägliche Mahlzeit zur Not aus dem Boden aus, auch wenn Schnee darauf liegt.

Man könnte Spechte also theoretisch zu jeder Jahreszeit im Wald antreffen. Theoretisch. Denn praktisch folgt die Sichtung von Spechten Murphys Gesetz. Das ist jedenfalls meine persönliche Theorie. Sie steht so in keinem Vogelbuch, aber sie stützt sich auf mehrere Jahrzehnte eigene Beobachtungserfahrung.

Murphys Gesetz besagt bekanntlich, dass alles schiefgeht, was schiefgehen kann. Auf Spechte bezogen, heißt das dreierlei:

Erstens, wann immer man als Beobachter das Revier eines Spechts betritt, wird dieser sich gerade an seinem anderen Ende aufhalten. Dies ist umso wahrscheinlicher, je größer das Revier ist. Die meisten Arten beanspruchen mindestens einen Quadratkilometer, manche bis zu zehn. Man muss also sehr viel Glück haben oder sehr lange im Wald herumlaufen, um einem der anwesenden Vögel zu begegnen. Selbst wenn man weiß, wo er nistet, hilft das nicht immer weiter.

Denn zweitens: Wann immer man einen Baum mit Spechthöhlen entdeckt, werden die Bewohner gerade nicht zu Hause oder vor Kurzem aus- oder umgezogen sein. Das ist schon deshalb wahrscheinlich, weil Spechte im Laufe ihres Lebens immer wieder neue Höhlen bauen, oft eine über der anderen: Sie folgen der Fäule, die sich in einem Baum oft von unten nach oben ausbreitet, und schaffen so die typischen »Spechtflöten«. Meine Erfahrung sagt: Je markanter ein Baum von Spechten gezeichnet ist und je besser man ihn vom Weg aus sehen kann, desto geringer die Chance, dass er auch besetzt ist.

Drittens: Selbst wenn sich ein Specht ganz in der Nähe eines Beobachters aufhält, wird dieser ihn nur sehr kurz oder gar nicht zu Gesicht bekommen. Auch dann nicht, wenn der Vogel vernehmlich ruft oder trommelt. Denn er wird es immer auf der Seite des Baumes tun, die vom Beobachter abgewandt ist. Sobald auch nur ein Schnabelstück des Spechts in Sicht kommt, wird er drei Bäume weiter fliegen. Und sich so hinsetzen, dass ein Ast ihn verdeckt.

Ich habe, seit diesem Kindheitsurlaub in Kärnten, noch viele Beobachtungsstunden im Wald verbracht, und jedes Mal ist mir stärker bewusst geworden, dass meine erste Dreizehenspecht-Sichtung ein unglaublicher Glücksfall war.

Auch bei unserem Gang durchs Plagefenn sieht es so aus, als ob sich Murphys Spechtgesetze eins und zwei so gründlich erfüllen würden, dass Variante drei gar nicht erst zur Anwendung kommt. Aber der Weg ist zum Glück einige Kilometer lang, und wir sind erst am Anfang.

Eine Methode, die – ungefähre – Zahl der Vögel in einem Wald zu ermitteln, ist die sogenannte Punkt-Stopp-Zählung. Dabei bleibt der Beobachter etwa alle Hundert Meter an zuvor festgelegten, immer gleichen Punkten stehen und notiert, etwa fünf Minuten lang, alle Vögel, die er sieht oder hört. Und zwar alle Individuen, nicht nur die verschiedenen Arten.

Wir stehen an einer Wegkreuzung, an der verschiedene Waldtypen zusammentreffen: auf der einen Seite alte, weit auseinander stehende Buchen und Eichen, deren ausladende Kronen viel Licht durchlassen, auf der anderen Mischwald mit viel Nadelholz, dicht gewachsen und düster.

Martin Flade steht still und horcht. Zuerst in die eine, dann in die andere Richtung. Sein Fernglas hängt unbenutzt um den Hals: Im Wald bestimmt man Arten am besten anhand der Stimme, weil kleinere Vögel durch Stämme und Äste sogar noch gründlicher verdeckt werden als die über zwanzig Zentimeter langen, auffallend gefärbten Spechte. In diesem Wald aber muss man sich selbst als geübter Hörer konzentrieren, um wirklich jede einzelne Stimme wahrzunehmen. Denn das Plagefenn ist so reich an Vögeln, dass fast überall mindestens ein halbes Dutzend gleichzeitig singt. Gut, dass ich vor Kurzem noch ein Vogelstimmenseminar besucht habe.

Da drüben bei den Fichten, diese silbrigen zweisilbigen Rufe: typisch Meisen. Drei sind es. Aber welche?

»Sumpfmeisen«, sagt Martin Flade und erklärt auch, woran man das erkennt: Die Rufe erinnern an zarte Niesgeräusche. »Pitschü, pitschü!«

Dort im Farnkraut unter den Buchen, das ist leicht: ein Zaunkönig, erkennbar an dem kernigen, knapp sekundenlangen Schnarren in der Mitte seines Lieds: »Ich bin drrrrr König!« Etwas höher, in den Zweigen, das Flöten einer Mönchsgrasmücke, so etwas wie die lyrische Sopranistin unter den Waldsingvögeln, während etwa die Misteldrossel – oben in einer Eichenkrone – eher an eine füllige Altstimme erinnert. Direkt über uns zeichnet der Waldlaubsänger mit Lauten seine Flugbahn nach.

Er wird unterbrochen von einem strengen, kurz angebundenen »Tjix! Tjix!« Das ist der Buntspecht. Er ist der einzige Specht, der Murphys Gesetz regelmäßig durchbricht, denn er ist der mit Abstand häufigste Vertreter seiner Artenfamilie. Nicht nur im Plagefenn. Selbst in dem Miniwäldchen vor meiner Haustür begegne ich ihm regelmäßig. Und heute erfahre ich auch, weshalb das so ist: Der Buntspecht ist der einzige Allrounder unter den europäischen Spechten. Er frisst nicht nur alles, was im und auf Holz herumkrabbelt – egal welche Baumart er vor sich hat –, sondern auch Früchte, etwa Walderdbeeren und sogar Kirschen. Den Winter überbrückt er mit Nüssen und Fichtenzapfen.

Wegen des Buntspechts allein hätte ich die lange Reise nach Brandenburg nicht unternehmen müssen. Aber es kommen noch mindestens vier weitere Spechtarten im Plagefenn vor. Drei davon habe ich seit Ewigkeiten nicht gesehen, einen noch nie beziehungsweise nur vielleicht. Doch dazu gleich. Denn dann gibt es noch einen fünften, der so selten und so geheimnisvoll ist, dass selbst Martin Flade nicht sicher weiß, ob er nur ausnahmsweise im Plagefenn aufgetaucht ist oder sich bereits dauerhaft niedergelassen hat. Das tröstet mich: Murphys Specht-Gesetze gelten offenbar nicht nur für mich.

Statistisch gesehen stehen unsere Chancen am besten, einen Grünspecht zu sichten. Er ist der zweithäufigste seiner Großfamilie, mit weitem Abstand nach dem Buntspecht, und vergleichsweise leicht zu entdecken. Denn er sitzt häufig auf dem Boden, auf Lichtungen etwa, am Waldrand oder auch in Gärten. Dort sammelt er

Ameisen auf, seine Hauptspeise. Zum Höhlenbauen braucht er Bäume egal welcher Art, Hauptsache, alt, dick und hoch.

Der Schwarzspecht ist wählerischer, was seine Wohnbäume angeht, und daher auch seltener. Buchen sollten es sein, mindestens achtzig Jahre alt und mindestens einen halben Meter dick. In den meisten Wirtschaftswäldern sind solche Bäume eher rar, aber im Plagefenn gibt es genug davon.

Der Kleinspecht schätzt ein Waldbiotop, das noch etwas ausgefallener ist: Sumpf- und Auwälder, am besten mit Erlen und Moorbirken bestanden, die genügend Bruch- und Faulstellen haben, dass er mit seinem kleinen Schnabel ans Innere gelangt. Meinem ersten – und bisher einzigen – Kleinspecht bin ich an einem Bachlauf in der Lüneburger Heide begegnet. Zunächst habe ihn für einen Sperling gehalten, der einen Specht nachahmt. Als er aber begann, energisch auf einen Erlenast einzuhacken, erkannte ich ihn. Er tat mir dann auch noch den Gefallen, auf einen kahlen Ast zu klettern, sodass ich die schwarz-weißen Querstreifen auf seinem Rücken bewundern konnte. Rund um die Teiche und Sumpftümpel des Plagefenns sind, immerhin, um die zwanzig Paare zu Hause, so Martin Flade.

Und dann gibt es noch zwei, die Bäume gar nicht erst anschauen, wenn sie nicht mindestens anderthalb Jahrhunderte alt sind. Eichen sollten es sein, zur Not auch Erlen und Buchen, diese aber nur, wenn sie um die zweihundert Lebensjahre hinter sich haben und in Teilen abgestorben sind. Rund um den Wohnbaum sollte sich alter Laubwald erstrecken, mit reichlich Totholz bestückt. Aber nicht irgendwelchem, sondern massiven, noch aufrecht stehenden Stämmen, und davon mindestens 52 Kubikmeter pro Hektar, etwa eine Lastwagenladung voll. Wälder mit dieser Ausstattung sind eher die Ausnahme in Deutschland, zumal sie in der Regel auch noch mindestens dreißig Hektar groß sein sollten, um diesen anspruchsvollen Artgenossen zu genügen. Entsprechend selten sind die beiden Spechte.

Der eine ist der Mittelspecht, den ich während des Vogelstimmenseminars zum ersten Mal gehört habe, wenn auch als Imitation aus dem Mund von Uwe Westphal. Gesehen aber habe ich ihn womöglich schon einmal, oder vorsichtiger ausgedrückt: einen Vogel, der ihm zumindest sehr ähnlich sah. Es ist schon einige Jahre her. Der Specht turnte in einer Allee mit mehrhundertjährigen Eichen herum, die zu einem der letzten Auwälder an der mittleren Elbe führt. Dummerweise hatte ich – Murphy! – an dem Tag mein Vogelbuch nicht dabei. Und das hätte ich gebraucht, denn der Mittelspecht sieht dem Buntspecht sehr ähnlich: fast genauso groß, blauschwarz-weiß gemustert, roter Scheitelstreifen. Ich versuchte, mir das Muster auf dem Rücken des Vogels einzuprägen, um es später zuordnen zu können. Als ich dann aber nach der Rückkehr die Bildtafeln in Lars Jonssons *Die Vögel Europas* betrachtete, stellte ich fest, dass ich doch nicht genau genug hingeschaut hatte. Es wäre zu schön, wenn mir diesmal, mithilfe des Experten an meiner Seite, eine zweifelsfreie Sichtung gelingen würde.

Auf den anderen der beiden Seltenen wage ich gar nicht erst zu hoffen, denn er ist eine echte Ausnahmeerscheinung. Nur noch einige Hundert Paare seiner Art leben in Deutschland. Seine letzten Refugien liegen in den Alpen und im Nationalpark Bayrischer Wald, in Schutzgebieten, die seit Jahrzehnten keine Säge mehr gesehen haben.

Aber auch in Norddeutschland könnte der Specht geeignete Habitate finden beziehungsweise wiederfinden, denn bis Ende des 19. Jahrhunderts war er auch hier heimisch – etwa in den mehrhundertjährigen Buchenwäldern Mecklenburgs und der Uckermark, die in Teilen bis heute erhalten sind. Der Weißrückenspecht, so heißt er, schält Bäume besonders großflächig und gründlich, was ihn früher natürlich zu einem Lieblingsziel zorniger Waldbesitzer machte. Einer der letzten Jungvögel in Brandenburg wurde 1879 abgeschossen; danach blieben die Spechte fast neunzig Jahre verschwunden. 1966 aber tauchte erstmals wieder ein Weibchen im Plagefenn auf; seitdem wurden dort und in den umgebenden Wäldern immer wieder einzelne Exemplare gesichtet. Diese hinterließen auch ihre charakteristischen Bearbeitungsspuren an alten Buchenstämmen: Sie entrindeten sie komplett. Ob Weißrückenspechte auch schon wieder im

Plagefenn brüten, ist allerdings bis heute ungewiss. Einen zu sehen, ausgerechnet heute, käme einer Sensation gleich.

Manche Vogelzähler locken Spechte mit Klangattrappen, die ihre Rufe nachahmen. Flade tut das grundsätzlich nicht. Ich bedauere das ein bisschen, aber wirklich nur ein bisschen. Es käme mir vor, als würden wir beim Spiel schummeln. Denn Spechtbeobachtung ist nun mal ein Glücksspiel, mit klarem Vorteil für die Spechte.

Auch an diesem Tag. Außer dem bunten lässt sich kein einziger blicken. Nur den Schwarzspecht hören wir ein, zwei Mal rufen, aber nur kurz und sehr weit weg.

An einem der letzten Zählpunkte kommt so ziemlich alles zusammen, was diesen Wald so lebendig macht: eine feuchte Senke, aus der Wollgras und Sumpfporstblüten hervorleuchten, ein größerer Teich, mit Grasinseln bestückt und von mächtigen Buchen umstanden, und eine Lichtung, auf der sich mehrere von Sturm oder Altersschwäche geknickte Stämme wie Mikadostäbe gegeneinanderlehnen. An dieser Stelle liegt auch der Conwentzstein, ein mächtiger Findling, der seit 2005 an Deutschlands ersten amtlichen Naturschützer Hugo Conwentz erinnert. Die Inschrift lautet schlicht: »Hier darf der Wald sein Leben leben.«

Einer der Bäume, die ihres bereits hinter sich haben, ist in eine »Spechtflöte« verwandelt worden; seine uns zugewandte Seite ist mit einer meterlangen Reihe von ovalen Löchern perforiert. Aber der zuständige Specht ist natürlich gerade außer Haus.

Als wollten die anderen Vögel seine Abwesenheit wettmachen, singen sie so vielstimmig und inbrünstig wie an kaum einem anderen Punkt bisher. Wir zählen: zwei Rotkehlchen, zwei Zaunkönige, eine Mönchsgrasmücke, drei Buchfinken, je eine Sing- und Misteldrossel. Dazu einige Stimmen, die sich zum ersten Mal an diesem Tag hören lassen. Die des Trauerschnäppers etwa (ich muss sofort an Kaffee denken) und die der Hohltaube, die aus der Tiefe des Waldes nach »Uwe, Uwe« ruft. Kurz darauf fällt ein Entenpaar auf dem Teich ein, mit eigenartig klingelndem Fluggeräusch. »Schellenten«, sagt Martin Flade, ohne auch nur sein Fernglas zu heben. Enten, hier, mitten im Wald? »Oh ja! Es gibt ungefähr zwanzig Paare, und es werden mehr. Nicht zuletzt dank der Spechte.«

Je genauer Ökologen die komplexen Wechselbeziehungen im Lebensraum Wald erkunden, desto mehr stellen sie fest, dass Spechte darin eine Schlüsselrolle spielen, im wörtlichen Sinne. Sie erschließen den Lebensraum Totholz für andere Tiere – zum einen, indem sie Nahrungsressourcen unter der Rinde zugänglich machen, zum anderen, indem sie Wohnraum schaffen. Etwa für Schellenten, diese schönen, schwarz-weißen Schwimmvögel, die auf Englisch wegen ihrer ungewöhnlichen Augenfarbe *Goldeneye* genannt werden: Sie brüten ausschließlich in Baumhöhlen, die von Schwarzspechten gezimmert wurden, denn die sind am geräumigsten.

Diese Vorliebe, so erfahre ich von Martin Flade, teilen sie mit Hohltauben, Waldkäuzen und Dohlen. Aber auch Singvögel sind auf die Vorarbeit von Spechten angewiesen – Höhlenbrüter wie Kleiber, Baumläufer und Meisen aller Arten. Und, ganz besonders, der Trauerschnäpper. »Der ist in vielen Wäldern leider selten geworden, weil er als einer der letzten aus dem Winterquartier zurückkehrt, zu einer Zeit, in der die besten Höhlen bereits besetzt sind. Von anderen Vögeln, aber auch von Siebenschläfern, Eichhörnchen, Fledermäusen, Wildbienen, Hummeln und …«

Martin Flade verstummt plötzlich. »Das war der Mittelspecht gerade«, sagt er dann. »Leises Quäken, ganz weit entfernt. Haben Sie's gehört?«

Nein, habe ich leider nicht. Wir horchen noch einige Minuten aufmerksam in den Wald hinein. Aber der Specht lässt nichts mehr von sich hören.

»Wir sind etwas spät dran, was die Jahreszeit angeht«, erklärt Flade, fast entschuldigend. »Spechte balzen im Vorfrühling, im Februar oder März. Dann rufen sie häufiger, vor allem aber trommeln sie. Und anhand des Trommelmusters kann man sogar die verschiedenen Arten unterscheiden.« Kurze, dumpfe Wirbel, die zum Ende hin leiser werden: So klingt der Buntspecht. Längere helle Wirbel, gleichmäßig wie ein Metronom: typisch Kleinspecht. Der Weißrückenspecht trommelt dunkler und beschleunigt gegen Ende stark, der Schwarzspecht erinnert an anhaltendes Maschinengewehrfeuer – donnernd, kraftvoll, kilometerweit hörbar.

Und der Mittelspecht? Tja, der trommelt gar nicht, er quäkt nur. Manchmal macht er auch »tjix«, ähnlich wie der Buntspecht. Dieses Tjixen kann man theoretisch das ganze Jahr über hören. Aber jetzt eben gerade nicht.

Während wir still stehen und dem Wald zuhören, erinnere ich mich an ein Beobachtungserlebnis, vielleicht das aufregendste, eindrücklichste, seit ich diese Vögel überhaupt entdeckt habe. Es liegt über zehn Jahre zurück, und es war, natürlich, ein Specht im Spiel. Allerdings kein europäischer, sondern ein amerikanischer; einer, der unter anderem in den Sumpfwäldern der US-Südstaaten heimisch ist. Oder besser gesagt, war. Denn diese Wälder sind, bis auf wenige Reste, bereits im Laufe des 19. Jahrhunderts abgeholzt worden. Und mit ihnen verschwand der Elfenbeinspecht, einer der größten und schönsten Vertreter seiner Gattung weltweit. Das letzte Exemplar wurde im April 1944 im US-Bundesstaat Louisiana gesehen, als es über eine Lichtung voll abgeholzter Baumstümpfe flog. Seitdem gilt der Vogel als ausgestorben.

Oder besser gesagt: galt. Denn 2004 wurde er wieder gesichtet, in einem Urwald-Reservat in Arkansas. Und zwar nicht von zufälligen Spaziergängern, sondern von zwei gestandenen Vogelkundlern, die seit Jahren nach ihm suchten. Zwar hatten die beiden – Murphy! – nicht schnell genug ihre Kameras parat, um ein Beweisfoto zu schießen. Aber ihre Beschreibungen waren so glaubwürdig, dass sie eine der obersten nationalen Autoritäten in Sachen Vögel überzeugten: den Leiter des Cornell Lab of Ornithology bei New York. Dieser setzte eine der aufwendigsten Suchexpeditionen in der Geschichte der Biologie in Gang, um den Verschollenen erneut aufzuspüren und seine Existenz durch Bild- oder Tonaufnahmen zu belegen.

In den Jahren danach durchstreiften Hunderte von Beobachtern das Waldreservat in Arkansas, auf computergeplanten Routen, die kaum einen Winkel des 2226 Quadratkilometer großen Suchgebiets ausließen. Zusätzlich wurden Tonaufnahmegeräte im Wald installiert, auffallend große Baumlöcher mit Videokameras überwacht. Zeitweise kreisten sogar Überwachungsflugzeuge der NASA über den Baumkronen. Ergebnis: mehrere als glaubwürdig eingestufte Sichtungen, aber kein zweifelsfreier Foto- oder Tonbeweis.

Die Chancen, dass eine für wenige Tage aus Deutschland eingeflogene Spechtfreundin das mysteriöse Tier entdecken würde, standen also denkbar schlecht. Ich reiste trotzdem im Frühjahr 2007 nach Arkansas, um an der Suchaktion teilzunehmen und darüber in einer Reportage zu berichten. Nicht nur in der Hoffnung auf eine Sichtung. Ich war auch neugierig zu erfahren, was so viele Menschen dazu bewegte, wochenlang durch unwegsame Sümpfe zu waten, freiwillig und unbezahlt, um einen Vogel zu suchen, dessen Existenz nur auf Hörensagen beruhte. Aber je mehr ich über diesen Vogel erfuhr, desto besser konnte ich sie verstehen.

Der Elfenbeinspecht trägt einen ungewöhnlichen Beinamen: »Lord God Bird«. So tauften ihn Beobachter schon zu Zeiten, als Natur, zumindest unter europäischen Einwanderern, noch kein Gegenstand mythischer Verehrung war. Dass er kein reiner Mythos ist, belegen etliche präparierte Exemplare, die in den naturkundlichen Sammlungen mehrerer US-Museen lagern, außerdem Fotos, Tonaufnahmen seines Rufes und ein kurzer Schwarz-Weiß-Film. Aber es sind vor allem Zeichnungen und Beschreibungen, die eine Ahnung davon geben, wie beeindruckend dieser Vogel gewirkt haben muss.

Allein schon seine Größe: fast so mächtig wie ein Bussard, im Flug elegant wie ein Meeresvogel. Stark genug, um mit einigen mächtigen Schnabelhieben die Borke mehrhundertjähriger Bäume vom Stamm zu lösen. Und wunderschön: mattschwarz und weiß gemustert, von einem Weiß, das im Dämmerlicht des Waldes weithin leuchtete.

Es wäre ein Traum gewesen, diesen Vogel zu sehen. Und tatsächlich schien es einen Moment lang, als hätte dieser Traum sich erfüllt.

Wir waren mit dem Boot unterwegs auf einem der Waldflüsse, ein Ornithologe des Cornell Institute und ich, an einem milden, stillen Februartag. Bei einem Blick zum Ufer sah ich, kaum zwanzig Meter von der Bootsspitze entfernt, etwas auffliegen, krähengroß, schwarz, mit breiten weißen Flecken unter den Flügeln. Noch heute habe ich diese fünf, sechs Sekunden wie einen Film vor mir: wie der Vogel, etwa auf meiner Augenhöhe, in gerader Linie davonfliegt, wie seine Flügelunterseiten noch in gut hundert Metern Entfernung als helle, tanzende Punkte zwischen den dunklen Baumstämmen aufleuchten.

Der Ornithologe hatte gerade ein Eichhörnchen am anderen Ufer betrachtet und den Vogel daher verpasst. Als ich meine Sprache wiedergefunden hatte und ihm meine Beobachtung schilderte, stellte er mir die eine Frage, mit der jeder konfrontiert wird, der behauptet oder auch nur vermutet, *Ihn* gesehen zu haben.

War *Er* es wirklich? Oder nicht vielleicht doch der *Andere*?

Der »Lord God Bird« hat nämlich, wie auch der Mittelspecht, einen Verwandten, der ihm ziemlich ähnlich sieht. Und die Unterschiede erkennt nur, wer die Bilder beider Vögel sehr zuverlässig abgespeichert hat. Der Helmspecht, so heißt der andere, ist deutlich häufiger und viel weiter verbreitet. Das weckt natürlich einen naheliegenden Verdacht: dass es sich bei neueren Sichtungen des Elfenbeinspechts um Verwechslungen gehandelt hat; dass es womöglich Wunschdenken war, das den Allerweltsvogel in den Augen seiner Beobachter zu einer vielgesuchten Rarität mutieren ließ. Wunschdenken, gespeist vielleicht auch von der tiefen Sehnsucht, einen winzigen Teil der Zerstörungen, die wir Menschen auf der Erde angerichtet haben, wieder rückgängig zu machen.

Ich wage nicht, das zu beurteilen – weder die Motive der Beobachter noch den Wahrheitsgehalt ihrer Schilderungen. Allerdings bin ich mir, was meine eigene Beobachtung betrifft, ziemlich sicher, damals im Februar 2007 einen Helm- und keinen Elfenbeinspecht gesehen zu haben. Das ergab schon das Gespräch mit dem Cornell-Experten, der mich noch während der Bootsfahrt nach allen Merkmalen des gesichteten Spechts befragte. Letzte Gewissheit brachte ein Blick in das Bestimmungsbuch *Birds of North America* nach der Rückkehr von unserer Tour.

Diese Erkenntnis war einerseits ernüchternd, aber sie hat dem Erlebnis selbst nichts von seiner Strahlkraft genommen. Etwa eine halbe Minute lang habe ich tatsächlich geglaubt oder zumindest für möglich gehalten, einen der seltensten Vögel der Welt gesehen zu haben, mehr noch: die Wiederauferstehung eines Totgeglaubten bezeugen zu können. Diese halbe Minute, und was sie auslöste, werde ich mein Lebtag nicht vergessen: Schock, ungläubiges Staunen und Euphorie, dazu dieses ebenso irrationale wie elektrisierende Gefühl, von einer höheren Macht auserwählt worden zu sein.

Der Wald neben dem Weg lichtet sich, unsere Exkursion durch das Plagefenn geht zu Ende. Martin Flades Vogelzählbogen ist gut gefüllt; vor allem die Waldlaubsänger liegen, wie es aussieht, in ihren Bestandszahlen deutlich über dem Vorjahr. Buchfinken, Meisen und Grasmücken haben sich ebenfalls gut gehalten. Zum Schluss haben wir sogar noch eine echte Rarität entdeckt, einen Wespenbussard, der über einem der größeren Teiche im Wald kreiste.

Nur die Spechte, die haben sich leider nicht blicken lassen. Bis auf den bunten, den Martin Flade vier oder fünf Mal verzeichnet hat.

Eigentlich müsste ich darüber enttäuscht, auch besorgt sein. Wenn eine Vogelart hartnäckig unsichtbar bleibt, dann ist das häufig ein Zeichen dafür, dass es ihr nicht gut geht. Bei den Spechten ist das anders. Die Daten, die Vogelzähler wie Martin Flade in den vergangenen Jahrzehnten in ganz Deutschland zusammengetragen haben, zeigen: Fast alle heimischen Arten haben sich konstant gehalten oder nehmen im Bestand leicht zu, einige sogar deutlich. Und weil Spechte mehr auf den Wald angewiesen sind als alle anderen Vögel, verrät ihr Befinden auch einiges über dessen Zustand, und darüber, wie sich der deutsche Wald im Laufe der vergangenen Jahrzehnte verändert hat – seit den 1980er-Jahren, als viele schon seinen baldigen Tod prophezeiten.

Er *hat* sich verändert, deutlich und durchaus auch zum Positiven.

Gesünder ist er geworden, dank wirksamer Maßnahmen zur Luftreinhaltung, außerdem älter und vielfältiger. So jedenfalls das Ergebnis der aktuellen Bundeswaldinventur des Bundesministeriums für Landwirtschaft, bei der sechzig Untersuchungstrupps im Laufe von anderthalb Jahren insgesamt rund 420 000 Bäume vermessen haben. Laut Inventur beträgt das Durchschnittsalter der rund neunzig Milliarden Bäume, die auf deutschen Waldflächen wachsen, 77 Jahre – viereinhalb mehr als noch um die Jahrtausendwende.

Auch die Zahl der über hundertjährigen Bäume wächst, genau wie der Anteil der laubtragenden Arten, die jetzt 44 Prozent der gesamten Waldfläche ausmachen – sieben Prozent mehr als 2002. Nach den heftigen Orkanen, die Anfang der 1990er vor allem Fichten- und Kiefernforste verwüsteten, haben sich viele Förster und Waldbesitzer darangemacht, ihre Bestände »umzubauen«: weg von einförmigen Holzäckern, auf denen vorzugsweise gleichaltrige Nadelbäume wachsen, hin zu artenreichen Laub- und Mischwäldern, die nicht nur Stürmen besser trotzen, sondern auch flexibler auf Klimaveränderungen reagieren. Viele Bundesländer unterstützen den Waldumbau mit Förderprogrammen, die für mehr Naturnähe und Artenvielfalt sorgen sollen. Fünf Prozent der gesamten deutschen Waldfläche, so will es die Bundesregierung, sollen bis 2020 sogar von jeder Nutzung befreit und wieder Wildnis werden dürfen.

Das alles klingt gut – aber es ist, nach Ansicht von Martin Flade und vielen anderen Waldexperten, noch kein Grund zum Jubeln. Denn der deutsche Wald ist, trotz aller Veränderungen, immer noch alles andere als naturnah. Auf knapp drei Viertel seiner Fläche wachsen gerade mal vier Baumarten; viel zu oft sind es Nadelbäume und ganz selten jene Spezies, die der Boden vor Ort von sich aus hervorbringen würde. Es fehlen nach wie vor die alten und dicken Stämme: Nur 2,4 Prozent aller Bäume erreichen ihr natürliches Erwachsenenalter von 160 Jahren, nur 0,3 Prozent einen Durchmesser von mehr als siebzig Zentimetern – und damit das Format, das sie für manche Spechtarten erst bewohnbar macht. Viele Förster sind hin- und hergerissen zwischen ihrem Wunsch, mehr Leben und

Vielfalt zuzulassen, und dem steigenden Druck von – privaten wie staatlichen – Waldbesitzern, möglichst hohe Erträge zu erwirtschaften. Dazu kommt noch, dass Holz im Zuge der Energiewende zusehends als alternative Energiequelle begehrt ist, von der Industrie, aber auch von privaten Besitzern von Holzpellet-Heizungen.

All das sind keine guten Nachrichten für die vielen Waldbewohner, die von dem leben, was aus betriebswirtschaftlicher Sicht unrentable Biomasse ist: morsches, vom Wind gefälltes, sterbendes oder totes Holz. Vor allem von der Sorte, die selbst in naturnahen Mischwäldern immer noch Seltenheitswert hat: massive, über Jahre aufrecht vor sich hin mulmende Stämme.

Es gibt trotzdem Grund, hoffnungsvoll zu sein für die Zukunft des Waldes. Und das liegt nicht zuletzt an Wäldern wie dem Plagefenn. Solche Wälder sind nach wie vor nur winzige, versprengte Inseln in einem vom Menschen unerbittlich geformten »Kulturland« – das ist heute nicht anders als zu Zeiten des Forstmeisters Max Kienitz, der zu den wenigen seiner Zunft gehörte, die den Wald sein Leben leben lassen wollten. Aber diese naturnahen Wälder haben ihre besondere Ausstrahlung. Sie ziehen Spaziergänger an, und sie machen etwas mit denen, die sie durchwandern. Pflanzen ihnen Bilder in den Kopf, die sie nicht mehr loswerden – optische Eindrücke, aber auch Klangbilder. Diese haben die Eigenart, vor dem inneren Auge und Ohr aufzutauchen, wann immer man danach wieder eine als Wald bezeichnete Ansammlung von Bäumen betritt – so jedenfalls erlebe ich es seit meiner Reise nach Brandenburg. Die Bilder wecken bei mir nicht nur die Sehnsucht, mir »auszumalen, wie es vordem aussah«. Sondern auch, wie es aussehen könnte, wenn die Natur wieder zu ihrem Recht käme. Nicht nur im Plagefenn, sondern überall. Sogar in den Holzäckern rund um mein Heimatdorf.

Wenn diese Sehnsucht irgendwann von genügend Menschen geteilt wird, da bin ich ganz sicher, wird sie die Kraft haben, etwas zu verändern.

Vor einigen Wochen hatte ich übrigens doch noch ein Spechterlebnis. Und zwar direkt vor meiner Haustür. In der großen Birke, die in unserem Vorgarten steht, landete ein Grünspecht, der erste Vogel, den ich allein an seiner Stimme erkannt habe. Diesmal blieb er zunächst stumm, war dafür aber umso besser zu sehen. Er saß Minuten lang ruhig da. Hätte ich mein Fernglas dabeigehabt, ich hätte nicht nur die Farbe seiner Iris erkennen, sondern jedes einzelne Federchen auf seinem roten Scheitel einzeln betrachten können.

Aber leider schlug auch bei dieser Spechtsichtung wieder Murphys Gesetz zu. Ich hatte kein Fernglas dabei. Und auch keine Zeit, eines zu holen oder den seltenen Gartengast wenigstens eingehender zu betrachten. Denn ich stand auf der Straße vor unserem Haus, und neben mir standen Handwerker, die im Begriff waren, unseren Vorgarten aufzubaggern. Ich war vollauf davon beansprucht, mit ihnen über Bodenbeschaffenheit, Abwasserpumpen und Kanalrohrneigungswinkel zu fachsimpeln.

Der Specht sah mir eine Weile aufmerksam zu. Davon flog er davon, und sein höhnisches »Hoihoihoihoi!« schallte durch die ganze Nachbarschaft.

ZUGEFLOGEN

Futterhausgäste

Anfang Mai. Rindertalg riecht penetrant, wenn man ihn erhitzt. Aber er ist ideal, um Haferflocken, Weizenkleie, Sonnenblumen- und andere Kerne darin zu verbacken. Die abgekühlte, aber noch weiche Mischung werde ich später in Tontöpfe füllen und diese, mit der Öffnung nach unten, in den Büschen unseres Gartens aufhängen. Mit einem Stock zum Festhalten darin. Das »Rezept« habe ich von meiner Freundin aus dem Nachbardorf, und es hat sich bewährt. Die Vögel sind wild auf diese Fettdepots, mehr noch als auf das Körnersortiment am Futterhaus. Nicht nur die Meisen, für die sie hauptsächlich gedacht sind, sondern auch Rotkehlchen und sogar Amseln machen sich darüber her. Sie kriechen förmlich in die Töpfe, bis der letzte Krümel herausgepickt ist.

Mein Mann, der meine Leidenschaft für Vögel nicht direkt teilt, sie aber doch mit freundlichem Interesse begleitet, findet, dass ich es übertreibe mit meiner Fürsorge. Er weist darauf hin, dass es Frühling ist. Blumen blühen, Insekten schwärmen, der Kompost ist voll von Krabbelzeug aller Art. Brauchen Vögel jetzt überhaupt noch Extrafutter?

Bis vor einigen Jahren hätte ich diese Frage strikt verneint. Ich habe sogar insgeheim gelächelt über meine Freundin, die sommers wie winters gewissenhaft einmal die Woche Futterrationen für ihre

Gartenvögel am Herd zusammenrührt. In meinen Augen war das eine sentimentale Abweichung von der Grundregel des Vogelfütterns, wie ich sie schon als Kind gelernt hatte und wie sie bis heute auf den Webseiten und in den Mitgliedermagazinen der Naturschutzverbände nachzulesen ist. Sie lautet: Vogelfütterung außerhalb der Wintersaison ist sinnlos, überflüssig, schlimmstenfalls schädlich.

Die Gründe, die dafür angeführt werden, klingen zunächst plausibel. So heißt es etwa, Futter von Menschenhand komme ausschließlich einer Handvoll Allerweltsarten zugute, während die wirklich Bedürftigen – Zugvögel, die auf Insektennahrung angewiesen sind – nichts davon hätten. Durch Futterstellen würden während der warmen Jahreszeit Keime und Infekte verbreitet, vor allem Jungvögel kämen dadurch um. Das Hauptargument gegen die Ganzjahresfütterung aber lautet: Die Natur ist kein Freiluftzoo; Vögel sind Wildtiere, die für sich selbst sorgen können und sollen. Dabei hilft ihnen allenfalls ein naturnaher Garten mit reichlich Samen und beerentragenden Sträuchern, aber kein noch so gut gefülltes Futterhaus. Das sie im Extremfall so abhängig macht, dass sie verlernen, sich auf natürliche Weise Futter zu besorgen.

Es ist vor allem dieser Hinweis auf das doch so reichhaltige Nahrungsangebot der Natur, das mich seit einiger Zeit ins Grübeln bringt. Weil er so wenig zu dem passt, was ich täglich in meiner eigenen Umgebung sehe, beim Blick vom Balkon oder beim Gang durch das Dorf, in dem ich lebe.

Es ist ein schönes, ruhiges Dorf mit viel Grün, alten Bäumen und großen Gärten. Aber die meisten dieser Gärten sind eher Gegenentwürfe zur Natur: akkurat gemähte Kurzrasen, umstanden von Koniferen und Kirschlorbeer, dazwischen sparsam mit Zierpflanzen bestückte Rabatten. Kaum »wilde Ecken«, wenig blühende Sträucher, und was verwelkt ist, wird zurechtgestutzt, bevor sich Samen bilden können. Manchmal frage ich mich, wovon die Vögel eigentlich leben, die es hier, zum Glück, immer noch halbwegs zahlreich gibt.

Denn Vögel haben einen hohen Energiebedarf; sie verbrauchen, pro Gramm Körpergewicht, etwa zehn Mal so viel Nahrung wie Menschen. Selbst ein zarter Singvogel verzehrt am Tag etwa acht Gramm Körner oder Insekten – ein Viertel seines Körpergewichts. Eine Wildblumenwiese, die im Jahr fünf Kilogramm Samen produziert, reicht gerade aus, um drei Grünfinkenpaare samt Nachwuchs zu ernähren.

Das las ich vor einiger Zeit in einem Interview mit dem Ornithologen und Verhaltensforscher Peter Berthold. Er war bis 2005 Leiter der Vogelwarte Radolfzell am Bodensee und hat, zusammen mit seiner Frau Gabriele Mohr, das Buch *Vögel füttern, aber richtig* geschrieben. Titel und Aufmachung des Buches erinnern an Ratgeber vom Typ *Wellensittiche glücklich & gesund* oder *Hühner halten: Das Rundum-Sorglos-Paket*. Tatsächlich aber ist es ein Plädoyer, genauer, eine vehemente Streitschrift für ein neues Verständnis von Vogelschutz.

Berthold fegt sämtliche Argumente gegen das ganzjährige Füttern vom Tisch. Futter von Menschenhand nütze nur Allerweltsarten? Falsch: Wer nicht nur während weniger Winterwochen, sondern beständig Futter anbietet, wird auf Dauer Dutzende Spezies aus der gesamten Umgebung anlocken, darunter auch weniger häufige. Und zugleich verhindern, dass die Noch-Allerweltsarten zu Raritäten werden.

Futter verbreite Keime und schade Jungvögeln? Unsinn: Vögel haben sich ihre Nahrung schon immer aus dem Dreck herausgepickt, aus Misthaufen, stinkenden Pfützen, verkoteten Dorfstraßen. Hat ihnen nie geschadet. Denn ihr Immunsystem ist robust, und ihre Brut füttern auch Körnerfresser stets mit Insekten – selbst wenn ein Futterhaus in Reichweite ist.

Vögel seien Wildtiere, die für sich selbst sorgen könnten? Hier wird Berthold grundsätzlich. Und bestätigt meine eigene Wahrnehmung: dass das, was wir »Natur« und »Grün« nennen, aus Sicht der Vögel eine ziemlich karge Angelegenheit ist oder, genauer gesagt, geworden ist.

In den vergangenen fünfzig Jahren, so schreibt er, sei die Biomasse an Insekten und Samen um bis zu hundert Prozent zurückgegangen. Das zeigten Langzeitstudien, die er und seine Kollegen in der (vergleichsweise idyllischen und artenreichen) Umgebung der Vogelwarte Radolfzell unternommen haben. Die Ursachen sind dort die gleichen wie überall in der Agrarlandschaft: Intensivdünger und Biozide haben

Felder und Wiesen in wildkraut- und kleintierfreie Monokulturen verwandelt; Hecken, Brachflächen und andere »wilde Ecken«, in denen Vögel Nahrung und Unterschlupf fanden, sind weitgehend verschwunden.

Als Wissenschaftler, der Berthold ist, belegt er nicht nur dieses, sondern alle seine Argumente für die Ganzjahresfütterung mit einer Fülle von Studien – eigenen ebenso wie solchen von Kollegen. Aus Großbritannien etwa, wo die Rundumversorgung von Vögeln lange Tradition hat: Dort habe sich gezeigt, dass ein regelmäßiges und reich bestücktes Futterangebot zumindest lokale Vogelpopulationen erhalten und sogar anwachsen lassen kann.

Aus solchen Erkenntnissen zieht Berthold eine radikale Schlussfolgerung: Wenn unsere Landschaft die Vögel nicht mehr ernährt, dann müssen wir, ihre Freunde und Liebhaber, Ersatz schaffen. Wir haben die moralische Pflicht, die Vögel nicht verhungern zu lassen, ihnen zumindest einen Teil dessen zurückzugeben, was die rücksichtslose Agrarwirtschaft ihnen genommen hat. Dabei reicht ein bisschen vogelfreundliches Gärtnern nicht aus. Körner müssen her, genau wie Fett, das nützt auch den Insektenfressern – vor allem während der kräftezehrenden Aufzucht der Jungvögel. Und von beidem braucht es reichlich. Für eine Futterstelle mit hundert samenfressenden Besuchern pro Tag veranschlagt Berthold ein Kilo, dazu drei Meisenknödel – täglich, versteht sich. An seinen eigenen Futterstellen rund um Wohnhaus und Vogelwarte verteilt er pro Jahr zwischen fünf und zehn Tonnen. Ideal fände er es, würde man Ersatzfutter flächendeckend mit Hubschraubern über der Landschaft abwerfen.

Ich schaue auf mein eigenes kleines Futterhaus, das ich von meinem Schreibtisch aus beobachten kann. Vorhin erst ist ein Grünfink darin gelandet, auch ohne Fernglas erkennbar an den leuchtend gelben Flügelstreifen. Es hat Monate gedauert, bis er und drei seiner Artgenossen das Häuschen entdeckt haben, aber mittlerweile taucht er alle paar Tage auf, ebenso wie das schöne dralle Dompfaffenpaar, die Buchfinken, von denen es eigentlich heißt, dass sie überdachte Futterstellen meiden, und die Heckenbraunelle, die ich immer für eine reine

Insektenfresserin gehalten habe. Neulich sang ein Bluthänfling im Nachbargarten – vielleicht kommt er irgendwann auch noch.

Ich sollte das Futter im Häuschen häufiger nachfüllen. Eigentlich hätte ich es längst durch eine Art Hangar ersetzen sollen, mit Platz für zwanzig Vögel gleichzeitig – so, wie es auf Fotos von Peter Bertholds Garten zu sehen ist. Auch die Zahl der Fetttöpfchen müsste ich, nach seinen Empfehlungen, mindestens verdoppeln.

Aber das werde ich nicht tun. Denn sosehr mir einleuchtet, was der renommierte Ornithologe über den Zustand von Natur und Vogelwelt schreibt – seine Schlussfolgerung teile ich nicht. Ich werde zwar weiterhin dafür sorgen, dass die Vögel meiner näheren Umgebung halbwegs satt zu fressen haben – das ganze Jahr über. Aber ich sehe mich, auch als engagierte Vogelliebhaberin, nicht in der Pflicht, den flächendeckenden Nahrungsmangel in der Landschaft auszugleichen. Ich glaube auch gar nicht, dass das möglich wäre. Selbst wenn sich alle Gartenbesitzer dieses Landes ab sofort zur Rundumversorgung von Vögeln entschlössen – sie könnten den fortschreitenden Schwund vieler Arten kaum aufhalten. Denn private Gärten bedecken gerade mal zwei Prozent der Landesfläche – insgesamt 6800 Quadratkilometer.

Ich glaube vielmehr: Natur- und Vogelschutz sind Aufgaben, die alle angehen, und sie sind nur gemeinschaftlich zu lösen – mit klaren politischen Vorgaben. Vor allem für diejenigen, die Land besitzen und es bestellen.

Felder, Wiesen, Viehweiden und andere landwirtschaftlich genutzte Flächen nehmen etwa die Hälfte des gesamten Bundesgebiets ein: 184 000 Quadratkilometer insgesamt. Auf diesen Flächen wird sich entscheiden, wie viele und welche Vögel in unserem Land auf Dauer eine Überlebenschance haben.

KIEBITZE

KAPITEL 6

Holt die Tänzer zurück auf die Wiesen!

Warum es dem Kiebitz und seinen Verwandten schlecht geht, und wie man ihnen helfen könnte

Das klingt jetzt hart. Aber es muss raus, denn es ist die Wahrheit. Also: Es gibt Tage, an denen ich mir wünschte, ich hätte die Vögel nie entdeckt.

Bevor ich jetzt sage, warum das so ist, möchte ich betonen: Es sind wirklich nur *wenige* Tage. Und ich habe gerade in letzter Zeit wieder mehr Hoffnung geschöpft, dass sich die Dinge zum Besseren wenden – nicht zuletzt dank der Menschen, die ich für dieses Kapitel interviewt habe. Ich glaube, dass der Kampf um den Schutz und Erhalt unserer Vögel noch nie mit so viel Einsatz, Aufwand und Erfindungsreichtum geführt wurde wie heute.

Aber das ist auch nötig. Denn es ist schwer, ein Vogel zu sein in Deutschland; vielleicht heute mehr denn je. Man muss sich behaupten in einer Landschaft, in der ungestörte Natur, aus menschlicher Sicht, eigentlich nicht vorgesehen ist. Alles ist erschlossen, durchpflügt, kultiviert und flurbereinigt – auch in den Teilen der Landschaft, die »offen« genannt werden, weil sie noch nicht bebaut und besiedelt sind. Es gibt immer weniger ungenutzte, halbwegs wilde Ecken mit Büschen und Hecken, die Nistplätze bieten, oder Blühstreifen und Brachen, auf denen sich Futter in Form von Samen und Insekten findet.

Ach, Insekten! Selbst denen geht es schlecht. Vor zwei Jahren machte eine erschreckende Nachricht die Runde, Ergebnis einer Langzeitstudie des bis dahin nur in Fachkreisen bekannten Entomologischen Vereins Krefeld. Seit 1987 messen dessen Mitarbeiter, darunter studierte Biologen, regelmäßig das Insektenaufkommen in mehreren Naturschutzgebieten im Rheinland. Dabei haben sie festgestellt, dass die Biomasse krabbelnder und fliegender Kleintiere seit damals um bis zu achtzig Prozent abgenommen hat. Die genauen Ursachen des Rückgangs sind noch unklar, aber der Verdacht liegt nahe, dass der verstärkte Einsatz von Pestiziden entscheidend dazu beigetragen hat. Es gibt seitdem kaum einen Beitrag, kaum eine Diskussion zum Thema Naturschutz, in der nicht früher oder später die Rede auf das Insektensterben kommt, belegt durch die Krefelder Studie und zahlreiche andere Untersuchungen. Jedes Mal, wenn ich davon lese oder höre, gibt es mir einen Stich.

Wenn ich diese Zahl ignorieren könnte, wenn mir die Vögel und die Natur mehr oder weniger egal wären – dann könnte ich viel unbeschwerter durch die Landschaft rund um mein Dorf spazieren gehen. Könnte mich freuen an den saftig grünen Wiesen, den goldgelb blühenden Rapsfeldern, den mannshoch aufragenden Maisstauden, deren Rascheln im Wind mich immer an eine Prozession von Damen in bauschigen Taftröcken erinnert. Ich würde, selbst als unbeteiligte Beobachterin, auch noch andere Naturgeräusche registrieren: den Kuckuck, der aus den Bäumen am Ufer des Dorfbachs ruft, das Gezwitscher der Feldsperlinge und Dorngrasmücken in den Resten von Gebüsch, das am Rand einiger Felder wächst, den Gesang der ein oder anderen Feldlerche, die über den Wiesen aufsteigt. Noch ist der Frühling ja nicht ganz verstummt – auch wenn mir die Stille über der Feldflur oft lauter in den Ohren klingt als die paar Vogelstimmen, die sie durchbrechen.

Wenn mir die Vögel nichts bedeuteten, dann könnte ich den Eindruck haben, dass mit der Natur so weit alles in Ordnung ist. Schließlich bringt sie ja nach wie vor Feldfrüchte hervor, lässt das Gras sprießen, die Bäume grün werden und sogar ein paar Butterblumen, Schafgarben und Rainfarne am Wegrand blühen.

Ich kann aber die Natur, so wie sie ist, nicht immer nur unbeschwert genießen. Weil ich die Bilder von damals noch im Kopf, die Klänge im Ohr habe. Weil ich mich zu genau daran erinnere, wie die Landschaft, vor allem die Feldflur, vor dreißig, vierzig Jahren noch aussah und wie sie sich anhörte.

Ein Nachmittag am Niederrhein, irgendwann in den 1970er-Jahren. Die Landschaft dort ist dem norddeutschen Geest- und Heidegebiet, in dem ich heute lebe, ziemlich ähnlich: ein mehr oder weniger flaches Mosaik aus Äckern und Grünland, durchsetzt mit Wäldern und einzelnen Baumgruppen. Die Böden am Niederrhein sind schwerer und fruchtbarer als die, von denen mein jetziger Wohnort umgeben ist; sie wurden damals vor allem als Weideland genutzt.

Wir stehen am Rand einer Wiese, meine Eltern und ich, und machen die übliche Bestandsaufnahme. Zuerst scannen wir die Heckensäume und die hölzernen Zaunpfähle, die immer gut besetzt sind – mit kleinen Singvögeln wie Braunkehlchen, Neuntötern und Wiesenpiepern, die alle paar Momente nach einem Fluginsekt schnappen und dann ins Gras abtauchen, um ihre Brut zu füttern. Wir zählen die Feldlerchen in der Luft: Es sind meist vier oder fünf, die gleichzeitig singen. Dann sondieren wir die Grasfläche nach Limikolen, einer Gruppe von Vogelfamilien, die ich hier im Text unter anderem Namen schon erwähnt habe – sie werden auch Watvögel genannt.

Watvögel. Der Name hat mich schon immer irritiert; er passt irgendwie nicht. Er klingt nach Gummistiefeln und schwerfälligen Schritten durch zähen Morast; dabei sind Watvögel die Ballerinas der Vogelwelt, sie trippeln und schweben auf langen, unendlich grazilen Beinen mühelos über unwegsamstes Gelände. An ihrer Gestalt und ihrem speziellen Tänzer-Jizz erkennt man sie ebenso leicht wie an ihren dünnen, zum Teil langen Schnäbeln, mit denen sie nach Insekten picken oder im Untergrund stochern. Oft hört man sie, bevor man sie sieht, denn sie sind sehr ruffreudig, und ihr Flöten und Trillern klingt melodischer als die Stimmen vieler Singvögel.

Es gibt allein in Europa an die drei Dutzend Watvogelarten, die zum Teil extrem schwer zu unterscheiden sind. An diesem Nachmittag am Niederrhein, einem von vielen im Lauf der 1970er-Jahre, haben wir es jedoch nur mit einer kleinen Zahl von Spezies zu tun, die so markant aussehen, dass sie auf den ersten Blick zu erkennen sind.

Da ist der Brachvogel, größte aller Limikolen, dessen Schnabel wie ein Krummsäbel abwärts gebogen ist. Da sind die Rotschenkel, kleiner und unauffällig graubraun, aber unverwechselbar durch ihre leuchtende Beinfarbe. Wenn wir Glück haben, sehen wir die Uferschnepfe, ein Bild von einem Vogel: groß, schlank und langschnäbelig, mit rostrotem Kopf und Hals und breiten schwarz-weißen »Signalstreifen« auf den Flügeln.

Es gibt ein paar Vertreter der Limikolen-Großfamilie, die wir gar nicht besonders registrieren, weil sie für uns zum Standardinventar der Landschaft gehören: die Kiebitze. Sie sind von allen Watvögeln die häufigsten und auffälligsten. Aus der Nähe unverwechselbar durch ihren Schopf, der wie eine Punkfrisur schwungvoll nach oben gebogen ist, aus der Ferne durch ihren Ruf, der genau dazu passt: ein etwas spöttisch klingendes, am Ende steil aufsteigendes »Kii-uuitt!«. Im Flug erkennt man sie auf Hunderte von Metern, denn sie haben auffallend rund geformte Flügel und taumeln ständig auf und ab, hin und her, so als hätten sie vergorenes Obst gegessen.

Ich war lange nicht am Niederrhein. Aber ich weiß auch so, dass dort schon lange kaum noch ein Watvogel tanzt. Genauso wenig wie rund um mein heutiges Heimatdorf, wo Kiebitze noch vor dreißig Jahren zum Landschaftsbild gehörten, wo die Hunde beim Spaziergang durch die Wiesen alle zehn, zwanzig Schritte eine Lerche aufstöberten – so berichten es meine alteingesessenen Nachbarn. Hier in der niedersächsischen Geest ist dasselbe passiert wie in fast allen Regionen Deutschlands, in denen nicht nur Watvögel, sondern viele andere auf Feldern und Wiesen lebende Arten früher häufig waren.

Ich weiß das, weil ich die Zahlen kenne, die im ADEBAR nachzulesen sind, wie auch in zahllosen Artikeln und Studien zum Zustand der Natur in der Agrarlandschaft. Es gibt viele Vogelarten, die in Deutschland mehr oder weniger stark abnehmen, aber die Entwicklung der Watvögel und anderer Arten der offenen Landschaft kommt einem Absturz gleich. Brachvogel, seit 1970: minus 40 Prozent. Feldlerche, seit 1990: minus 35 Prozent. Uferschnepfe, im gleichen Zeitraum: minus 61. Braunkehlchen: minus 63. Kiebitz: minus 80. Noch dramatischer sind die Zahlen beim Rebhuhn, das mit einem Bestandsrückgang von über 94 Prozent in Deutschland kurz vor dem Aussterben steht.

Ich könnte heulen, wenn ich diese Zahlen lese. Ich vermisse die Vögel so sehr. Ganz besonders die, auf die ich früher kaum geachtet habe, weil sie so allgegenwärtig waren.

Der Rückgang von Kiebitz & Co. hat natürlich einen Grund, und auch der wird in allen Berichten zum Thema genannt: die Intensivierung der Landwirtschaft. Größere Felder, die häufiger bearbeitet, gedüngt und gespritzt werden, immer mehr Raps und Mais, immer weniger Brachen, Weiden und Wiesen. Und selbst auf denen, die es noch gibt, sieht man kaum Vögel.

Zum Glück ist das nicht überall so. Es gibt einige Gegenden, in denen vor allem Watvögel noch einigermaßen zahlreich vorkommen; diese liegen vor allem im äußersten Norden und Nordwesten Deutschlands sowie in den Niederlanden. Dort wird sich entscheiden, ob Kiebitz & Co. in unseren Breitengraden auf Dauer überleben werden, und genau deswegen wird dort auch mit großem Einsatz dafür gekämpft.

An einem sonnigen Morgen Anfang Juni stehe ich am Rand einer Feuchtwiese im Westen von Schleswig-Holstein, zusammen mit einer kleinen Delegation von Experten. Heike Jeromin und Volker Salewski arbeiten für das Michael-Otto-Institut (MOIN) des Naturschutzbunds Deutschland; sie untersuchen im Rahmen zweier auf mindestens zehn Jahre angesetzter Langzeitstudien, wie man vor allem Kiebitze, Uferschnepfen und Brachvögel vor dem Verschwinden bewahren kann. Welche Veränderungen in Landschaft und

Landwirtschaft den Vögeln helfen, zumindest so viel Nachwuchs aufzuziehen, dass ihr Bestand nicht weiter sinkt. Die Versuchsflächen dazu stellt unter anderem die Naturschutzstiftung Schleswig-Holstein zur Verfügung, die in der Expertenrunde durch Oliver Granke vertreten ist.

Es herrscht reger Flugverkehr an diesem Morgen. Lerchen singen, Kiebitze balzen, eine Uferschnepfe landet mit klirrendem Ruf neben ihrem Nest. Aber wir beachten die Vögel nur am Rande. Wir reden über Geld. Über Milchpreise, Kosten für Entwässerungspumpen und das Verhältnis von Agrar-Ausgleichszahlungen zu Ertragseinbußen.

Wer Wiesenvögel retten will, so erfahre ich, kommt um diese Themen nicht herum. Weil ihr Schicksal noch enger mit der Entwicklung der Landwirtschaft verbunden ist, als viele ahnen. Ohne Landwirtschaft gäbe es viele bedrohte Arten heute kaum noch, jedenfalls nicht bei uns in Mitteleuropa. Das klingt zunächst wie ein Widerspruch, angesichts der vielfältigen Klagen über Naturzerstörungen, die Mähmaschine, Pestizidspritze & Co. in der Natur anrichten. Aber »Landwirtschaft« ist eben ein weiter Begriff; es gibt Formen der Flurbearbeitung, die für Vögel nicht nur segensreich, sondern geradezu lebensnotwendig sind.

Der – wissenschaftlich nicht ganz präzise – Begriff »Wiesenvögel« bezieht sich auf eine gemeinsame Gewohnheit vieler Arten: Kiebitze, Schnepfen, Lerchen, Braunkehlchen und noch einige andere sind Bodenbrüter; sie errichten ihre Nester vorzugsweise dort, wo weit und breit nichts als kurzes Gras wächst. Verwildertes Buschland, Röhricht oder gar Wald kommt nicht infrage.

Früher, als die Natur in Deutschland noch in weiten Teilen unberührt war, sorgte Wasser dafür, dass solche vogelfreundlichen Freiflächen entstanden und auch erhalten blieben: in den Niederungen von Flüssen, die regelmäßig überschwemmt wurden, in den Mooren, die früher weite Teile Norddeutschlands bedeckten. Die Flüsse wurden jedoch im Laufe der letzten zweihundert Jahre rigoros begradigt und eingedeicht, die Moore bereits ab dem 17. Jahrhundert abgetorft und entwässert. Heute sind von ihrer ursprünglichen Fläche gerade noch vier Prozent übrig.

Viele Wat- und Wiesenvögel fanden jedoch ein ideales Ersatzbiotop: landwirtschaftlich genutztes Grünland. Auf diesem sorgten menschliche Eingriffe dafür, dass die Vögel ihre wichtigste Lebensgrundlage vorfanden: Grasflächen, die dauerhaft kurz bleiben. Grünland taugt aus Watvogelsicht vor allem dann als Nistrevier, wenn es feucht genug ist, um mit dem Schnabel im Boden zu stochern, wenn nicht zu viele Kühe darauf weiden und wenn der Bauer mit der ersten Mahd wartet, bis die Jungen groß genug sind, aus eigener Kraft vor Sensen oder Mähmaschinen zu flüchten. Watvögeljunge können das früh, weil sie Nestflüchter sind, also schon bald nach dem Schlüpfen selbstständig auf Nahrungssuche gehen.

Solch wat- und wiesenvogeltauglichen Nistreviere waren bis in die 1970er-Jahre vor allem in Norddeutschland weitverbreitet, entsprechend groß waren die Bestände von Kiebitzen, Uferschnepfen, Lerchen und anderen Bodenbrütern. Heute ist »extensiv bewirtschaftetes Feuchtgrünland«, wie es in der Fachsprache von Landwirten und Naturschützern heißt, eine Seltenheit. Und das hat, neben vielem anderen, mit den Milchpreisen zu tun.

Ein Liter Milch kostet heute, gemessen an der Kaufkraft der Verbraucher, nur noch ein Sechstel so viel wie 1950. Also muss ein Landwirt, um auf seine Kosten zu kommen, heute etwa zehnmal so viele Kühe halten wie seine Vorgänger um die Mitte des 20. Jahrhunderts. Kühe, die pro Jahr an die siebentausend Kilogramm Milch liefern – knapp drei Mal so viel wie vor fünfzig Jahren. Solche Kühe werden durch bloßes Grasen auf der Weide nicht mehr satt; sie stehen in Ställen, wo sie mit Hochleistungsfutter gepäppelt werden. Futter, das unter anderem von intensiv gedüngten Wiesen mit Hochleistungsgräsern stammt, die so stark wachsen, dass sie bis zu fünf Mal im Jahr geschnitten werden können. Zum ersten Mal meist schon ab Anfang Mai, wenn gerade viele frisch geschlüpfte Junge unterwegs sind, aber auch noch Altvögel auf ihren Eiern sitzen. Wenn denn zu dieser Zeit überhaupt noch Eier oder Vögel übrig sind. Denn ab März bis Mitte April werden die Wiesen mit Gülle gedüngt und »geschleppt«, also mit einer Egge befahren, die den Boden belüftet, Unkrautfilz entfernt und Maulwurfshügel einebnet. Dabei kommen natürlich auch sämtliche Gelege unter die Räder. Moderne Weidewirtschaft, man kann es nicht anders sagen, ist eine effektive Wiesenvogel-Vernichtungsmaßnahme.

Das Fatale ist, dass es heute keine Ersatzbiotope mehr gibt, auf die Vögel ausweichen könnten. Kiebitze versuchen manchmal, auf frisch eingesäten Äckern zu brüten. Sie sind so anspruchslos und flexibel, dass sie, anders als viele ihrer Verwandten aus der Watvogel-Familie, auch mit trockenem Untergrund klarkommen, außerdem können sie bis zu drei Mal pro Jahr »nachlegen«. Aber Getreide und Mais wachsen noch schneller hoch als Weidegras und werden zudem so stark gespritzt, dass darauf kaum Futterinsekten zu finden sind. Solche Äcker sind aus Vogelsicht noch lebensfeindlicher als intensiv bewirtschaftete Futterwiesen. Und ausgerechnet die Ackerfläche hat, auf Kosten des Grünlands, in den letzten Jahrzehnten stark zugenommen – nicht zuletzt bedingt durch den hochsubventionierten Anbau von Energiepflanzen für Biogasanlagen.

Es gibt noch ein paar Regionen, in denen Strukturwandel und Intensivierung der Landwirtschaft nicht ganz so weit fortgeschritten sind wie anderswo. Dazu gehört auch die Eider-Treene-Sorge-Niederung, jene von drei Flüssen durchzogene Landschaft im Westen Schleswig-Holsteins, wo die Versuchsflächen der vom Michael-Otto-Institut betreuten Wiesenvogel-Schutzprojekte liegen und wo ich mich mit den drei Experten getroffen habe. Die Böden hier sind zu feucht, um Mais oder Getreide darauf anzubauen; teilweise taugen sie selbst als Viehweide nur begrenzt, weil der Grundwasserspiegel, trotz Gräben und Pumpanlagen, konstant hoch und der Bewuchs entsprechend mager ist. Das ist gut für die Kiebitze und Schnepfen, die hier noch zu Hunderten brüten, ebenso für viele auf magere Feuchtwiesen spezialisierte Pflanzen. Aber es ist schlecht für die Bauern, die gerade in den vergangenen Jahren zusehends in wirtschaftliche Bedrängnis geraten sind: Chronisch niedrige Milchpreise haben die Erträge sinken lassen, zugleich steigen die Kosten für die Entwässerung. Große Teile der Region liegen tiefer als der Meeresspiegel, und der steigt, klimawandelbedingt, schon jetzt. Die Pumpen müssen also gegen ein immer stärkeres Gefälle anarbeiten.

An dieser Stelle, erklären mir die drei Experten, komme der Naturschutz ins Spiel. Sein erklärtes Ziel: sowohl Landwirten als auch Wiesenvögeln eine langfristige Perspektive zu eröffnen. Die Naturschutzstiftung Schleswig-Holstein hat, über eine landeseigene Finanzierungsgesellschaft, in den vergangenen Jahren eine Reihe von Flächen erworben, die für die Milchbauern der Region nicht mehr rentabel zu bewirtschaften waren. Unter Aufsicht von Oliver Granke werden sie so gestaltet, dass sich die Vögel darauf wohlfühlen. Mithilfe von Baggern werden ehemals flachgewalzte Wiesen wieder zu abwechslungsreichen Reliefs umgeformt – mit trockenen Erhebungen, die gut zum Nisten taugen, und feuchten Senken, »Grüppen« genannt, in denen sich reichlich Insekten sammeln. Pumpanlagen werden installiert, die dafür sorgen, dass die Wiesen im Winter und Frühjahr so nass bleiben, wie vor allem Watvögel es lieben, aber im Sommer rechtzeitig trocken werden, um Vieh darauf grasen zu lassen. Denn verwildern dürfen die Flächen nicht – damit wäre den Vögeln nicht gedient. Sie werden wieder an Landwirte verpachtet, die sich verpflichten, sie ganz im Sinne der Vögel zu bewirtschaften. Sie also zum Beispiel als Weide für robuste Rinder zu nutzen, die auch mit nassem Untergrund und magerer Graskost klarkommen. Im Gegenzug zahlen die Landwirte einen Pachtpreis, der weit unter dem Marktüblichen liegt.

Solche »maßgeschneiderten« Nistreviere reichen jedoch allein nicht aus, um Kiebitz, Schnepfe, Brachvogel & Co. in Schleswig-Holstein dauerhaft zu schützen. Deshalb arbeiten die Experten des MOIN auch mit Bauern zusammen, die ihr Grünland konventionell bewirtschaften. Diese erhalten finanzielle Zuwendungen, wenn sie bei der Bearbeitung ihrer Flächen Rücksicht auf die Vögel nehmen, die dort siedeln. Also die Wiesen »schleppen«, bevor die Brutsaison beginnt, und sie möglichst erst dann mähen, wenn alle Gelege ausgebrütet und die Jungen flügge sind. Es gibt auch Bauern, die ohne feste Bewirtschaftungsauflagen und Zuschüsse mit dem MOIN zusammenarbeiten; sie erhalten stattdessen Prämien für jedes Watvogelpaar, das auf ihren Flächen erfolgreich brütet. Das Geld für diese Maßnahmen kommt aus verschiedenen Töpfen: aus EU-Mitteln zur Förderung umwelt- und naturfreundlicher Landwirtschaft sowie aus Arten- und Wiesenvogelschutzprogrammen des Landes Schleswig-Holstein.

Das klingt alles ziemlich aufwendig und bürokratisch, funktioniert aber vor Ort reibungslos, weil Landwirte und Naturschützer im Laufe vieler Jahre einen »guten Draht« zueinander entwickelt haben. Wenn etwa die Bauern feststellen, dass sich die Mahd trotz laufender Brutsaison nicht verschieben lässt, rufen sie bei MOIN-Mitarbeiterin Heike Jeromin an; die setzt sich dann mit auf den Traktor und zeigt an, wo Gelege sind oder Junge im Gras hocken. Um diese Stellen wird dann ein Bogen gefahren, gemäht werden sie später, wenn alle Vögel geschlüpft und flügge sind.

Die Bauern unterstützen die Naturschützer aber nicht nur des Geldes wegen, erzählt Heike Jeromin: »Neulich sagte mir ein Landwirt, weißt du, wenn ich irgendwann mal morgens zu meinen Kühen ginge und würde den Kiebitz und den Brachvogel nicht mehr rufen hören, dann würde mir etwas fehlen. Dass wir diese Vögel hier haben, das ist doch auch ein Stück Lebensqualität.«

Wenn man den drei Experten so zuhört, an einem sonnigen Morgen im Mai vor einer grünen, von Vogelstimmen erfüllten Wiese, dann klingt zunächst alles nach einer Win-win-win-Situation: Die Vögel sind gerettet, die Landwirte kommen auf ihre Kosten, nicht nur finanziell, und der Naturschutz kann einen nachhaltigen Erfolg verbuchen.

Aber so einfach ist es dann doch nicht. Denn erstens hängt der Erfolg des Projekts von der Ertragslage der Landwirte ab. Fallen die Milchpreise wieder so tief wie etwa 2016, als es infolge des Russland-Embargos ein Überangebot gab, werden einige ortsansässige Bauern notgedrungen aufgeben müssen: Die Ausgleichszahlungen für Naturschutz machen die Ertragseinbußen auf Dauer nicht wett. Und den neuen Landbesitzern oder -pächtern, meist auswärtigen Großbetrieben, wird es im Zweifel egal sein, ob Vögel auf ihren Ländereien brüten.

Zweitens hat der Wiesenvogelschutz noch andere mächtige Gegenspieler. Sie sind mit Geld überhaupt nicht zu beeinflussen, und sie agieren vor allem nachts.

Die Kiebitze, Schnepfen und Brachvögel, die in der Eider-Treene-Sorge-Niederung leben, gehören vermutlich zu den bestüberwachten Wildvögeln der Republik. Sie werden in jedem Jahr mehrmals gezählt, die Positionen ihrer Nester registriert, Jungvögel mit verschiedenfarbigen Ringen gekennzeichnet, damit man auch die Wege einzelner Individuen verfolgen kann. An etlichen Nestern sind Überwachungskameras installiert.

Und diese nehmen, zum Kummer der Vogelschützer, immer wieder die gleichen Bilder auf: Sie zeigen Füchse und, in letzter Zeit vermehrt, Marderhunde, die sich nachts über die Gelege hermachen. Gelegentlich ist auch ein Bussard dabei. Aber es sind zu neunzig Prozent Vierbeiner, denen die Eier von Kiebitzen wie Uferschnepfen zum Opfer fallen – viele Jungvögel vermutlich auch, aber das weiß man nicht genau, weil die meisten abseits der Nester und damit der Kameras erbeutet werden. Die Schnepfen trifft es besonders hart, weil sie, anders als Kiebitze, nur ein Mal pro Jahr brüten. Auf manchen Versuchsflächen des MOIN gelingt es ihnen nicht einmal alle zwei Jahre, zumindest ein Junges großzuziehen. Ein einziges. Damit sich die Vögel hier auf Dauer nicht nur behaupten, sondern auch wieder vermehren können, sagt Volker Salewski, müssten es deutlich mehr werden. Aber bislang ist kein Patentrezept gefunden, wie dies gelingen könnte.

Ein Problem ist, dass die Zahl der Nesträuber in letzter Zeit stark zugenommen hat. Der Marderhund, eigentlich in Ostasien zu Hause, wurde von Pelztierzüchtern nach Europa gebracht; die ersten Nachkommen ausgesetzter Exemplare wanderten ab 1960 in Deutschland ein und haben sich seitdem kräftig vermehrt. Und nicht nur sie. Vor fünfzig, sechzig Jahren, sagt Oliver Granke, sei die Sichtung eines Fuchses in seiner Heimat Eiderstedt noch ein Ereignis gewesen; erlegte Tiere, meist klein und mager, wurden stolz im Dorf präsentiert. Heute liegt die jährliche Jagdstrecke an Füchsen, also das gesamte innerhalb eines Jahres erlegte Fuchswild, allein in Schleswig-Holstein bei über 17000.

Über die Gründe für die Zunahme wird noch gerätselt. Vermutlich spielt die Tollwutimpfung eine Rolle, vielleicht aber auch, dass die Ackervegetation nährstoffreicher ist als früher. Füchse wie Marderhunde sind Allesfresser; sie nähren sich nicht nur von Mäusen und anderem Kleingetier, sondern auch von Silage, also zu Ballen gepresstem Mähgut, das gerade auf stark gedüngten Futterwiesen einen hohen Eiweißgehalt aufweist. Natürlich werden beide Tierarten bejagt, aber das hält sie nur begrenzt von den Schutzflächen ab, die wie Inseln über eine mehr oder weniger intensiv bewirtschaftete Agrarlandschaft verstreut sind. Elektrozäune sind bislang die einzig effektive Möglichkeit, hungrige Vierbeiner von den Vogelwiesen fernzuhalten. Aber auch Zäune kosten natürlich Geld.

Bis ein Patentrezept gegen die Nesträuber gefunden ist, werden die Wiesenvogelschützer in der Eider-Treene-Sorge-Niederung wohl weitermachen müssen wie bisher: mit einem Bündel verschiedener, sich ergänzender, aus diversen Töpfen finanzierter Schutzmaßnahmen, deren Wirksamkeit durch weitere Forschung ständig verbessert wird. Bisher haben sie immerhin eines erreicht: Die Bestände von Kiebitz, Uferschnepfe und Brachvogel im Westen Schleswig-Holsteins haben sich stabilisiert, sie sinken nicht weiter. Das ist, verglichen mit der Entwicklung in vielen anderen Regionen Deutschlands und Europas, schon ein riesiger Erfolg.

Zurzeit laufen mehr als ein Dutzend Schutzprojekte für Wiesenvögel in Deutschland, die meisten davon in küstennahen Gebieten Niedersachsens und Schleswig-Holsteins, aber auch an Ems, Obermain und nahe meiner alten Heimat, am Niederrhein. Alle werden sachkundig und engmaschig betreut, oft mit finanzieller Unterstützung durch das LIFE-Umweltprogramm der Europäischen Union. Aber alle kämpfen mit ähnlichen Problemen: zu kleine Schutzflächen, die oft über große Gebiete verteilt sind. Zu geringe Mittel, um genügend Landwirte für naturfreundliche Bewirtschaftung zu entschädigen. Hohe Grund- und Pachtpreise, die den Kauf neuer Flächen erschweren. Und immer wieder: zu viele Füchse und Marderhunde, die den Vogelnachwuchs fressen.

Man kann schwermütig werden beim Schreiben über Wiesenvögel. Eine Zeit lang hatte ich befürchtet, dass dies das traurigste Kapitel meines Buches werden würde. Aber dann stieß ich zum Glück noch auf eine richtige Erfolgsstory. Sie spielt am Dümmer See, dem zweitgrößten Binnengewässer Niedersachsens. Dort liegt ein riesiges Grünlandgebiet, das so etwas wie das gallische Dorf des Wiesenvogelschutzes ist. Während aus ganz Europa sinkende Vogelzahlen gemeldet werden, nehmen sie hier zu, mehr noch: Sie vervielfältigen sich sogar. Uferschnepfe: von vierzig Paaren auf 110! Brachvogel: von dreißig auf siebzig! Kiebitz: von zweihundert auf siebenhundert! Und das alles innerhalb weniger Jahre. Wie geht so etwas? Warum funktioniert am Dümmer See, was anderswo scheitert?

An dem Tag, als ich das Schutzgebiet besuche, regnet es in Strömen. Eigentlich kein ideales Wetter zum Beobachten, es sei denn, man ist auf Watvögel aus: Singvögel gehen bei Regen lieber in Deckung und halten den Schnabel. Watvögel dagegen stören sich weniger an Nässe, sie stehen auch sonst gern bis zum Bauch im Wasser. Und ihre Schreie übertönen locker das Prasseln des Regens; ihr Flöten, Klirren, Kreischen, Kii-uitzen erfüllt den gesamten weiten Himmel über der Landschaft. Was für ein Klang. Was für ein Anblick.

Bei schönerem Wetter hätte ich eine Erkundungstour zu Fuß unternommen, oder besser noch mit dem Rad, denn die Dümmer-Niederung ist groß. Weil aber der Regen nicht aufhören will, hat Heinrich Belting vorgeschlagen, doch lieber das Auto zu nehmen. Belting leitet die Staatliche Vogelschutzwarte am Dümmer; er ist nicht weit von hier aufgewachsen und kennt das Schutzgebiet schon seit Kindertagen. Er hat dessen Niedergang ebenso miterlebt wie seine erstaunliche Wiederbelebung, die bis heute eine der größten Erfolgsgeschichten des Naturschutzes in Deutschland ist.

Wir sind kurz aus dem schützenden Auto ausgestiegen, um uns einen Überblick zu verschaffen. Was nicht schwer ist: Im Umkreis von 360 Grad erstreckt sich tellerflaches Grün, vollkommen baum- und strauchlos, durchzogen von einem Netz aus Tümpeln, Pfützen, Kanälen und ausgedehnten Lachen. Auf den ersten Blick eine wenig markante Landschaft. Aber bei genauem Hinsehen verwandelt sich jedes Wiesenstück in ein Wimmelbild, erfüllt von Getrippel und Geflatter, stochernden Schnäbeln, wippenden Körpern, weiß aufleuchtenden Flügelstreifen.

Hier ragt der rostrote Kopf einer Uferschnepfe aus dem Gras, dort leuchten die Beine eines Rotschenkels auf, und durch die Wasserlache daneben stakt sein seltenerer Verwandter, ein Grünschenkel, flankiert von einem Trupp farbenfroher Löffelenten. Eine Bekassine nimmt auf einem Zaunpfahl Platz, und am Ufer der Wasserlache balzen zwei Kampfläufer, die zu den seltensten, aber auch seltsamsten Vertretern der Limikolen-Familie gehören: Jedes Männchen trägt zur Balzzeit einen individuell gefärbten, löwenmähnenartigen Federkragen. Der wird radförmig aufgeplustert, wenn zwei Kontrahenten, beim namengebenden Kampflauf um die Weibchen, wie zwei Gladiatoren in der Arena aufeinander losgehen.

Über den Kampfläufern, Grünschenkeln, Bekassinen und nicht alltäglichen Enten verliere ich fast die Kiebitze aus den Augen. Es ist wie damals am Niederrhein: Sie gehören zum Grundrauschen der Landschaft, so sehr, dass man irgendwann kaum noch auf sie achtet.

Sie sitzen in den Wiesen, graubraune Punkte, aus der Ferne fast so unauffällig wie kleine Erdklumpen. Sie fliegen über dem Wasser auf und wirken dabei plötzlich viel größer mit ihren leuchtenden schwarz-weißen, fast halbkreisförmigen Flügeln. Und sie hocken wenige Meter neben der Straße und »hudern« ihre Jungen. Man sieht dabei, auf den ersten Blick, nur ihre flach auf dem Gras ausgebreiteten Flügel; erst durchs Fernglas erkennt man die flaumigen, braunschwarz gesprenkelten Küken, die sich darunter ducken.

»Wir kommen hier zurzeit auf einen jährlichen Bruterfolg von 0,77 flüggen Jungvögeln pro Paar«, erklärt Heinrich Belting. Er sagt es gleichmütig; die Zahl klingt auf Anhieb auch nicht besonders beeindruckend. Aber ich weiß mittlerweile, dass sie, aus Sicht von Vogelschützern, ein Grund zum Jubeln ist. »Bruterfolg 0,77« bedeutet, dass jedes Paar im Durchschnitt etwa alle anderthalb Jahre ein Junges über die gefährlichen ersten Lebensmonate bringt. Das reicht aus, um einen Bestand nicht nur zu erhalten, sondern auch zu vermehren.

Der Dümmer See ist eigentlich ein »Meer«: So nennt man in Niedersachsen flache, stille Gewässer, die sich nach dem Ende der letzten Eiszeit in ausgedehnten Mulden zwischen Endmoränen bildeten. Früher wurde der Dümmer dieser Bezeichnung regelmäßig gerecht, da er sich nach regenreichen Wintern bis aufs Zehnfache ausdehnte. Die überschwemmten Flächen waren, nicht überraschend, ein Magnet für Vögel; im Laufe des 20. Jahrhunderts zählten Ornithologen hier 276 Arten – Wat- und Wiesenvögel ebenso wie Enten, Gänse, Taucher, Reiher, Sumpfhühner, Rohrdommeln. Etwa die Hälfte der Arten brütete regelmäßig am See, die anderen – Zugvögel aus dem Norden – machten im Winter dort Station, oft in Schwärmen von Hunderten und Tausenden.

Ab 1950 wurde das »Meer« jedoch durch einen Deich eingegrenzt; die umgebenden Moore wurden trockengelegt und in landwirtschaftliche Nutzflächen umgewandelt. Die Vogelvielfalt schwand zusehends, trotz mehrerer neu eingerichteter Schutzgebiete. Der Dümmer selbst mutierte von einem glasklaren, an Pflanzen und Kleintieren reichen See zu einem Auffangbecken für Gülle und Abwässer, die aus mehreren ungeklärten Bächen und Flüssen hineinströmten. Auf seinem Grund sammelte sich Faulschlamm; Röhricht schob sich auf die Wasserfläche vor. Um 1980 war abzusehen, dass vom »Meer« ohne weitere Eingriffe binnen weniger Jahrzehnte nur noch ein paar Pfützen übrig geblieben sein würden.

Ein Rettungsplan musste her. Für solche Pläne, zumal langfristige, ist die Politik zuständig, und die orientiert sich in der Regel an den Interessen der Wirtschaft. In diesem Fall geschah das nicht. Und das lag an einem Mann, dessen Namen ich bis dahin überhaupt nicht mit dem Thema Natur- und Vogelschutz in Verbindung gebracht hatte.

Ernst Albrecht, von 1976 bis 1990 CDU-Ministerpräsident von Niedersachsen, ist umweltpolitisch Interessierten vor allem als Initiator des Atommüllendlagers Gorleben in (negativer) Erinnerung. Aber er war, wie ich von Heinrich Belting erfuhr, auch ein großer Naturliebhaber. Er betrieb unter anderem die Gründung des Nationalparks Niedersächsisches Wattenmeer, und er setzte sich erfolgreich mit anderen dafür ein, dass große Teile der Dümmer-Niederung im Zuge eines See-Sanierungskonzepts unter Naturschutz gestellt wurden. Und zwar mit einer Konsequenz, die auch aus heutiger Sicht geradezu radikal anmutet.

Die allermeisten Naturschutzgebiete sind ja, anders als ihr Name vermuten lässt, nur sehr oberflächlich vor menschlichen Eingriffen geschützt. Bauern dürfen darin ihre Felder bestellen, mit meist nur geringen Auflagen, Angler Fische fangen, Jäger jagen. Am Dümmer wurden jedoch andere, weitreichendere Regeln erlassen. Ein fast geschlossenes Gebiet von 2700 Hektar, gelegen am West- und Südufer des Sees, wurde komplett den Vögeln überschrieben, zur mehr oder weniger alleinigen »Nutzung«. Dazu wurden sämtliche landwirtschaftlichen Flächen, die innerhalb dieses Gebiets lagen, aus Landesmitteln aufgekauft oder gegen außerhalb liegende eingetauscht. Dieser Prozess zog sich über Jahre hin, nicht zuletzt, weil viele Bauern Sturm gegen das Verfahren liefen. Mühsam dem Moor abgerungene Äcker und Weiden wieder in Unland zu verwandeln, also in aus landwirtschaftlicher Sicht nutzlose Flächen – das erschien vielen als geradezu empörende Vorstellung. Aber die Landesregierung hielt an ihrem Konzept fest, unterstützt von vielen Naturschützern auf lokaler wie auf Landesebene. Mit der praktischen Umsetzung der Naturschutzmaßnahmen war ab Anfang der 1990er-Jahre auch der Diplom-Biologe Heinrich Belting beschäftigt. Er hatte damit, wie sich bald zeigte, nicht viel weniger als eine Lebensaufgabe vor sich. Und zugleich ein wissenschaftliches Experiment.

Denn der Erfolg des Sanierungsplans war zunächst alles andere als gewiss. Würde es gelingen, einen bereits so stark zerstörten Naturraum wieder zu »reparieren«? Und würden seine einstigen Bewohner wirklich zurückkehren? Denn als ab 1987 die Bagger anrückten, um Kläranlagen auszubauen, Bäche umzuleiten und neue Schilfpolder aufzuschütten, da hatten sich viele der einst am Dümmer heimischen Vogelarten längst verabschiedet. Oder waren auf Bestände von einer Handvoll Exemplare zusammengeschmolzen. Es war nicht sicher, ob sich ihr weiterer Niedergang würde aufhalten lassen. Oder ob es gar gelingen könnte, bereits verschwundene Arten wieder zurückzuholen.

Aber die Verlorenen kamen zurück. Fast alle.

Vögel, jedenfalls die meisten, haben eine wunderbare Eigenschaft: Sie sind extrem pragmatisch. Wo sie passende Verhältnisse vorfinden, da lassen sie sich nieder. Sie stellen keine ästhetischen Ansprüche, stören sich nicht am Drumherum; es kümmert sie auch nicht, wenn das neue Biotop nicht zu hundert Prozent ihrem ursprünglichen gleicht. Hauptsache, Ruhe, anständige Nistplätze und genug zu fressen.

Solche passenden Verhältnisse lassen sich, gerade für Wiesenvögel, auf großen Flächen leichter schaffen als in isolierten Oasen. Am Dümmer kann man zum Beispiel die Wasserstände auf den Wiesen über Pumpen so regulieren, dass jede Vogelart es immer gerade so nass hat, wie es ihr beliebt. Uferschnepfen etwa brauchen Ende Mai Pfützen in Nistplatznähe, weil ihre Küken vorzugsweise Zuckmückenlarven fressen, bis zu fünftausend am Tag. Kampfläufer wollen sogar bis weit in den Juni hinein von Wasser umgeben sein, weil sie erst dann zu brüten beginnen.

Auf der großen, staatseigenen Fläche lassen sich auch vierbeinige Beutegreifer viel effektiver in Schach halten: durch das Entfernen von Gehölzen und Hecken, die ihnen als Unterschlupf dienen. Und durch das, was in Fachaufsätzen zum Thema Vogelschutz meist »Prädationsmanagement« oder »Reduktion von Beutegreifern« genannt wird. Ich habe bislang nie so genau darüber nachgedacht, was das eigentlich ist. Aber Heinrich Belting spricht es klar aus, auch weil er findet, dass es da nichts zu beschönigen und entschuldigen gibt: bejagen. Abschießen. In Fallen fangen. Ich muss bei diesen Worten erst einmal schlucken. Denn bei aller Liebe zu Vögeln: Darf man zu ihrem Schutz andere Tiere töten, einheimische zumal, und das auch noch in erheblicher Zahl? Ich finde die Frage schwierig zu beantworten, auch weil sie eine weitere, grundsätzlichere aufwirft: Was für eine Natur wird hier am Dümmer eigentlich geschützt? Verdient etwas, das sich nur mit aufwendigen, auch gewaltsamen menschlichen Eingriffen erhalten lässt, überhaupt noch den Namen »Natur«?

Heinrich Belting kennt diese Fragen, sie werden ihm auch von Kollegen gestellt. Denn viele Ökologen und Umweltexperten haben beim Stichwort »Naturschutz« weniger bewirtschaftete, gestaltete Landschaften im Sinn als vielmehr Wildnis. Keine echte natürlich, denn wirklich unberührte Urlandschaften gibt es im dicht besiedelten Deutschland ja kaum noch. Aber doch Reservate, in denen sich die Dynamik der Natur frei entfalten darf, ohne dass Menschen sie einhegen oder in eine bestimmte Richtung lenken. Solche Reservate existieren, oder sie entstehen wieder, in den Kernzonen von Nationalparks. Und in nicht mehr bewirtschafteten Wäldern wie dem Plagefenn, die sich allmählich wieder ihrem Urzustand annähern dürfen.

Man könnte natürlich auch die Dümmer-Niederung in Wildnis verwandeln, sagt Belting, indem man sie schlicht sich selbst überließe. »Dann würde hier binnen weniger Jahrzehnte ein Erlenbruchwald entstehen. Ein interessantes, seltenes Biotop, in dem sich viele, auch bedrohte Arten wohlfühlen würden. Nur die Wiesenvögel nicht. Die würden verschwinden. Weil sie eben Vögel der Kulturlandschaft sind. Ihr Überleben hängt davon ab, dass wir diese Landschaft erhalten. Und sie vor Beutegreifern schützen, deren Zunahme ja letztlich auch die Folge unseres Handelns ist.«

Es gäbe allerdings, fügt er hinzu, noch eine andere Möglichkeit, die Wiesenvögel zu retten. Die wäre nur ebenso aufwendig wie radikal.

Und dann fügt er einen Satz hinzu, der bisher in jedem Gespräch gefallen ist, das ich für dieses Buch geführt habe; den Heike Jeromin und ihre Kollegen ebenso ausgesprochen haben wie die Ornithologen Martin Flade, Uwe Westphal und die Experten vom Dachverband Deutscher Avifaunisten. Einen Satz, der in jedem ernst zu nehmenden Text zum Thema Vogel- und Naturschutz nachzulesen ist, der wie eine Beschwörung klingt, ein Mantra, oft auch wie ein Stoßseufzer, weil er schon so viele Male wiederholt wurde. Genauso wie die Sätze, die ihm folgen.

Wir brauchen eine andere Landwirtschaftspolitik. Eine Politik, die Subventionen nicht mehr mit der Gießkanne verteilt, sondern endlich an konkrete Leistungen für Natur und Umwelt knüpft. Eine Politik, die nicht maximale Erträge fördert, sondern den Erhalt der biologischen Vielfalt. Die nicht Großbetriebe und Agrarindustrie begünstigt, sondern kleine, familiengeführte Höfe, denen der Erhalt ihrer heimatlichen Kulturlandschaft mitsamt des darin lebenden Inventars noch ein Anliegen ist. Die endlich anerkennt, wie sehr die massive Förderung von Energiepflanzen zur Zerstörung des Lebensraums Feldflur beiträgt. Die dafür sorgt, dass es neben Monokulturen und sterilen Grasäckern auch wieder blühende, insekten- und vogelreiche Wiesen gibt.

Zurzeit wird in Brüssel, wieder einmal, über die Zukunft der gemeinsamen EU-Agrarpolitik verhandelt. Und wieder einmal fordern Naturschützer, Umweltverbände, aber auch Wissenschaftler eine grundsätzliche ökologische Reform dieser Politik. Bei der letzten Verhandlungsrunde 2015 sind sie damit gescheitert. Zwar wurden Betriebe mit mehr als fünfzehn Hektar Größe dazu verpflichtet, fünf Prozent ihres Lands als »ökologische Vorrangflächen« zu behandeln. Aber die Richtlinien für das sogenannte Greening wurden am Ende so verwässert, dass sie für die Natur so gut wie keinen Nutzen bringen. Für Wiesenvögel schon gar nicht.

Ob es in dieser Runde besser läuft, ist noch ungewiss. Die Vertreter der Bauernverbände zeigen sich zumindest öffentlich unbeeindruckt vom dramatischen Vogel- und Insektenschwund. Sie setzen sich eher für die Erhaltung des bisherigen Systems ein und werden dabei von Landwirtschaftsministern sowie der Lebensmittel- und Chemieindustrie unterstützt. Gegen deren geballte Markt- und Lobbymacht kämpften Naturschützer bislang meist auf verlorenem Posten.

So deprimierend das ist: Ich finde es tröstlich zu wissen, dass es zumindest ein Refugium gibt, in dem Kiebitze, Uferschnepfen und die anderen Ballerinas der Vogelwelt überleben und sogar gedeihen. Und von wo aus sie eines Tages, wenn die Mantras und Stoßseufzer ihrer Liebhaber endlich erhört worden sind, ausschwärmen werden, um ihre alten Lebensräume zurückzuerobern. So wie die Wiesen rund um mein Dorf und die Weiden am Niederrhein, wo ich sie vor über vierzig Jahren zum ersten Mal gesehen habe.

Ich weiß, das ist ein Traum. Aber es kommt ja immer wieder vor, dass Träume sich erfüllen.

ZUGEFLOGEN

Landlerche und Stadtlerche

Anfang Juni. Sie ist also doch noch nicht verschwunden, die Feldlerche. Gerade höre ich sie vom Balkon aus jubilieren, zum ersten Mal seit mehreren Wochen. Noch im vorigen Jahr war ihre Stimme fester Bestandteil des Frühchors in unserem Garten. Sie nistet in einer der Wiesen am Dorfrand, etwa fünfhundert Meter von unserem Haus entfernt. Die Wiesen werden allerdings gerade zu Bauland umgewandelt. Die Erschließung der ersten Grundstücke verlief zunächst schleppend, wegen eines Rechtsstreits. Das hat die Lerchen gefreut, ebenso einige Hänflinge und Goldammern, die sich dort regelmäßig sattgefressen haben – an den Samen der Wildkräuter, die während des Baustopps üppig emporschossen. Jetzt sind die Bauarbeiten wieder im Gange; die Vögel werden sich neue Quartiere suchen müssen. Ob sie welche finden?

Wir haben dieser Tage ein Schreiben unseres Bürgermeisters erhalten, meine Freunde von der lokalen NABU-Gruppe und ich. Eine Antwort auf unseren Brief, in dem wir auf den desolaten Zustand der Wegraine rund um unser Dorf hinwiesen. Die Antwort des Bürgermeisters ist sechs Zeilen lang. Man werde »auch künftig sehr sensibel« mit dem Thema umgehen, schreibt er, die lokalen Dienstleister auf die Rechtslage hinweisen und »die Gespräche mit den Landwirten fortsetzen«. Die Botschaft zwischen den Zeilen ist ziemlich klar: Naturschutz ist für den Bürgermeister eine Angelegenheit allenfalls zweiten Ranges, und er hat nicht vor, sich deswegen mit den Landbesitzern der Gemeinde anzulegen.

Ich könnte mich jetzt darüber ärgern und täte das auch – hätte ich nicht vor ein paar Tagen FRANZ kennengelernt. FRANZ hat bei mir ein bisschen Hoffnung geweckt, dass es für die Vögel der Agrarlandschaft, aber auch für Pflanzen, Insekten und Feldhasen, schon bald eine Wende zum Besseren geben könnte.

Ich sage das betont vorsichtig, denn FRANZ ist ein Langzeitprojekt, das, nach mehrjähriger Vorplanung, erst seit Kurzem in die Tat umgesetzt wird. Die fünf Buchstaben stehen als Abkürzung für »Für Ressourcen, Agrarwirtschaft und Naturschutz mit Zukunft«, und so ausladend wie dieser Name ist auch die Liste der Institutionen, die an dem Projekt beteiligt sind. Zu ihnen gehören die Michael-Otto-Stiftung für Umweltschutz mit dem zugehörigen Forschungsinstitut, das ich kürzlich besucht habe, der Deutsche Bauernverband und zwei Bundesministerien: das für Umwelt und Naturschutz sowie das für Ernährung und Landwirtschaft. Im politischen Alltag sind sich diese beiden Ministerien oft nicht besonders grün, aber im Rahmen von FRANZ verfolgen sie ein gemeinsames Ziel: Strategien zu entwickeln, mit denen sich die Artenvielfalt auf landwirtschaftlichen Flächen erhöhen lässt. Und zwar auf *allen* Flächen. Also nicht nur naturnahen Viehweiden in den feuchten Niederungen Schleswig-Holsteins, sondern auch intensiv bewirtschafteten Getreidefeldern in der Magdeburger Börde, Raps- und Maismonokulturen in Vorpommern, Kleegras-Futterwiesen für Mastvieh in Niederbayern und sogar Weinbergen in Rheinhessen.

Die zehn Versuchsbetriebe, die für das Projekt FRANZ ausgewählt wurden, liegen über ganz Deutschland verteilt; einer befindet sich bei Lüneburg, also in meiner Nachbarschaft. Er gehört dem Bauern Jochen Hartmann, dessen Familie schon in der 19. Generation die sandigen Böden der Heide bestellt, zurzeit vor allem mit Kartoffeln und Zuckerrüben.

Zwei Stunden saßen wir auf dem Hof, im Schatten einer alten

Eiche, um die Schwalben flitzten, und redeten: Bauer Hartmann, vier FRANZ-Mitarbeiter und ich. Wir sprachen über die Wirkung von »Lerchenfenstern« in Äckern und die verschiedenen Typen von Blühstreifen an deren Rand (für Wildbienen, Schmetterlinge und Rebhühner), über die Nachteile von staatlichen Agrarumweltmaßnahmen (zu wenige, zu kompliziert, oft zu schlecht bezahlt) und über das spezielle Verhältnis von Landwirten und Naturschützern (immer noch zu sehr durch gegenseitiges Misstrauen geprägt). Jochen Hartmann sagte, dass ihm an FRANZ vor allem dies gefalle: dass hier alle Seiten ständig miteinander redeten, nach der besten Lösung suchten und dass keiner den Anspruch habe, von vornherein alles besser zu wissen.

Hier entwickeln Landwirte und Naturschützer gemeinsam etwas, das bislang nur in Ansätzen existiert: einen Werkzeugkasten voll praktischer Naturschutzmaßnahmen, die einerseits Lerche, Hase, Biene & Co. messbar und nachhaltig helfen sollen, die andererseits aber auch bezahlbar, leicht umzusetzen und zugleich maßgeschneidert sind für alle Regionen, Bodentypen und Betriebsgrößen: den Familienbauernhof mit siebzig Hektar ebenso wie die Landwirtschaftliche Betriebsgemeinschaft, die mehr als das Dreißigfache bewirtschaftet.

Die ersten Versuchsflächen sind vor wenigen Monaten angelegt worden; es ist also noch zu früh, um Resultate oder gar Erfolge zu melden. Aber der Vogelexperte des MOIN hat bereits verstärkten Einflug von Hänflingen und Feldlerchen auf den Blühstreifen des Lüneburger Versuchsbetriebs registriert, und das freut auch Bauer Hartmann, der zum ersten Mal einen systematischen Überblick über das lebende Inventar seines Landes bekommt. Auf Dauer, so hofft er, wird sich zeigen, dass Vielfalt nicht nur schön, sondern auch gut fürs Geschäft ist – weil sie den Boden gesünder, die Feldfrüchte robuster und das gesamte Ökosystem Acker und Wiese stabiler macht.

Ich habe, als eher landwirtschaftsfremde Naturschützerin, bei diesem Hofbesuch nicht zuletzt eines gelernt: dass auf der »anderen Seite« etwas in Bewegung geraten ist. Dass bei vielen Bauern, sogar bei Hardlinern in Lobbyverbänden und Ministerien, allmählich die Erkenntnis reift, dass Landwirtschaft, wenn sie auf Dauer Erfolg haben und öffentliche Akzeptanz erreichen will, naturfreundlicher werden muss.

Das macht mir Hoffnung, auch für die Lerche, die ich zurzeit noch von meinem Balkon aus singen höre. Ich möchte sie so gern behalten. Ich habe schon einmal miterleben müssen, wie eine aus meiner näheren Umgebung verschwand, weil ihr Lebensraum zerstört wurde. Das soll mir kein zweites Mal passieren.

An diese erste verlorene Lerche erinnere ich mich auch deshalb besonders genau, weil sie (vermutlich) einer der ersten Vögel war, die ich überhaupt zu Gesicht bekommen habe, lange bevor ich mit dem wirklichen Beobachten anfing. Sie trippelte auf dem Bürgersteig vor dem Haus herum, in dem ich bis zu meinem zehnten Lebensjahr mit meinen Eltern wohnte. Es war ein Mietshaus in einem grauen, schon damals ziemlich dicht bebauten Arbeiterstadtteil im Norden des Ruhrgebiets. Die Lerche war folglich auch keine Feld-, sondern eine Stadtlerche. So heißt sie nicht, aber der Name würde passen. Denn neben dem dreieckigen, spitzen Schopf, den sie zu ihrem staubgrauen Federkleid trägt, unterscheidet die Haubenlerche – so ihr korrekter Name – von ihren neun in Europa vorkommenden Verwandten vor allem eines: ihre Vorliebe für von Menschen geschaffene Lebensräume. Sie brütet auf Industriebrachen, Gleisanlagen, Flachdächern, Parkplatzrändern, Schulhöfen, sogar neben Flughafen-Rollfeldern, überhaupt auf allen Flächen, die halbwegs kahl sind und längere Zeit ungenutzt daliegen.

Flächen dieser Art gab es reichlich im Ruhrgebiet der 1950er- und 1960er-Jahre. Gegenüber von unserem Haus befanden sich die »Dünen«, eine sandige Brache, auf der noch einzelne Kriegstrümmer herumlagen. Darauf brüteten geschätzt ein Dutzend Haubenlerchen – ich habe sie nie gezählt, weil ich damals Vögeln noch keine besondere Aufmerksamkeit schenkte. Die Lerchen liefen täglich vor unseren Füßen herum, buchstäblich, denn sie waren nicht scheu und flogen selbst dann nicht auf, wenn man sich ihnen auf wenige Schritte näherte. Manchmal wirkten sie etwas desorientiert, wie sie da auf dem Bürgersteig hockten und ihr treuherziges »Plü-pli-plü« hören ließen. Aber irgendwie müssen sie es geschafft haben, trotz unserer Nähe und der damit verbundenen Störungen ihre Jungen großzuziehen.

Die Lerchen verschwanden, als auf den »Dünen« die Bauarbeiten für ein neunstöckiges Hochhaus begannen. Ich habe seit damals nicht nur in meiner Heimatstadt, sondern nirgends in Deutschland wieder eine Haubenlerche gesehen.

Aber es gibt sie noch. Vorhin habe ich im ADEBAR nachgelesen und festgestellt, dass sie im Westen zwar kaum noch vorkommt, aber in den neuen Bundesländern stellenweise noch häufig ist. Und das ist kein Wunder.

Die Haubenlerche zeigt, auf ebenso eindrückliche wie kuriose Weise, wie sehr Erfolg oder Niedergang einer Art mittlerweile von menschlichen Eingriffen abhängig sind. Ohne diese Eingriffe wäre die Lerche mit dem Schopf vermutlich nie in so großer Zahl bei uns heimisch geworden. Ihre natürliche Heimat sind sandige Steppengebiete in Südeuropa, Asien und Afrika. Anfang des 20. Jahrhunderts begann sie, auch den Norden Europas zu erobern, und zwar vor allem solche Regionen, die im Umbruch waren, wo viel gebaut, aber auch abgerissen und zerstört wurde. Dort vor allem entstanden die künstlichen Steppen, in denen sie sich niederlassen konnte. Ihre größte Ausbreitung erreichte sie, nicht zufällig, in den Jahren nach dem Zweiten Weltkrieg, in den zerbombten deutschen Städten. Seither trägt sie auch den Beinamen »Trümmervogel«. Die Aufbau- und Abbruchzeit nach der Wende verschaffte ihr vor allem im Osten zunächst neue Biotope; seit aber auch dort weniger gebaut wird und die verbliebenen städtischen Brachen entweder begrünt oder, im ungünstigeren Fall, zu Parkplätzen umgewandelt werden, sinken ihre Bestände wieder.

Ich habe zwei Vogelfreunde in Berlin, die mir öfter von ihren Beobachtungen erzählen. Von Haubenlerchen, die es dort noch gibt, aber auch anderen Vögeln, die man in einer Großstadt kaum vermuten würde. Nachtigallen, die auf Schulhöfen singen. Waldohreulen, die in Sichtweite des Brandenburger Tors auf Jagd gehen. Chinesische Mandarinenten, die im vielbesuchten Tiergarten erfolgreicher brüten als in ihrer fernöstlichen Heimat. Berlin, so höre ich mit einer Mischung aus

Staunen und Neid, ist ein Hotspot der Vielfalt, in jeder Hinsicht; hier sind sogar Vogelarten im Aufwind, die draußen auf dem Land schon beinahe Raritätenstatus haben. Einer meiner Freunde bietet regelmäßig vogelkundliche Rundgänge an, die unter anderem zum ehemaligen Flughafen Tempelhof führen: Dort steigen im Frühjahr, von einer für Hunde gesperrten Wiese, seit Jahren mehrere Dutzend Feldlerchen empor.

Als der Freund die Lerchen erwähnte, spürte ich leisen Neid und zugleich etwas Ähnliches wie das, was bei Vögeln »Zugunruhe« heißt: die Lust, aufzubrechen und neue Reviere zu erkunden. Kurze Zeit überlegte ich, ob ich nach Berlin fahren sollte. Aber dann entschied ich mich, in die Gegenrichtung zu reisen: in meine alte Heimat, das Ruhrgebiet.

HAUSSPERLING UND EICHELHÄHER

KAPITEL 7

Die Fluffis haben es am liebsten schäbbich

Was Vögel in die Stadt zieht, und weshalb man sie oft an den seltsamsten Ecken entdeckt

Zwei Sattelschlepper rollen die Rampe hoch, die Ladeflächen randvoll mit Erdaushub. Wir gehen einige Schritte beiseite, um ihnen auszuweichen, aber auch, um dem Lärm zu entgehen, der unser Gespräch übertönt. Zum Glück ist die Bodendeponie so weitläufig, dass die Lastwagen schon bald fast außer Hörweite sind.

Die Bodendeponie Kolkerhofweg in Mülheim an der Ruhr: ein vierzig Meter hoher Tafelberg aus Lehm, Schutt und Geröll, die Hänge mit Gebüsch und Wildkraut überwuchert, die Oberfläche eine Mondlandschaft, kahl bis auf ein paar schüttere Kamillenstauden, die sich durch die festgefahrene Erde gekämpft haben. In den Reifenspuren der Bagger und Schwerlaster staut sich Regenwasser. Im Hintergrund rauscht die A40.

Aber die Aussicht von hier oben ist schön; sie geht über das Tal der Ruhr, die hier einen weiten Bogen durch grüne Wiesen und Buschland schlägt. Am Horizont sieht man die Silhouetten stillgelegter Stahlwerke. Und wenn man genau hinhört, kann man durch Lastwagenlärm und Autobahnrauschen hindurch das Jubeln einer Feldlerche hören.

Dies ist ein Heimatbesuch. Drei Kilometer Luftlinie von hier bin ich aufgewachsen, in einem Vorort von Duisburg. Und obwohl ich schon vor Jahrzehnten fortgezogen bin, fühle ich mich hier nach wie vor zu Hause. Wegen der Freunde, die noch hier wohnen, wegen der Landschaft, diesem unverwechselbaren Mischmasch aus Vorstädten, brachialen Industriebauten und erstaunlich üppigem Grün. Und wegen der Sprache.

»Da drüben, dat is der Gasometer von Oberhausen – Lerche!«, sagt Patrick Kretz. »Und da links der Landschaftspark Duisburg-Nord. Ich bin ja so 'n Brachenfreund, als Ruhrpott-Birder – Heckenbraunelle ruft! –, und ich mag diese alten schrömmeligen Industriegebäude. Wie der Flieder aus der Fassade wächst und die Natur so langsam wiederkommt, dat is echt – Mann, dat Schwarzkehlchen hat aber Stress!«

Patrick Kretz ist gebürtiger Mülheimer, Zimmermann von Beruf und einer der aktivsten und erfahrensten Vogelkundler des Ruhrgebiets. Einer, der fast täglich rausgeht, um zu beobachten, aber auch, um Gesehenes und Gehörtes zu dokumentieren, ungewöhnliche Funde mit anderen Beobachtern zu teilen. Ein »Orni« von der Sorte, die selbst mitten im Gespräch Vogelstimmen hören und identifizieren können, weshalb seine Sätze gelegentlich Einschübe haben. Hier oben auf der Bodendeponie muss er sich besonders oft unterbrechen, weil ständig irgendetwas Laut gibt oder auffliegt: da eine Feldlerche, dort ein Schwarzkehlchen, dort etwas, das er erst genauer ansehen muss, um es zu bestimmen. Diese auf den ersten Blick so unwirtliche Schlamm- und Schuttwüste ist auf den zweiten Blick ein Vogel-Eldorado. Eines, das ich ohne Kretz' fachkundige Begleitung auch nie entdeckt hätte.

Mein Heimatbesuch ist zugleich eine Expedition. Sie führt mich in eine Welt, die mir bis vor Kurzem weitgehend unerschlossen war, und das, obwohl ich mittendrin aufgewachsen bin: das Vogelbiotop Großstadt.

Als meine Eltern und ich die Vögel entdeckten, damals in den 1960er-Jahren, war »Biotop« noch ein weitgehend unbekanntes wissenschaftliches Fachwort, und die Großstadt galt, als Gegenbild zum heilen, natürlichen Land, als ein dreckiger, unwirtlicher, lebensfeindlicher Moloch. Was sie zum Teil auch war, vor allem im Ruhrgebiet, wo die Schlote von Stahlwerken und Kupferhütten noch jede Menge ungefilterten Dreck in die Luft bliesen, der den Himmel verschleierte, den Regen versauerte und es unmöglich machte, die Wäsche draußen zum Trocknen aufzuhängen. Überall wurde gebaut und betoniert, Wohnblocks, Werkshallen, Stadtautobahnen, mit brüllenden Maschinen und ohne Rücksicht auf die Umwelt, für die sich damals weder irgendeine Behörde noch Politiker zuständig fühlten.

Vögel gab es trotzdem in unserer Stadt, reichlich sogar. In unserer Vorortstraße, direkt neben der Auffahrt zur Stadtautobahn, zwitscherten Stare, Meisen, Amseln und Grünfinken, bei Spaziergängen im nahegelegenen Stadtteilpark zählten wir die Singdrosseln dutzendweise, und wenn irgendjemand Brotkrümel fallen ließ, auf der Straße oder auf dem Schulhof, stürzte sich sofort ein Pulk Spatzen darauf. Spatzen waren so etwas wie die Charaktervögel des damaligen Ruhrgebiets; sie passten schon farblich gut hierher: grau wie der Himmel über dem Häusermeer, schwarz wie der Ruß an den Fassaden und rostbraun wie die Gichtgasrohre der Stahlwerke, die sich wie Krakenarme durch ganze Stadtviertel zogen. Auch ihr Wesen hatte etwas Ruhrpott-Typisches: gesellig, draufgängerisch und gern auch etwas raubeinig.

Wir nahmen die Spatzen und die anderen Vögel, die es vor unserer Haustür gab, durchaus zur Kenntnis und freuten uns an ihnen. Aber wenn wir ernsthaft beobachten, neue, uns unbekannte Arten entdecken wollten, fuhren wir raus aus der Stadt, an den Niederrhein oder in die Wälder des südlichen Münsterlands. Dort war es nicht nur »richtig« grün, sondern es gab auch mehr und interessantere Vögel zu sehen. Dachten wir jedenfalls.

Ich hätte später, nach meinem Wegzug aus dem Ruhrgebiet, noch reichlich Gelegenheit gehabt, den Naturraum Stadt genauer zu erkunden – in Köln, wo ich studiert habe, in Essen und Hamburg, wo ich meine ersten Berufsjahre verbrachte. Aber damals war zu viel anderes wichtiger als Vögelbeobachten. In Hamburg ging ich manchmal an die Alster, betrachtete die Höckerschwäne und die Stockenten, die es dort in Massen gab, und sehnte mich danach, mein Fernglas endlich wieder auf spannendere Flugobjekte zu richten.

Vor zwanzig Jahren zog ich schließlich samt Familie aufs Land. Ich wohne gern dort, alles in allem. Es ist ruhig, man hat Platz, und in unserem Garten habe ich über die Jahre immerhin an die fünfzig Vogelarten gezählt – Überflieger wie Kraniche und Gänse nicht eingeschlossen. Aber die Agrarlandschaft rund um mein Dorf ist, wie schon gesagt, kein besonders ergiebiges Beobachtungsgebiet. Und ihre Verödung hat in den wenigen Jahren, die wir dort leben, noch einmal merklich zugenommen.

Nicht, dass ich schon ernsthaft über einen erneuten Umzug nachdenke. Aber es packt mich in letzter Zeit doch häufiger die Lust, neue Reviere zu erkunden. Oder alte neu zu entdecken. Deshalb bin ich für einige Tage in die Stadt zurückgekehrt, mit Fernglas und Bestimmungsbuch. Ich möchte endlich genau sehen, wofür ich früher keinen Blick hatte. Herausfinden, ob die Allerweltsvögel meines Duisburger Heimatstadtteils immer noch im Chor zwitschern und wie viele Spatzen sich noch in der Siegfriedstraße tummeln, wo ich die ersten zehn Jahre meines Lebens verbracht habe. Natürlich möchte ich auch wissen, was sich seitdem verändert hat, welche Arten in den letzten Jahrzehnten verschwunden oder neu »zugezogen« sind.

Eigentlich wollte ich vor dem Treffen mit Patrick Kretz an meinem Elternhaus vorbeifahren. Dann habe ich den Besuch doch lieber auf den Tag danach verschoben – aus Zeitgründen. Aber nicht nur. Schon bei früheren Besuchen in Duisburg habe ich um die Siegfriedstraße stets einen Bogen gemacht: Orte, die man aus der Kindheit kennt, verändern sich über die Jahre meist nicht zum Besseren, zumal dann nicht, wenn man dort früher Vögel beobachtet hat. Ich wollte nicht gleich zu Beginn meiner Expedition melancholisch gestimmt werden.

In Gesellschaft von Patrick Kretz, das merke ich vom ersten Moment an, wird keine Melancholie aufkommen. Der »Ruhrpott-Birder« sprüht vor Begeisterung und Detailkenntnis; er hat sich extra einen Urlaubstag genommen, um mir seine besten Beobachtungsreviere zu zeigen.

Die Bodendeponie Kolkerhofweg ist die erste Station, und schon auf dem Weg, der an ihrem unteren Rand entlangführt, habe ich das Gefühl, eine Zeitreise mitten in die 1960er-Jahre zu erleben. Nicht in die Stadt allerdings, sondern aufs Land. Hier tummeln sich, auf wenigen Hektar, all die Vögel, die ich von Dutzenden Familienausflügen in die Feldfluren an Niederrhein und Lippe kenne. Aus den üppigen Wildkrautstauden an den Hängen der Deponie fliegen Trupps von Grünfinken und Bluthänflingen auf, die einen im leuchtend moosfarbenen Prachtkleid, die anderen mit den charakteristischen roten »Spritzern« auf Kopf und Brust. Aus den Brombeerbüschen tönen die Warnrufe von Dorngrasmücken, der Gesang des Sumpfrohrsängers, den ich mir jedes Jahr neu einprägen muss, weil er so ausdauernd und abwechslungsreich ist wie kaum ein anderer. Aus den noch ungemähten Wiesen des Ruhrvorlands steigt sogar ein Kiebitz auf, unverkennbar durch seinen taumelnden Flug, und neben der Baggerauffahrt zum Plateau picken Feldsperlinge. Gerade will ich fragen, wie es im Allgemeinen um die Spatzen des Ruhrgebiets steht, da ertönt von oben ein zartes schrilles Pfeifen, und Kretz hebt sein Fernglas.

»Die Fluffis!«, ruft er begeistert. »Die sind da oben auf der Kuppe. Und so, wie die rufen, brüten die da auch.«

Der Flussregenpfeifer, von Kretz liebevoll »Fluffi« genannt, ist ein Watvogel, aber einer, der anders als Kiebitze und Schnepfen nicht auf Wiesen lebt. Er zieht vielmehr unbewachsene Sand- und Kiesbänke entlang naturnaher Flüsse vor. Weil es die in Europa immer weniger gibt, ist er in den vergangenen Jahrzehnten zusehends auf künstlich geschaffene Kahlflächen ausgewichen: Kiesgruben, Steinbrüche, Spülfelder und wiedervernässte Moore. Vor einigen Jahren habe ich drei Exemplare am Rand eines frisch ausgebaggerten Regenwasser-Sammelbeckens herumtrippeln sehen; leider verschwanden sie wieder, als an den Ufern Kräuter und Röhricht zu wuchern begannen.

Was suchen die »Fluffis« auf einer Bodendeponie mitten in Mülheim an der Ruhr? Und wie kommen all die anderen, vielfach selten gewordenen Feldvögel dahin?

Beim Vögelbeobachten in der Großstadt, das lerne ich jetzt von Ruhrpott-Birder Patrick Kretz, sollte man ein paar Grundregeln beachten. Die erste lautet, auf gut Ruhrdeutsch: Geh dahin, wo et schäbbich is! In die Industrie- und Gewerbewüsten abseits der Wohngebiete, wo keine pflegende Gärtnerhand mit Schere und Spritze Unkraut in Schach hält, wo oft genug gar nichts wächst, weil Bagger oder Baumaschinen den Boden immer wieder umpflügen. Vögel lieben solche Stellen. Nicht, weil sie hässlich, sondern vor allem, weil sie relativ störungsfrei sind – Gärtner verirren sich ebenso selten dorthin wie Freizeitsportler oder Spaziergänger mit freilaufenden Hunden. Bagger oder anderes Großgerät kümmert die Vögel wenig, wenn es denn in größeren Abständen anrückt und genügend Randbereiche freilässt. Der Lärm ist ihnen relativ egal.

Aus Vogelsicht sind Bagger sogar eine segensreiche Erfindung, ähnlich wie Panzer auf Truppenübungsplätzen: Sie schaffen Nistplätze, vor allem für bodenbrütende Arten mit Vorliebe für gute Rundumsicht – Lerchen, Schwarzkehlchen und in Ausnahmefällen auch Watvögel. Zu fressen finden sie selbst in zerfahrenen Schlammlandschaften genug, denn die Pfützen in den Baggerspuren ziehen jede Menge Insekten an. Das Nahrungsangebot ist besonders reichlich, wenn die kahlen Stellen von struppigen, an Kräutern reichen Wiesen umgeben sind.

Früher fanden sich solche »schäbbigen Stellen« auch in der freien Landschaft – in Form von Brachen, mageren Feuchtwiesen oder sandigen Äckern, auf denen das Getreide nur lückenhaft wuchs. Heute sind solche Flächen rar geworden, und zwar auch solche, die landwirtschaftlich gar nicht bearbeitet werden: Auf jeden Hektar in Deutschland geht heute etwa zehn Mal so viel Stickstoff nieder wie noch vor hundert Jahren – bedingt vor allem durch die Massen von Dünger und Gülle, die Bauern auf ihren Feldern verteilen. Weil Teile davon ins Grundwasser oder in die Luft entweichen, sprießen Pflanzen auch dort kräftiger, wo der Boden von Natur aus karg ist. Und überwuchern so die Brutplätze vieler Bodenbrüter.

Die zieht es umso mehr in die Ersatzquartiere, die sich in Städten auftun: Bodendeponien, Industriebrachen, Gleisanlagen, sogar Randzonen von Supermarktparkplätzen. Auf der Brache rund um das Oberhausener Einkaufszentrum CentrO haben Vogelkundler vor Kurzem Heidelerchen entdeckt; auch »Fluffis« haben sich dort niedergelassen. Lange werden sie allerdings nicht bleiben können, fürchtet Patrick Kretz, denn die Stadt plant am gleichen Ort eine Bahnhaltestelle. Wenn es streng nach dem Naturschutzgesetz ginge, dann müssten die Behörden noch vor Baubeginn für ökologisch gleichwertige Ausgleichsflächen sorgen – schließlich sind beide Vogelarten streng geschützt. Aber Wirtschaftsinteressen haben bei der Stadtentwicklung im Zweifel Vorrang – da macht sich auch Kretz keine Illusionen: »Wenn so 'n Bebauungsplan erst mal durch ist, dann haste als Naturschützer kaum 'ne Handhabe.«

Die zweite Grundregel für Stadtvögelbeobachter lautet daher: Bleib mobil – und hab ein offenes Auge für Veränderungen! Städte sind dynamische Gebilde; viele Vogelrefugien existieren nur auf Zeit, erst recht solche, die spontan in öden, für menschliche Augen wenig attraktiven Ecken entstehen. Sie werden »erschlossen«, zugepflastert, überbaut oder in gepflegte Grünflächen verwandelt. Dafür tun sich jedoch an anderer Stelle oft neue auf: rund um leer stehende Häuser, auf unrentablen Gewerbeflächen, in vernachlässigten Parks und stillgelegten Industrieanlagen. Nördlich von meinem Heimatstadtteil etwa stand eines der größten Hüttenwerke Europas, das zu seinen besten Zeiten 948 000 Tonnen Rohstahl pro Jahr ausstieß. Nach seiner Stilllegung 1985 wurde es in einen Landschaftspark umgewandelt, der heute ein Pilgerziel für Architekturliebhaber wie für Naturfreunde ist: Bei einer großen Inventur im Rahmen des »GEO-Tags der Artenvielfalt« wurden dort an die sechzig Vogelarten gezählt; bei Insekten und Pflanzen kam sogar ein Vielfaches davon zusammen.

Patrick Kretz, so viel ist klar, hat unsere heutige Expeditionsroute nicht nach touristischen Kriterien geplant; die zweite Station ist auf den ersten Blick noch trostloser und naturferner als die erste. Ein Gewerbegebiet im Mülheimer Stadthafen: Lagerhallen, Parkplätze, Schrotthalden, stählerne Verladekräne, die sich über die Spundwand eines Kanals recken. Am asphaltierten Ufer ragen die kirchturmhohen Blöcke einer Malzfabrik auf. Die massiv gemauerte Fassade ist mit Reihen von Lüftungsnischen bestückt, kaum schuhkartongroß und mit Metall verkleidet. In den unteren hocken Stadttauben. Aber derentwegen sind wir nicht hier.

Ich lerne Grundregel Nr. 3 für Stadtbeobachter: Kopf in den Nacken und ganz nach oben gucken! Dorthin, wo man kaum noch Vogelleben vermutet, weil es steinig und kahl ist und der Wind alle Insektenschwärme verweht: Dort hocken die charismatischsten Bewohner des städtischen Luftraums.

Mit bloßem Auge hätte ich die beiden Wanderfalken nie entdeckt. Sie hocken in zwei der obersten Lüftungsnischen der Malzfabrik, mit bester Aussicht über Kanal und Hafengelände. Erst durchs Fernglas sind sie gut zu erkennen: der schlanke Körper mit dem langen Stoß, der dunkelgraue Rücken, die schwarz-weiße Kopfzeichnung.

»Da oben brüten sie auch«, sagt Patrick Kretz. »Jedes Jahr kriegen sie fünf bis sechs Junge, so im Schnitt.« Diese werden regelmäßig beringt und bewacht von den Mitgliedern der regionalen Arbeitsgruppe Wanderfalkenschutz, mit freundlicher Erlaubnis der Fabrikleitung: Die Belegschaft freut sich über die ungewöhnlichen Untermieter und unterstützt die Vogelschützer nach Kräften.

Wobei: So ungewöhnlich sind Wanderfalken in der Stadt gar nicht mehr. Allein in Mülheim kennt Patrick Kretz drei weitere Paare, die seit Jahren regelmäßig dort brüten – eines an einem Kirchturm in der Innenstadt, eines an einer Autobahnbrücke, ein weiteres an einem Fernsehturm. Über dem Gelände der Wassergewinnungsanlage, am gegenüberliegenden Ufer des Kanals, hat Kretz sogar schon Baumfalken jagen sehen, die noch seltener sind: »Die brüten in alten Krähennestern, sind aber so scheu, dat ich ihren Horst bis heute nicht entdeckt habe.«

Was jagt so ein Falke in der Stadt? Dasselbe, was er draußen auf dem Land auch jagt, sagt Kretz: Vögel vor allem. An erster Stelle Stadttauben, aber auch Singvögel, die es im Hafen ebenfalls gibt, dank der Insektenschwärme, die sich vor allem an feuchten Sommertagen über den warmen Asphaltflächen sammeln. In kälteren Jahreszeiten weichen die Falken auf Lachmöwen aus, vor allem Zugereiste aus Nord- und Osteuropa, die in zum Teil riesigen Schwärmen entlang der Ruhr auf Nahrungssuche gehen.

Stadtfalken lieben Abwechslung beim Essen: Im Horst eines Berliner Wanderfalkenpaares fanden Vogelschützer Überreste von entflogenen Nymphensittichen und Gelbhaubenkakadus, aber auch seltenen Zugvögeln wie Wachteln, Schnepfen und Goldregenpfeifern. Die Falken hatten die durchreisenden Raritäten zum Teil nachts erbeutet, im Schein der Straßenbeleuchtung.

Das steht in dem schönen Bildband *Wilde Tiere in der Stadt* von Florian Möllers, den ich zur Vorbereitung auf diese Expedition gelesen habe. In dem Vorwort dazu schreibt der Ornithologe Josef Reichholf, dass Wanderfalken nicht nur das Rote Rathaus von Berlin, sondern längst auch den Kölner Dom und die Münchner Frauenkirche besetzt haben. Dass sie, ebenso wie Habicht und Sperber, in vielen Großstädten ideale Lebensbedingungen vorfinden, weil die Vogeldichte dort mittlerweile deutlich größer ist als auf dem Land: In Berlin etwa kommt auf jeden der dreieinhalb Millionen Einwohner ein Vogelpaar, das regelmäßig innerhalb der Stadtgrenzen brütet. Außerdem passt die urbane Landschaft den Falken bestens ins Konzept: eine Ansammlung hoch aufragender felsartiger Gebilde, die beste Fernsicht bieten, und Nistplätze, die unerreichbar für vierbeinige Nesträuber sind.

Falken in der Stadt sind also, für viele geübte Beobachter, längst nichts Neues mehr. Für mich aber ist so ein Greifvogel an einer Fabrikfassade, mitten in einem Gewerbegebiet, immer noch ein verblüffender, verzaubernder Anblick. Ich kann mich gar nicht losreißen von dem Pärchen im Mülheimer Hafen, auch wenn mir mittlerweile der Nacken wehtut vom Hochgucken.

In den mehr als dreißig Jahren, die ich in Großstädten gewohnt habe, ist mir nie ein einziger Wanderfalke begegnet, auch kein Habicht oder Sperber, von Baumfalken ganz zu schweigen. Das mag daran gelegen haben, dass ich damals nicht oft genug nach ganz oben geschaut habe. Aber nicht nur. Bis in die 1990er-Jahre gab es, abgesehen vom ein oder anderen Turmfalken, so gut wie keine Greifvögel in deutschen Städten. Und auf dem Land auch nicht viele. Im Laufe der 1950er- und 1960er-Jahre waren die Bestände in ganz Europa im übertragenen wie im Wortsinn eingebrochen – vor allem durch Vergiftung mit dem Biozid DDT, das die Schalen der Eier brüchig werden ließ. Dazu kam, dass Greifvögel auch in Deutschland bis in die 1970er-Jahre ganz legal bejagt werden durften. Erst nach Verbot von DDT und Jagd (illegal gejagt wird bis heute) stiegen die Bestandszahlen von Falken, Sperbern, Habichten und auch Bussarden wieder an, wenn auch nur langsam. 1980 wurden in Deutschland gerade noch siebzig Wanderfalkenpaare gezählt. Aber schon im Jahr 1987, schreibt Florian Möllers, ließen sich erstmals zwei Vögel an der Berliner Marienkirche zum Brüten nieder. Greifvogelexperten nahmen die Eier vorsichtshalber aus dem Nest, da deren Schale immer noch zu dünn zum Ausbrüten war; die geschlüpften Jungen wurden dann von den Eltern problemlos angenommen. Mittlerweile jagen wieder gut tausend Wanderfalkenpaare im deutschen Luftraum, Tendenz weiter steigend. Und etwa jedes zehnte Paar lebt in direkter Nähe von Menschen.

In den vergangenen Jahren sind neben Möllers' Werk eine ganze Reihe von Büchern und Medienberichten zum Thema »Natur in der Stadt« erschienen. Einige davon habe ich mir zur Vorbereitung meiner Expedition näher angesehen und dabei gelegentlich leisen Neid verspürt – so aufregend und spektakulär sind die Beobachtungen, die darin geschildert werden. In seinem Buch *Wilde Hamburger* berichtet der Ornithologe und Vogelstimmen-Virtuose Uwe Westphal etwa von Uhus, die an der Fassade eines Hallenbads in Altona nisten, von Eisvögeln, die von Wäscheleinen aus Zierfische in Gartenteichen jagen, von Möwen und Kiebitzen, die auf Kiesdächern von Speditionsunternehmen brüten, von Scharen von Graugänsen, die ihre Gössel zwischen den Grabsteinen des Ohlsdorfer Friedhofs ausführen. Die Nähe der Menschen scheint die Vögel ebenso wenig zu stören wie die Gegenwart anderer wilder Hamburger, die das Stadtgebiet als Jagdrevier nutzen: Hermelin, Iltis, Steinmarder, Waschbär und neuerdings auch der Fuchs, der Anfang des neuen Jahrtausends in die Hansestadt eingewandert ist. Und die Tierwelt macht nur den kleineren Teil der vielfältigen Stadtnatur aus: Mit mehr als 1300 wild wachsenden Pflanzenarten zählt Hamburg auch zu den botanischen Hotspots in Deutschland.

Wenn man diese Berichte liest und die wunderbaren Fotos sieht, die sie illustrieren, dann gewinnt man den Eindruck, dass die großen Städte in jüngster Zeit eine wundersame Wandlung durchgemacht haben. Die einst als lebensfeindlich verschrienen Stein- und Asphaltwüsten stehen mittlerweile im Ruf, wahre Naturparadiese zu sein, Oasen der Vielfalt, aber auch Refugien für Landbewohner, die in einer ausgeräumten, maschinengerechten Agrarlandschaft zusehends ums Überleben kämpfen müssen.

Seit meiner Expedition ins Ruhrgebiet weiß ich: Diese wundersame Verwandlungsgeschichte ist nicht ganz falsch. Aber sie ist vor allem eins: eine Geschichte. Natürlich haben sich Städte in den vergangenen Jahrzehnten verändert, sind sauberer, wohnlicher und grüner geworden. Aber mehr noch als die Städte selbst hat sich der Blick auf sie gewandelt. Er ist genauer geworden, aufmerksamer, liebevoller, geprägt auch vom gewachsenen Umweltbewusstsein, das in den 1970er-Jahren zuerst und vor allem in den Städten erwacht ist.

Damals, gegen Ende des Jahrzehnts, machte sich erstmals ein Team von Ökologen daran, die Tier- und Pflanzenwelt eines urbanen Großraums systematisch zu erfassen. Und zwar, nicht zufällig, in Berlin. Dessen Westteil war damals durch den Eisernen Vorhang von seinem Umland abgeschnitten; wer Natur erleben und erforschen wollte, musste das mehr oder weniger vor der Haustür tun. Die Ökologen stellten fest, dass die Stadtinsel so ziemlich das Gegenteil eines lebensfeindlichen Molochs war. Sie zählten allein im Westteil weiter über hundert verschiedene Arten von Vögeln und eine vielfach höhere Zahl von Pflanzen und Insekten. Diese Fülle, so stellte sich bald heraus, war keine Besonderheit des an Brachen und verwildertem Grenzniemandsland reichen Stadtstaats: Die Bestandsaufnahmen in anderen Großstädten brachten ähnliche Ergebnisse. In Hamburg etwa wurden – und werden bis heute – sogar 160 Vogelarten gezählt, darunter dank der Nähe zur Küste etliche Wasservögel wie Möwen, Enten, Gänse und Schwäne. Das sind mehr, als in den meisten Naturschutzgebieten vorkommen. Selbst Göttingen, mittelgroß und im Binnenland gelegen, bringt es noch auf knapp hundert Arten.

In Mülheim hat Kretz im vergangenen Jahr 89 Vogelarten gezählt – bei einer eintägigen Blitzinventur im Rahmen des Birdrace, einer landesweiten Vogelzählaktion des Dachverbands Deutscher Avifaunisten. 89, sagt er, seien »der Hammer«, ein Spitzenergebnis für eine mittelgroße Industriestadt, die nicht an der Küste liegt und auf drei Seiten von anderen Städten umschlossen ist. »Wenn wir Dortmund dabeigehabt hätten, mit seinen vielen Abraumhalden, oder Duisburg, mit dem großen Binnenhafen und den Möwenkolonien dort, dann wären wir sicher auf über hundert gekommen.« Bei einem der nächsten Birdraces plant er, gemeinsam mit Kollegen aus Bochum und Dortmund ein städteübergreifendes Ruhrgebiets-Team zu bilden.

Wenn Kretz von den vielen Vögeln erzählt, die er im Laufe der vergangenen Jahre auf seinen Exkursionen beobachtet hat, spüre ich manchmal einen Hauch von Wehmut. Ich würde so gern eine echte

Zeitreise unternehmen, ins Duisburg der 1960er-Jahre. Und dann, gemeinsam mit meinen Eltern, die Biotope erkunden, die damals unbeachtet vor unserer Haustür lagen – unbeachtet nicht nur von uns, sondern auch von den meisten anderen Vogelfreunden in unserem Bekanntenkreis. Ich würde gemeinsam mit ihnen herausfinden, ob auf den Brachen rund um Stahlwerke, Gleisanlagen und Hafen damals schon Lerchen, Gebirgsstelzen und »Fluffis« brüteten. Untersuchen, wie viele verschiedene Möwenarten über den Schrottplätzen und Mülldeponien in Rhein- und Ruhrnähe kreisten. Im Duisburg-Mülheimer Stadtwald würden wir auf den Gesang von Goldhähnchen, Dompfaff, Gartenbaumläufer und Misteldrossel horchen, in den Auwaldresten im Ruhrtal nach Eisvögeln und Wasserrallen Ausschau halten. All das sind Arten, die Kretz in seinen Revieren regelmäßig beobachtet und die er auch während des eintägigen Birdrace aufgespürt hat.

Besonders genau aber würden meine Eltern und ich uns in der Siegfriedstraße umsehen und -hören, in dem Mosaik aus Gärten, Buschwerk, Gemüsebeeten und kahlem, zum Teil noch mit Kriegstrümmern bedeckten Bauerwartungsland, das unsere Mietshäuserzeile umgab. Ökologen sprechen beim Anblick solcher Mosaike von »Strukturvielfalt«, was spröde klingt, aber durchaus anerkennend gemeint ist. Denn gerade solche Stadtlandschaften beherbergen eine besondere Tier- und Pflanzenfülle. Damals wussten wir das nicht. Wir zählten keine Vögel, wir freuten uns einfach, dass sie da waren. Bis heute habe ich den Gesang der Straßenvögel lebhafter in Erinnerung als die Glocke aus Dunst und Dreck, die über unserem Stadtviertel lag.

Patrick Kretz ist ein paar Jahre jünger als ich, weswegen er sich an die Vogelwelt der 1960er nicht erinnern kann. Aber er ist lange genug im Ruhrgebiet unterwegs, um jede Feldlerche, jeden Flussregenpfeifer, jeden Wanderfalken zwischen Duisburg, Oberhausen und Bochum sozusagen mit Vornamen zu kennen. Lange genug übrigens auch, um zu wissen, dass das Ruhrgebiet kein Naturparadies ist und nie eines war.

Denn das Paradies, im biblischen Sinne, zeichnet sich ja dadurch aus, dass es unveränderlich ist. Sein Reichtum an Tier- und Pflanzenleben, die Zusammensetzung der Arten, die dort leben, ist zeitlos, bleibt ewig gleich. Davon kann im Ruhrgebiet, wie auch in anderen Großstädten, keine Rede sein.

Grundregel Nr. 4 für Stadtvögelbeobachter lautet: Meide die Stadtzentren! Dort gibt es in der Regel nicht viel zu sehen außer Stadttauben und ein paar Hausrotschwänzen, die von Natur aus an das Leben in kahlen Felslandschaften angepasst sind. Nicht zu vergessen natürlich die Wanderfalken, für deren Sichtung man aber Glück haben muss. Wir fahren trotzdem kurz in die Mülheimer City, weil das Wetter gerade »usselig« ist, wie man hier sagt. Bei einer Tasse Kaffee plus Brötchen kann ich Kretz endlich nach meinen Lieblings-Ruhrgebietsvögeln fragen. Warum hat sich bisher kaum ein Spatz blicken lassen, bis auf die Feldsperlinge vorhin an der Deponie?

»Es gibt sie schon noch«, sagt Kretz. »Früher waren sie in den Bergmannssiedlungen am häufigsten, wo die Leute Gemüsegärten hatten und auch Hühner hielten. Dat war richtig ländlich. Aber damit isset vorbei, der Bergbau ist ja weg, und damit auch die Landwirtschaft in den Siedlungen. Die Haussperlinge, die kommen schon noch klar, die fressen sich an den Futterhäusern durch. Aber die Feldsperlinge … Die sechs vorhin an der Deponie, dat sind mit die letzten, die wir in Mülheim haben.« Zum ersten Mal an diesem Tag klingt Kretz ein bisschen melancholisch.

Er hat in den vergangenen Jahren eine Reihe von Rückgängen und auch gänzlichen Verlusten beobachten müssen, gerade bei den Vogelarten, die auf Brach- und Niemandsland angewiesen sind: Feldsperlingen, aber auch Hänflingen, Stieglitzen und Lerchen. Ungenutzte Freiflächen sind gerade in letzter Zeit zusehends als Bauland begehrt, auch in den Ruhrgebietsstädten, die im Deutschlandvergleich nicht gerade zu den Boomtowns zählen. »Verdichtung« lautet die Devise der Stadtplaner, die sich nicht zuletzt auch auf ökologische Grundsätze berufen: Wer Flächenfraß in der Landschaft vermeiden will, muss eben bei der Erschließung neuer Wohn- und Gewerbeflächen vermehrt auf Freiräume in Ballungsgebieten zurückgreifen.

Es kommt auch in Mülheim häufiger vor, dass Umweltschutzmaßnahmen, die für sich genommen sinnvoll sind, unerwünschte Nebenwirkungen für die städtische Tierwelt haben. Etwa die energetische Sanierung von Fassaden, die viele an Gebäuden nistende Vögel obdachlos macht: Mauersegler und Schwalben, ebenso wie Haus- und Feldsperlinge. Selbst die so robusten Großmöwen machen sich rar, weil es im gesamten Ruhrgebiet immer weniger offene Mülldeponien gibt, die seit jeher zu ihren wichtigsten Futterplätzen gehören.

Auch mit den Flussregenpfeifern und Feldlerchen an der Bodendeponie Kolkerhofweg könnte es bald vorbei sein, fürchtet Kretz: Die Stadt plant, auf dem Tafelberg eine Windkraftanlage zu errichten. Wenn die Vögel nicht schon bei den Bauarbeiten ihre Brutplätze verlieren, werden sie vermutlich durch die Rotoren vergrämt werden.

Noch hat der Ruhrpott-Birder Hoffnung, dass sich der Bau abwenden lässt, nicht zuletzt mit Verweis auf die vielen seltenen Vogelarten, die es im Umkreis der Deponie gibt. Wie es sich für einen aktiven Vogelkundler gehört, setzt er sich natürlich auch für den Erhalt »seiner« Biotope ein. Überredet die Bauern in der Ruhraue, um die brütenden Kiebitze herumzumähen, zeigt dem Förster des Stadtwalds, welche Spechtbäume er unbedingt stehen lassen soll, ruft die städtischen Naturschutzbehörden an, wenn er einen Eisvogel, einen Wiedehopf oder eine andere schutzwürdige Rarität gesichtet hat. Die Behörden tun ihr Bestes, um Vogelrefugien vor begehrlichen Planern ebenso wie vor der Sorte von Naturfreunden zu bewahren, die gern weitab vom Wege Picknick machen und ihre Hunde im Grünen grundsätzlich von der Leine lassen. Aber die Naturschutzbehörden sind, im Ruhrgebiet wie überall, chronisch unterbesetzt und unterfinanziert. Und können zudem ein zentrales Dilemma nicht lösen: dass Vögel und Menschen, was Natur angeht, oft gegensätzliche Bedürfnisse haben.

Die meisten Menschen mögen es, wenn ihre Umgebung gepflegt, eingehegt und ästhetisch ansprechend ist. Vögel dagegen lieben Chaos, Verfall und Wildwuchs. Wessen Interessen sich auf Dauer durchsetzen, lässt sich sehr deutlich an der Entwicklung der Spatzenpopulationen ablesen. In fast allen deutschen Metropolen ist ihre Zahl in den vergangenen Jahrzehnten drastisch zurückgegangen. Hamburg etwa hat seit 1982 drei Viertel seiner Haussperlinge verloren, in Frankfurt, Köln und München sieht es ähnlich aus.

Das Ruhrgebiet gehört bislang noch zu den Spatzenhochburgen Deutschlands, zumindest was Haussperlinge angeht. Gleiches gilt für Berlin, und das ist kein Zufall. Beide Ballungsgebiete leiden unter angespannter Finanzlage, was sich auch auf die Pflege der öffentlichen Grünanlagen auswirkt: Unkraut und Buschwerk wuchern dort häufiger ungestutzt als zum Beispiel im wohlsituierten Hamburg. Die Menschen mögen das als unschön empfinden, für die Spatzen und viele andere Vögel ist es ein Segen.

Es gibt zum Glück in jeder Stadt Orte, an denen Menschen und Vögel gleichermaßen zu ihrem Recht kommen. Orte, an denen sich Ordnung und natürliches Wachstum die Waage halten und die sich, über die Jahre hinweg, äußerlich kaum verändern. Zumindest auf den ersten Blick.

Regel Nr. 5 für Stadtvögelbeobachter: Geh auf den Friedhof!

Ich bin noch nie mit einem Fernglas zwischen Gräbern herumgelaufen und finde die Vorstellung zunächst auch etwas seltsam. Aber der Mülheimer Hauptfriedhof ist zum Glück weitläufig und um die Mittagszeit wenig belebt. Außerdem stellt sich schnell heraus, dass wir unsere Gläser kaum brauchen. Denn die Friedhofsvögel sind wenig scheu, als wüssten sie, dass Menschen sie hier weitgehend in Ruhe lassen; sie turnen wenige Meter von uns entfernt auf den Grabsteinen herum, die sie als Ausguck und Singpodest nutzen. Und weil das Verkehrsrauschen der Stadt weit weg ist, kann man ihre Stimmen auch gut erkennen: die silbrigen Zweisilber der Kohlmeisen, den Wassertropfenrieselgesang der Rotkehlchen, das kurz angebundene »Tschipp!« eines Buntspechts, das haarfeine Wispern eines Trupps Wintergoldhähnchen. Im Hintergrund, als Endlosschleife, der Gesang der Amseln und das Gurren der unvermeidlichen Ringeltauben.

Kretz bückt sich, hebt etwas auf: »Das ist ein Gewölle vom Waldkauz – Singdrossel! –, und in den Fichten dahinten – Zaunkönig! – brütet auch ein Sperber.« Kretz bekommt auch hier kaum einen Satz ohne Zwischenbeobachtung zu Ende, so viel zwitschert hier.

Wenn man die Augen schließt und nur auf die Vogelstimmen hört, kann man sich mitten in einen Wald versetzt fühlen. Genau das ist dieser Friedhof auch, aus Sicht der hier lebenden Vögel: eine lockere Ansammlung von Bäumen verschiedener Arten, teils nadel-, teils laubtragend. Dazwischen, und das ist wichtig, viele Lichtungen mit kurzem Rasen, niedrig wachsenden Pflanzen und beerentragendem Gebüsch.

Die meisten Menschen stellen sich unter »Wald« ja etwas ganz anderes vor: ausgedehnte, geschlossene Anpflanzungen von dicht an dicht stehenden Bäumen, im Idealfall menschenleer, dunkel und märchenhaft verwunschen. Solche Wälder sind jedoch gar nicht so natürlich, wie sie erscheinen, weil ihnen die Freiflächen fehlen, die in wirklich unberührter Wildnis immer wieder entstehen – durch Feuer oder umgestürzte Bäume, die durch Blitzeinschlag oder Altersschwäche zu Fall gebracht wurden. Städtische Grünlandschaften haben viel größere Ähnlichkeit mit den Wald-Bildern, auf die Vögel »fliegen«: weil sich in ihnen Baumgruppen, Buschwerk und Lichtungen locker abwechseln. Ob es sich bei den städtischen »Lichtungen« um fußballfeldgroße Park-Liegewiesen handelt, um Rasenstücke hinter Häuserzeilen oder bepflanzte Friedhofsgräber, kümmert die Vögel wenig. Hauptsache, es stehen drumherum und dazwischen immer wieder Bäume, je größer und älter, desto lieber. Und von dieser Art von Bäumen gibt es in den Städten heute mehr denn je.

Es gibt Veränderungen, die sich so langsam vollziehen, dass sie kaum jemand bewusst registriert. Dass Städte in letzter Zeit grüner geworden sind, habe ich schon oft gelesen. Aber mir war lange nicht klar, wie massiv dieses Grünwachstum ist und was es bewirkt hat: nämlich, unter anderem, eine Veränderung der Vogelwelt, vor allem des Artenspektrums, die womöglich tiefgreifender ist, als selbst Experten bislang bemerkt haben.

Am Tag nach meiner Exkursion mit Patrick Kretz fahre ich, wie geplant, noch einmal zu meinem früheren Elternhaus. Es liegt in Meiderich, einem Stadtteil, der vor allem durch die Stahlindustrie geprägt worden ist; er wirkt, wie der gesamte Duisburger Norden, noch immer genauso grau und trist wie damals. Trotzdem erkenne ich meine alte Heimat auf den ersten Blick kaum wieder.

Nein, das ist übertrieben: Sie sieht genauso aus wie früher, einerseits. Und doch wirkt sie anders – seltsam, verwunschen, irgendetwas zwischen märchenhaft und verstörend.

Die Siegfriedstraße selbst hat sich kaum verändert. 150 Meter Sackgasse mit breitem Wendehammer, begrenzt durch die Auffahrt der Stadtautobahn. Auf der einen Straßenseite ein einzeln stehendes Hochhaus, auf der anderen die geschlossene zweistöckige Häuserzeile mit der Nummer 43, in der unsere Mietwohnung lag. Sogar die Tür des Hauses ist noch dieselbe, durch die ich bis zu unserem Umzug 1968 Tausende Male gegangen bin. Soweit ich sehen kann, ist seit damals an den Häusern wie an der Straße kaum ein Stein verändert worden.

Nur die Landschaft drumherum ist völlig verwandelt. Sie hat nur noch entfernte Ähnlichkeit mit der, in der ich aufgewachsen bin.

Vor vier bis fünf Jahrzehnten sah es hier – nein, nicht genauso aus wie auf der Mülheimer Bodendeponie. Aber doch ähnlich übersichtlich. Vor unserer Häuserzeile die mit Trümmern bedeckte Brachfläche, dahinter das schon erwähnte Mosaik aus kleinen Gärten mit Rasen, Gemüsebeeten und einigen Büschen, die aber kaum höher wuchsen als die Teppichstangen, die damals zum Standardinventar jedes Gartens gehörten – so wie heute Sprudelsteine und Teakholz-Sitzgarnituren. Bald nach unserem Einzug wurde die Auffahrt zur Stadtautobahn aufgeschüttet, ein mächtiger Sand- und Kiesdamm, den wir als Rodelbahn und Expeditionsgelände nutzten. Bäume gab es kaum. Die höchsten Gewächse, an die ich mich erinnere, waren der Essigbaum in unserem Garten und die jungen Pappeln, mit denen unsere Nachbarn ihre Grundstücksgrenze markierten.

Die Vögel der Siegfriedstraße passten zu dieser Landschaft. Es waren die erwähnten Liebhaber kurzen Rasens, unkrautreicher Brachflächen und sonstiger »schäbbiger« Ecken: Finken, Stare, Amseln und jede Menge Spatzen. Und diese unscheinbaren, staubgrauen Vögelchen, die mir fast noch vertrauter waren, weil sie immer auf dem Boden herumtrippelten und erst wegflogen, wenn man sie fast schon greifen konnte: die Haubenlerchen.

Dass sie nicht mehr da sein würden, darauf war ich gefasst gewesen. Aber ich hatte insgeheim gehofft, zumindest ein, zwei Spatzen oder Grünfinken anzutreffen. Fehlanzeige. Auch keine Stare, nicht mal eine Amsel. Ich sehe und höre keinen einzigen der Vögel, die hier früher zu Hause waren.

Zuerst schiebe ich es auf die Tageszeit: Elf Uhr morgens ist keine günstige Zeit zum Beobachten, viele Vögel machen jetzt Sing- oder Futterpause. Außerdem ist das Rauschen der Autobahn, trotz neuer Lärmschutzwand, lauter als früher: Der Verkehr hat sich seit damals vervielfacht. Aber als ich die Hände hinter die Ohren lege, merke ich: Die Siegfriedstraße ist nicht ausgestorben; es sind durchaus noch Vögel da. Nur sind es völlig andere als damals.

In einem der Gärten hinter der Häuserzeile singt ein Rotkehlchen. Mindestens eins. Von gegenüber antwortet ein Zaunkönig. Aus einem mächtigen Ahorn neben dem Garagenhof, in dem wir früher Rollschuh gelaufen sind, tönt ein zartes Zirpen: Goldhähnchen könnten es sein oder sogar Grauschnäpper. Und gerade fliegt aus einer der Pappeln ein Eichelhäher auf. Ein Eichelhäher! Dafür hätten wir früher in den Stadtwald fahren müssen. Wie auch für die meisten anderen, die gerade singen. Es sind alles typische Waldarten. Und das ist kein Zufall.

In den fast vierzig Jahren seit unserem Auszug müssen in der Siegfriedstraße geschätzt ungefähr doppelt so viele Bäume und Büsche gepflanzt worden sein. Alle sind prächtig in die Höhe und in die Breite gewachsen. Und die Bäume, die in meiner Kindheit schon hier standen – es müssen mehr sein, als ich erinnere –, sind inzwischen zu ausladenden Riesen herangereift, fünfzehn bis zwanzig Meter hoch. Das Hochhaus, früher ein düsterer Klotz auf einer sterilen Rasenfläche, ist jetzt von Grün umhüllt wie eine vornehme Villa. Unser alter Garten, damals eine sonnige, nach allen Seiten offene Freifläche, ist von einem Dschungel aus Gebüsch und turmhoch aufgeschossenen Pappeln umgeben. Früher konnte man vom Rand der Autobahn hineinsehen, aber das geht jetzt nicht mehr, denn auch an der Böschung ist ein dichter Wald gewachsen.

In einem »richtigen« Wald wären die meisten der Ahorne, Buchen und Platanen, die den Hang begrünen, wohl schon gefällt und zu Holz verarbeitet worden. Aber hier in der Stadt dürfen sie stehen bleiben, weil sie eben zur Dekoration angepflanzt wurden und nicht, um Ertrag zu bringen. Irgendwann, wenn sie altersschwach und morsch geworden sind, wird sie jemand vorsorglich fällen, damit kein Ast auf die Straße oder den Garagenhof kracht. Aber bis dahin könnten noch Jahrzehnte vergehen. Zur Freude der Vogelwelt, genauer gesagt: eines Teils davon. Denn für die »Ureinwohner«, die Liebhaber offener Brachflächen, ist in dieser Stadtlandschaft kaum noch Platz.

Ich stelle mich auf die Mitte der Siegfriedstraße, um inmitten des üppigen Grüns ein möglichst großes Stück Himmel zu sehen. Um diese Tageszeit bin ich allein hier, bis auf ein paar Fans des MSV Duisburg, die, mit blau-weißen Schals ausgerüstet, gerade Richtung Stadion aufbrechen. Für einen kurzen Moment habe ich das Gefühl, als ob mit den Spatzen und Lerchen auch die Kinder verschwunden wären, die früher in Scharen hier spielten. Diejenigen, mit denen ich damals zum Rollschuhlaufen oder auf Baustellen-Expedition ging, sind natürlich längst flügge geworden und weggezogen. Auch von unseren früheren Nachbarn lebt keiner mehr hier. Es ist seltsam, sich an einem so vertrauten Ort so fremd zu fühlen.

Ausgerechnet in diesem Moment taucht hinter der Häuserzeile

ein Vogel auf, der mir hier noch fremder vorkommt als ich. Hätte ich nicht gestern einen derselben Art mit Patrick Kretz an der Bodendeponie gesehen – ich hätte ihn womöglich gar nicht erkannt. Greifvogelbestimmung ist eine Wissenschaft für sich, die ich nur ansatzweise beherrsche. Aber Kretz wies mich auf den typischen Jizz des Habichts hin: den auffallend langen Stoß und das typische Flugmuster, bei dem wenige flache Flügelschläge mit kurzen Segelphasen abwechseln.

Ich habe mich, glaube ich, noch nie im Leben so sehr nach einer Zeitmaschine gesehnt wie in diesem Augenblick. Wenn ich mich jetzt, nur für fünf Minuten, ein paar Jahrzehnte zurückbeamen könnte – ich würde sofort zu Nummer 43 laufen und Sturm klingeln. Ein Habicht in der Siegfriedstraße! Meine Eltern wären hin und weg vor Begeisterung. Es tut fast weh, die Freude über diese Entdeckung nicht teilen zu können, so wie früher.

Ich schaue dem Habicht nach. Er fliegt ruhig und in schnurgerader Strecke über Siegfriedstraße und Hochhaus hinweg Richtung Autobahn, wie einer, der genau weiß, wohin er will. Es sieht ganz so aus, als wäre er hier längst mehr zu Hause als ich.

Tropfenvogel und Prinzengirlitz

Mitte Juni. Es ist zurzeit so warm, dass man die halbe Nacht auf dem Balkon verbringen kann, und das tue ich auch heute. Ich höre den zwei, drei Grillen zu, die in meinem Garten zirpen, und warte auf den Tropfenvogel.

Wie er wirklich heißt, weiß ich nicht. Ich bin nicht einmal sicher, ob er ein Vogel ist, denn ich habe ihn nur einmal gehört, nicht gesehen. Aber wer anders als ein Vogel sollte solche Laute hervorbringen?

»Klöck-to-klöck, klöck-to-klöck, klöck-to-klöck.« Nicht sehr laut, aber glasklar. Wie das Geräusch von Wassertropfen, die aus großer Höhe in eine Pfütze klatschen. Und in einem strengen Rhythmus, als hätte das Tier ein Metronom im Kopf.

Drei, vier Tage ist es her, seit ich den Tropfenvogel gehört habe, nachts gegen halb elf. Natürlich habe ich versucht, seine Stimme zu identifizieren. Es gibt eine Internetsammlung von Aufnahmen so ziemlich aller Laute, die Vögel weltweit hervorbringen – xeno-canto.org heißt sie. (Man muss sich, um sie zu benutzen, nur die kleine Mühe machen, den englischen oder wissenschaftlichen Namen des jeweiligen Vogels einzugeben.) Ich habe mich, naheliegenderweise, durch alle Eulen und Käuze Europas geklickt – es gibt sonst wenige Vögel, die sich nachts hören lassen. Aber kein Ruf ähnelte auch nur entfernt dem, den ich in meinem Garten vernommen hatte.

Während ich weiter auf den Tropfenvogel warte, denke ich an den Einfarbgimpel. Den gibt es wirklich. Er ist ein Finkenvogel, der auf São Tomé lebt, einer Insel im Golf von Guinea, Westafrika. Vor ein paar Tagen habe ich zum ersten Mal überhaupt von ihm gelesen, in einer Meldung, die mich sofort an den Elfenbeinspecht erinnerte. Der Einfarbgimpel, auch Thomas-Dickschnabel-Weber genannt, gehört nämlich ebenfalls zu den seltensten Vögeln der Erde. Es gibt von ihm nur noch geschätzte fünfzig Exemplare, die ausschließlich auf São Tomé leben. 1888 wurde er entdeckt, blieb danach aber gleich für hundert Jahre verschollen, wurde 1991 wieder gesichtet und einige Zeit darauf auch fotografiert. Erst kürzlich gelang es Ornithologen, einige Exemplare mittels Netzen zu fangen und mithilfe von DNA-Proben genau zu bestimmen. Es steht jetzt fest, dass der Einfarbgimpel kein Fink ist, wie bislang vermutet, sondern ein enger Verwandter des Kanarienvogels.

Diese Erkenntnis finde ich jetzt, bei allem Respekt für die ornithologische Forschung, nicht so sensationell. Was mich aber fasziniert, ist, dass dieser Vogel es geschafft hat, sich über ein Jahrhundert lang den Blicken von Menschen zu entziehen. Zugegeben, er ist nicht sehr auffällig – etwa starengroß, das Gefieder dunkelbraun wie Baumrinde. Außerdem lebt er in den Baumkronen eines schwer zugänglichen Regenwalds, der zudem auf einer der regenreichsten Inseln der Welt liegt. Aber wie viele Vogelliebhaber mögen trotz allem versucht haben, ihn zu sehen? Sicher nicht wenige. Ein solch seltener, womöglich verschollener Vogel ist ein »Big Point« auf jeder Beobachtungsliste. Ein Fünf-Sterne-Vogel sozusagen.

Der Fall des Einfarbgimpels macht mir Hoffnung, dass auch der Elfenbeinspecht eines Tages wieder auftauchen wird. Immerhin ist der *Lord God Bird* »erst« seit etwas über siebzig Jahren verschwunden.

Die Nacht ist still, kein Tropfen zu hören. Wenn ich jemals Gelegenheit bekäme, ein eigenes Vogelbestimmungsbuch zu verfassen, dann würde ich ein neues Unterscheidungsmerkmal einführen. Ich würde die Kategorie »selten« und »häufig« durch eine mehrstufige Skala ergänzen, die von »unübersehbar« bis »unsichtbar« reicht. Es gibt vergleichsweise seltene Vögel, die wunderbar auffällig sind – wie etwa der Silberreiher, ein Zuwanderer aus dem Süden, der noch vor wenigen Jahren als absolute Ausnahmeerscheinung galt. Er gehört zu denen, die man von der Autobahn aus im Vorbeifahren identifizieren kann, selbst bei diesigem Wetter, weil er sich durch seine Größe und sein leuchtend weißes Gefieder von jeder Umgebung abhebt. Der türkisblaue Eisvogel fällt auch in diese Kategorie, allerdings kann man ihn selten von der Autobahn aus beobachten.

Dann gibt es Vögel wie den Grauschnäpper, der mit mindestens 185 000 Brutpaaren zu den häufigen Vögeln zählt, aber trotzdem ständig übersehen wird – weil er klein und grau ist und sein Gesang nur aus einer Reihe einsilbiger Zirplaute besteht. Zuletzt habe ich während des Vogelstimmenseminars einen gesehen, aber auch nur, weil er sein Nest sehr auffällig auf einem Briefkasten platziert hatte.

Ein Sonderfall in puncto Sichtbarkeit sind Vögel, die man so gut wie nie sieht, aber anhand ihrer markanten Stimme auf Anhieb erkennen kann. Wie die meisten Eulen und Käuze, wie Sumpfhühner und Rohrsänger, die sich nur selten aus ihren Verstecken im dichten Röhricht herausbewegen. Womöglich gehört auch der »Tropfenvogel« in diese Kategorie. Wenn ich ihn wenigstens einem bestimmten Biotop zuordnen könnte! Die Angabe »Dorfstraße, nachts um halb elf« hilft leider nicht weiter. Vermutlich ist er nur zufällig hier gelandet, weil er auf der Durchreise war. Aber wohin?

Manchmal beschleicht mich der Verdacht, dass Vögel selbst entscheiden, wann und wem sie sich zeigen. Das ist ein etwas esoterischer (und nicht ganz ernsthafter) Gedanke, aber ich bin nicht die Erste, die darauf gekommen ist. Der Vogelstimmenexperte Uwe Westphal erzählte mir von einer Exkursion ins Donaudelta, bei der er tagelang vergebens nach einer Zwergdommel Ausschau hielt – einem Schilfbewohner mit maximaler Punktzahl auf der Seltenheits- wie auf der Unsichtbarkeitsskala. Trotz ausgedehnter Suche und ortskundiger Führung blieb sie ihm verborgen. In einer der letzten Nächte seines Aufenthalts, als er die Hoffnung schon fast aufgegeben hatte, träumte er von ihr. Stand am nächsten Morgen zeitig auf, machte sich allein auf den Weg – und entdeckte sie schon nach wenigen Minuten, bestens sichtbar am Rand eines Schilfgürtels. Zufall? Sicher. Aber wundern darf man sich schon darüber.

Vor einigen Tagen hatte ich auch so ein Vogelerlebnis der wundersamen Art. Ich stand, nicht weit von unserem Dorf, am Rand eines kleinen Feuchtgebiets. Und sah, etwa dreihundert Meter entfernt, einen Greifvogel in einem Busch sitzen – ein Sperber, wie der Blick durchs Fernglas zeigte. Die meisten Greifvögel haben auf der Sichtbarkeitsskala eine Art Jokerstatus, weil sie einfach und zugleich schwer zu sehen sind: einfach, weil sie vor allem im Flug durch ihre Größe und ihre markante Gestalt sofort auffallen. Schwer, weil sie sich oft nur wenige Sekunden lang zeigen. Sperber, Habichte und auch Falken haben ausgedehnte Jagdreviere, die sie zügig durchstreifen; wenn sie sich niederlassen, dann oft an geschützten Stellen, wo man sie schwer entdecken kann. Außerdem sind viele ziemlich scheu, was unter anderem damit zu tun hat, dass sie auch bei uns lange erbarmungslos (und völlig legal) gejagt wurden.

Ich hockte mich vorsichtig auf den Boden, um den Vogel nicht zu aufzuscheuchen. Zu spät. Er hatte mich bereits gesehen und flog auf. Aber nicht etwa fort, sondern geradewegs auf mich zu. Etwa fünfzig Meter vor mir ließ er sich etwas herabsinken; einen Sekundenbruchteil lang dachte ich, er wollte auf mich niederstoßen. Doch er segelte nur über mich hinweg, knapp zwei Meter über meinem Kopf. Als wollte er sagen: Ich sehe dich, und ich sehe, dass du mich siehst. Aber ich habe nichts dagegen.

MÄUSEBUSSARD UND ROTMILAN

KAPITEL 8

Überflieger auf Kollisionskurs

Warum Rotmilan und Mäusebussard durch Windkraft gefährdet sind

Es kommt nicht oft vor, dass mein Mann mich auf einen Vogel aufmerksam macht. Aber neulich rief er quer durchs Haus, ich solle unbedingt schnell kommen, da kreise gerade etwas ganz Großes über dem Garten.

Ich war zum Glück schnell genug draußen, um den Vogel noch zu sehen. Er stand fast in der Luft, die mächtigen, schnittig geformten Flügel mindestens anderthalb Meter weit gespannt, beinahe regungslos. Nur der lange, leicht gegabelte und rostrot schimmernde Schwanz drehte sich unablässig hin und her, wie das Steuerruder eines Bootes.

Greifvögel haben eine Ausstrahlung, die auch weniger vogelinteressierte Menschen in ihren Bann zieht. Und der Rotmilan ist, selbst innerhalb seiner an faszinierenden Typen reichen Großfamilie, so etwas wie ein A-Promi. Das liegt zum einen daran, dass er eine markante Erscheinung ist, selbst mit bloßem Auge meist leicht zu bestimmen. Aber seine Bekanntheit hat auch noch einen anderen, weniger erfreulichen Grund. Seit einigen Jahren begegne ich dem Rotmilan häufiger beim Zeitungslesen und Internetsurfen als draußen in der Natur. Denn der Vogel ist zum Symboltier eines sich zusehends verschärfenden politischen Konflikts geworden – zwischen Befürwortern und Gegnern eines schnellen Ausbaus der Windenergie.

Dass Vögel Gefahr laufen, von Windrädern erschlagen zu werden, ist schon länger bekannt. Aber bis heute wird gestritten, wie groß diese Gefahr ist und ob manche Arten davon wirklich in ihrer Existenz bedroht sind. Auf den Webseiten mancher Anti-Windkraft-Bürgerinitiativen werden die Rotoren als »Vogelschredder« bezeichnet, vor denen nichts sicher sei, was sich im Luftraum bewegt, Vögel ebenso wenig wie Fledermäuse. Sieht man sich bei der Gegenseite um, der Windkraftindustrie und ihren politischen Unterstützern, so liest man von »Panikmache« und von »vorgeschobenen Naturschutz-Argumenten«. Meist verbunden mit dem Hinweis, dass der Klimawandel die größte Bedrohung für die Artenvielfalt darstelle und ein paar Schlagopfer daneben kaum ins Gewicht fielen.

Der Name des Rotmilans fällt in fast allen Auseinandersetzungen, vor allem dann, wenn sich Betreiber und Gegner einer geplanten Anlage vor Gericht treffen. Denn der Rotmilan zählt zu den besonders streng geschützten, »planungsrelevanten« Arten, deren Anwesenheit ein Bauprojekt nicht nur verzögern, sondern auch verhindern kann. Das hat seinen Grund. Zwar ist der Rotmilan noch vergleichsweise häufig; es gibt weltweit etwa 19 000 bis 25 000 Paare. Diese leben aber ausschließlich in Europa und mehr als die Hälfte davon in Deutschland. Weshalb unser Land eine besondere Verantwortung für sie hat: Käme eine erhebliche Zahl von Rotmilanen durch Windräder um, könnte das Überleben der gesamten Art auf dem Spiel stehen. Und dass gerade Rotmilane besonders kollisionsgefährdet sind, ahnt jeder, der sie gelegentlich in freier Natur beobachtet: Sie segeln auf großer Höhe, genau dort, wo die Rotoren sich drehen. Und da sie bei der Futtersuche weite Strecken zurücklegen, geraten sie oft auch dann in die Nähe von Anlagen, wenn ihr Horst weit entfernt davon liegt.

Bis zum Jahr 2050 soll Windkraft die Hälfte des Stromverbrauchs in Deutschland decken. So las ich es in einer Pressemitteilung des Bundesumweltministeriums. Dafür müssten Zehntausende neuer Windräder installiert werden. Die Frage ist, ob der Rotmilan das überleben wird. Und nicht nur er. Es gibt ja noch andere Vögel, die hoch fliegen und große Distanzen zurücklegen – nicht nur bei der Futtersuche.

Wenn ich einen Storch über mir segeln sehe oder eine Reihe von Kranichen, die im Frühjahr oder Herbst über meinen Garten ziehen, dann frage ich mich oft, ob sie wohl aufmerksam genug sind, den Rotoren auf ihrer Flugstrecke auszuweichen. Ich denke an die über sechzig Windräder, die sich bereits jetzt in unserem Landkreis drehen. Es sind im Vergleich zu anderen Regionen Norddeutschlands noch relativ wenige. Wenn ich nach Berlin fahre oder an der schleswig-holsteinischen Nordseeküste entlang, dann passiere ich unterwegs kilometerlange Spaliere von weißen »Spargeln«; man kann auf weite Strecken nirgends zum Horizont schauen, ohne irgendwo etwas zu erblicken, das sich dreht.

Es ist nicht so, dass mich der Anblick grundsätzlich stört. Ich bin eine vehemente Befürworterin der Energiewende, war es schon, als die drohende Erderwärmung außerhalb der Umweltbewegung noch ein Randthema war. Wer wie ich im Ruhrgebiet der 1960er-Jahre aufgewachsen ist und sein halbes Leben in verkehrsreichen Großstädten verbracht hat, dem muss niemand erzählen, wie sich das Verfeuern fossiler Brennstoffe auf Umwelt, Gesundheit und Lebensqualität auswirkt. Und was der schneller als erwartet einsetzende Klimawandel bereits jetzt überall auf der Welt anrichtet, lese ich täglich in den Nachrichten. Wirbelstürme, Überschwemmungen, Dürren, ausgebleichte Korallenriffe, galoppierendes Artensterben: lauter schlagende Argumente für ein beschleunigtes Umsteuern in der Energiepolitik, natürlich auch für den Ausbau der Windkraft.

Aber müssen wir dafür wirklich den Rotmilan opfern, womöglich noch andere, schon jetzt bedrängte Arten? Kann man ökologische Bedenken gegen den Windkraftausbau einfach so vom Tisch wischen? Wäre es nicht möglich, beides zu verbinden – die Energiewende und den Schutz der Natur?

Es gibt einen Mann, der sich mit dieser Frage so gründlich auseinandergesetzt hat wie nur wenige. Oliver Krüger ist Greifvogelexperte, Professor für Verhaltensforschung an der Universität Bielefeld, und er ist Mitautor einer der ersten Studien, die sich ausführlich mit den ökologischen Folgen des Windkraftausbaus befasst. »Ermittlung der Kollisionsrate von Vögeln und Schaffung planungsbezogener Grundlagen für die Prognose und Bewertung des Kollisionsrisikos durch Windenergieanlagen« – so lautet ihr vollständiger Titel; frei abgekürzt: PROGRESS. Zehn Autoren haben federführend daran mitgewirkt, darunter, neben Krüger und einer Kollegin von der Bielefelder Uni, Experten des Instituts für Angewandte Ökosystemforschung (IfAÖ), der Arbeitsgruppe für regionale Struktur- und Umweltforschung sowie des Gutachterbüros Bio-Consult.

Ich bin nach Bielefeld gefahren, um Krüger zu den Ergebnissen der PROGRESS-Studie zu befragen, vor allem natürlich zu denen, die den Rotmilan betreffen. Gleich nach der Ankunft aber geschieht etwas, auf das man als Reporterin immer gefasst sein muss oder, besser gesagt, sein darf: Dass einem das Thema der Recherche zunächst aus dem Blick gerät, weil sich ein anderes davorschiebt. Eines, das nicht nur genauso spannend ist, sondern sich im Nachhinein auch als wichtig erweist, um Antworten auf die Ausgangsfrage zu finden: welche Vögel durch den Ausbau der Windenergie besonders gefährdet sind und wie es gelingen könnte, sie zu schützen.

Ja, sagt Oliver Krüger, natürlich könnten wir über PROGRESS reden. Aber sein wissenschaftliches Hauptthema sei eigentlich ein anderes: Seit vielen Jahren erforsche er Lebensläufe und Überlebensstrategien von Mäusebussarden. Ob ich Lust hätte, ihn auf eine Exkursion zur Beringung von Jungvögeln zu begleiten?

Natürlich habe ich Lust. So oft hat man ja nicht Gelegenheit, Feldforschung hautnah mitzuerleben. Trotzdem bin ich zunächst – nein, enttäuscht wäre übertrieben. Aber ich gebe zu, dass Mäusebussarde bislang nicht zu den Vögeln gehörten, die mich besonders faszinieren. Sie sind, obwohl Greifvögel, eine Allerweltsart; eine der ersten, die man als Beobachtungsanfängerin kennenlernt. Denn sie machen es einem leicht, sie zu entdecken und zu bestimmen – nicht nur, weil sie um ein Vielfaches häufiger sind als alle anderen Greifvögel, Rotmilane eingeschlossen, sondern auch, weil sie nicht zu den schnellen, heimlichen Jägern zählen wie etwa Habichte, Sperber und die meisten Falken. »Himmelslappen« nannte sie mein Vater, und ich finde immer noch, dass der Name gut passt: diese bräsige Art, wie sie am Himmel ihre Kreise ziehen, mit ihren gerundeten, wenig markanten Flügeln, die sie, wenn überhaupt, nur gemächlich auf und ab bewegen. Wenn die Thermik zum Segeln fehlt, sitzen sie meist stocksteif und weithin sichtbar auf Bäumen, Telegrafenpfosten oder Laternen. Meine Eltern vertraten früher die Theorie, dass Bussarde bei Straßenverkehrsämtern als Wachposten angestellt wären, weil sie häufig auf Bäumen, Schildern und Laternenpfosten am Rand von Autobahnen und Bundesstraßen hocken. Ich finde diese – leider bislang nicht bewiesene – Theorie nach wie vor schöner als die naheliegende biologische Erklärung: dass Mäusebussarde, als geborene Aasfresser, auf die Überreste totgefahrener Tiere lauern.

Dass sie so sichtbar und so häufig sind, mag Mäusebussarde aus Beobachtersicht weniger interessant erscheinen lassen. Aber genau diese Eigenschaften prädestinieren sie für eine Karriere als Forschungsobjekt.

Oliver Krüger, geboren 1975 bei Bielefeld, hat seine Leidenschaft für Mäusebussarde schon während der Schulzeit entdeckt. Und weil er die Vögel von Anfang an nicht nur beobachten, sondern systematisch kennenlernen wollte, hat er sie regelmäßig verfolgt. Ging nach der Schule mit Fernglas und Notizbuch in die nahegelegenen Wälder, um ihre Horste aufzuspüren, zu notieren, in welchem Junge geschlüpft waren und wie viele davon am Ende flügge wurden. Schon damals stellte er sich die Fragen, die bis heute im Zentrum seiner Forschung stehen.

Warum zieht dieses Paar Jahr für Jahr zwei bis drei Küken groß, während bei einem anderen nie eines schlüpft? Warum brüten einige Paare regelmäßig Wochen, ja Monate später als andere? Weshalb errichten die einen ihren Horst in der Nähe einer Schnellstraße, während andere sich lieber mitten in den Wald zurückziehen? Und warum sehen die Vögel äußerlich so verschieden aus, obwohl sie zu einer Art, sogar zu einer Familie gehören? Alle Bussardarten – es gibt weltweit 29, in Europa leben fünf davon – haben nämlich die merkwürdige Eigenschaft, verschiedene Farbvarianten hervorzubringen, »Morphen« sagen Ornithologen dazu. Es gibt dunkelbraune Vögel, hellbraune, nahezu ganz weiße sowie solche, die farblich etwa in der Mitte liegen. Zwar bevorzugen die meisten Vögel gleich dunkle oder helle Partner, doch es gibt auch viele »Mischehen«.

Was ist der biologische Sinn dieser Farbenspiele? Verbinden sich mit der äußeren Erscheinung noch andere Eigenarten, etwa des Temperaments oder Sozialverhaltens?

Die Suche nach Antworten auf diese Fragen führte Krüger zwangsläufig zu einer anderen, grundsätzlicheren Überlegung: ob es unter Tieren so etwas wie Persönlichkeit gibt, also klar erkennbare Charaktereigenschaften, die während des gesamten Lebens konstant bleiben. Lange hat die Verhaltensforschung das kategorisch verneint. Persönlichkeit galt als exklusiv menschliches Merkmal; Tiere wurden als Instinktwesen gesehen, deren Verhalten allein durch Umweltreize gesteuert wird und sich diesen immer wieder flexibel anpasst. Neuere Forschungen jedoch erschüttern diese Auffassung. Denn sie bestätigen, was etwa Hunde- und Katzenfreunde, aber auch Nutztierhalter schon immer ahnten: Tiere sind Individuen, mit unveränderlichen Charaktermerkmalen, Attitüden und Schrullen. Dies gilt ausdrücklich nicht nur für gezähmte Lebewesen, deren Sozialverhalten durch Züchtung und langes Zusammenleben mit Menschen geprägt worden ist. Sondern auch für frei lebende Wildtiere. Belege dafür liefern Studien an so unterschiedlichen Spezies wie Pavianen, Rentieren, Kohlmeisen, Oktopussen und Stichlingen. Selbst unter so unscheinbaren Wesen wie Einsiedlerkrebsen, Wasserläufern und sogar Blattläusen haben Wissenschaftler ausgeprägte Typen entdeckt, die in Testsituationen immer wieder das gleiche individuelle Verhaltensmuster zeigen: etwa Neugier oder Schüchternheit, aggressives Draufgängertum oder bedächtige Konfliktvermeidung.

Diese Ergebnisse sind nicht nur verblüffend, sie regen Forscher auch an, Tiere noch einmal mit grundsätzlich neuem Blick zu betrachten. Darüber nachzudenken, was sie eigentlich von uns unterscheidet – oder eben nicht. Welchen biologischen Sinn hat es, Persönlichkeit zu besitzen – für das Individuum, aber auch die gesamte Art? Wäre es nicht »vernünftiger«, Tiere wären in ihrem Verhalten völlig flexibel, je nachdem, was die Situation erfordert? Bleiben Tierpersönlichkeiten wirklich über eine ganze Lebensspanne hinweg konstant? Und wie reagiert eine ganze Population mit ihrem Sortiment verschiedener Charaktere auf gravierende Veränderungen in der Umgebung?

Die letzten beiden Fragen erscheinen vor dem Hintergrund der aktuellen Windkraftdebatte besonders dringlich. Aber selbst Oliver Krüger hat darauf noch keine letztgültigen Antworten. Das liegt an der speziellen Natur der Tiere, mit denen er sich beschäftigt. Greifvögel werden vergleichsweise alt. Wer ihre Biografien verfolgen will, hat also selbst mehr oder weniger eine Lebensaufgabe vor sich.

Die ältesten »Teilnehmer« in Oliver Krügers Langzeitstudie sind über zwanzig Jahre alt. Krüger weiß das, weil er sie als Küken selbst beringt hat. Vor dreißig Jahren hat er begonnen, die Bussard-Community rund um Bielefeld systematisch zu erforschen und die anderen dort lebenden Greifvögel gleich mit. Das Untersuchungsgebiet ist gut bestückt, denn die Landschaft hier sieht so aus, wie Mäuse- und andere Kleinwildjäger sie mögen: viele kleine Waldstücke, umgeben von relativ strukturreichen Äckern und Wiesen. Auf rund dreihundert Quadratkilometern zählen die Bielefelder Forscher zurzeit 267 Bussard-, 22 Habicht- und 8 Rotmilanpaare.

Die Brutsaison ist jetzt, Mitte Juni, schon fortgeschritten; die meisten Küken, die in diesem Jahr geschlüpft sind, stehen kurz vor dem Abflug. Krüger und sein Team haben einen Großteil bereits in Augenschein genommen und »erkennungsdienstlich behandelt«, was natürlich nur geht, solange die Vögel noch nicht flügge sind. An diesem Tag soll ein halbes Dutzend Nester mit Nachzüglern inspiziert werden.

Schon nach den ersten zwanzig Minuten begreife ich, weshalb

die meisten Verhaltensforscher lieber mit Kohlmeisen, Blattläusen oder Einsiedlerkrebsen arbeiten. Bei so kleinen, handlichen Tieren lässt sich ein kompletter Nachwuchsjahrgang bequem an zwei, drei Arbeitstagen erfassen: Nistkasten, Laborbox oder Aquarium auf, Tierchen zählen, testen, markieren, wieder zu und fertig. Bei Bussarden ist das komplizierter. Denn sie sind nicht nur groß und wehrhaft, sondern errichten ihre Horste auch noch in Baumkronen zwischen fünf und dreißig Metern Höhe. Man braucht, um sie zu erreichen, eine Kletterausrüstung und einen Assistenten. Das Prozedere: Seilende mit Katapult hochschießen und über Astgabel werfen (klappt selten beim ersten Versuch), Seilende an einem der umstehenden Stämme fixieren, dann den Stamm des Nestbaums hochhangeln, erstes Bussardküken aufnehmen, in einen Transportbeutel packen, herunterlassen. Das zweite bleibt zunächst noch im Horst sitzen, denn die Behandlung am Boden erfordert alle verfügbaren Hände: Küken auspacken, messen, wiegen, Blut abnehmen für DNA-Analysen, Ring am Fuß und Erkennungsmarke am Flügel befestigen, Küken wieder in den Beutel packen, hochziehen, zurück ins Nest setzen. Dann das nächste Küken holen, gleiche Prozedur. Dauer: eine gute halbe Stunde. Und damit hat man nur einen Horstbaum geschafft.

»Man muss schon ein Stück blöd sein, um an Bussarden zu forschen«, sagt Krüger mit fröhlichem Grinsen.

Ein Umstand zumindest erleichtert die Arbeit: Die Küken lassen die Behandlung lammfrom über sich ergehen, weil die Natur sie darauf programmiert hat, sich in Gefahrensituationen möglichst still zu verhalten. Man muss also nicht befürchten, dass sie zur Abwehr ihre Schnäbel und Krallen einsetzen, die schon im zarten Alter von zwei, drei Wochen ziemlich gefährlich aussehen. So komme auch ich dazu, zum ersten Mal im Leben einen leibhaftigen Mäusebussard in die Hände zu nehmen – ich brauche dazu beide, denn das Küken ist bereits so groß wie ein kleines Haushuhn. Es fühlt sich warm, flauschig und sehr lebendig an. Die Berührung durch mich und die Forscher schadet ihm übrigens nicht; seine Eltern, die das Geschehen aus sicherer Entfernung mit leisen Protestschreien begleiten, werden es nach der Rückkehr in den Horst ohne Vorbehalte wieder annehmen.

Die Lebensdaten dieses Kükens – und noch sechs weiterer, die an diesem Vormittag vermessen und markiert werden – gehen ein in einen Fundus, der mittlerweile so umfangreich sein dürfte wie das Personenstandsregister einer Kleinstadt. Die signalgelbe Flügelmarke – die übrigens weder schmerzt noch im Flug behindert – wirkt wie ein Personalausweis; die schwarze Buchstaben-Zahlen-Kombination darauf wird später mithilfe eines Fernglases auch von Weitem ablesbar sein.

Der Vergleich mit der Kleinstadt fällt mir noch öfter ein, während Krüger von seinen Bussarden erzählt. Denn in dem Forschungsrevier rund um Bielefeld gibt es, wie in jeder menschlichen Siedlung, soziale Unterschiede, gute und schlechte Wohnlagen, sogar verschiedene »Berufe«. Manche Küken werden »mit dem goldenen Löffel im Mund geboren«, wie der Verhaltensforscher es nennt: Ihre Eltern verfügen über ergiebige Reviere und entlassen fast jedes Jahr zwei bis drei gesunde, robuste Nachkommen aus dem Nest. Dieser Lebenserfolg setzt sich meist auch in der nächsten Generation fort. Umgekehrt gibt es Paare, deren Nachwuchs fast nie überlebt. Und wenn doch, tut er sich ähnlich schwer mit der Fortpflanzung wie seine Eltern.

Es gibt Bussarde, die ihren natürlichen Hauptjob, das Mäusejagen, teilweise aufgeben und sich auf das Einsammeln verendeter Fische spezialisieren, weil es in der Nähe ihrer Horste gut bestückte Teiche gibt. Andere leisten lieber Wachdienst an der Autobahn, weil sie dort, O-Ton Krüger, »ihr Gulasch frisch serviert kriegen«. Zwar leben diese Vögel gefährlicher und meist auch kürzer, weil sie beim Fressen nicht immer auf den Verkehr achten. Diesen Nachteil aber, darauf deuten ihre Lebensdaten hin, gleichen sie womöglich zumindest teilweise aus – indem sie auch in Zeiten, in denen Artgenossen aufgrund schlechten Mäuseangebots ihre Bruten aufgeben müssen, erfolgreich Nachwuchs aufziehen.

Vieles lässt darauf schließen, dass eine Population mit einem breiten Spektrum unterschiedlicher Typen insgesamt stabiler ist. Ein Indiz dafür: die Unterschiede zwischen den »Farbmorphen«, die nicht nur äußerlich sind. Helle Vögel sind aggressiver, häufiger siegreich in Konkurrenzkämpfen und weniger anfällig gegen bestimmte Parasiten. Außerdem brüten sie früher, was ihren Jungen vor allem bei nachfolgenden strengen Wintern einen Überlebensvorteil verschafft. Aber auch die dunklen, friedfertigeren behaupten sich: Sie sind weniger anfällig für Vogelmalaria. Und dass sie später brüten, ist neuerdings auch kein Handicap mehr – dank einer gravierenden Umweltveränderung. Weil die Winter klimawandelbedingt milder geworden sind, kommen immer mehr Nachzügler erfolgreich durch diese Zeit. Manche verbringen die nicht mehr ganz so kalte Saison sogar noch bei ihren Eltern – eine Gewohnheit, die einen klaren Bruch mit gewachsenen Mäusebussard-Traditionen darstellt.

Der langfristige Blick auf die ostwestfälische Bussardpopulation zeigt: Sie gedeiht nicht nur, sie wächst auch. Seit Beginn der systematischen Beobachtungen durch Krüger und sein Team ist die Gesamtzahl der Vögel im Revier langsam, aber stetig gestiegen. Und das, obwohl mehrere Kältewinter, wie 1996 und 2011, viele Opfer gefordert haben.

Diese erfreuliche Entwicklung ist nicht nur in Bielefeld zu beobachten und nicht nur bei Bussarden, sondern bei vielen anderen Greifvogelarten. Sie hat freilich keinen biologischen, sondern einen menschengemachten Grund: 1970 wurde die Jagd auf »Raubvögel«, wie sie damals noch genannt wurden, gesetzlich verboten, gegen den erbitterten Widerstand vor allem von Jägern und Taubenzüchtern. Danach begannen die Bestände, sich allmählich zu erholen. Allmählich deshalb, weil Greifvögel, wie alle langlebigen Tiere, spät mit der Fortpflanzung beginnen, oft erst mit drei oder vier Jahren. Und sie ziehen, anders als viele Singvögel, selten mehr als zwei Küken pro Brutsaison auf; einige Adler- und Geierarten beschränken sich sogar auf eines alle zwei Jahre. Deshalb zeigt sich der Effekt von Schutzmaßnahmen immer erst mit einiger Verspätung.

Zurzeit leben allein in Nordrhein-Westfalen an die 12 000 Mäusebussard-Paare; seit 1967 hat sich der Bestand etwa verdreifacht. Bei anderen Greifvögeln sieht es ähnlich oder sogar noch besser aus: Die Zahl der Sperber-Reviere hat sich deutschlandweit im gleichen Zeitraum verdoppelt bis verzehnfacht, auf bis zu 16 500. Der Rotmilan, der um die Wende zum 20. Jahrhundert am Abgrund stand, hat sich bis 1980 wieder auf mindestens 12 000 Paare erholt, und selbst seltene Arten wie Fisch- und Seeadler verzeichnen seit den 1950er-Jahren ein starkes Bevölkerungswachstum: von plus/minus hundert auf über fünfhundert Paare.

Die Zahlen sind beeindruckend, aber auch trügerisch. Weil ihr Anstieg meist auf extrem niedrigem Niveau begonnen hat – was, wie schon gesagt, an der zuvor gnadenlosen Bejagung und der Vergiftung mit dem Insektizid DDT lag, die gerade Greifvögel über Jahrzehnte empfindlich dezimiert haben. Es würde Jahrzehnte dauern, bis Bussard, Falke, Adler, Sperber & Co. wieder so zahlreich am Himmel über Deutschland segeln wie zu den – lange zurückliegenden – Zeiten, als sie von Menschen noch weitgehend unbehelligt blieben. Der ohnehin langsame Anstieg wird außerdem durch mehrere Faktoren zusätzlich gebremst: durch Verkehrsunfälle, denen vor allem die Aasjäger Bussard und Rotmilan zum Opfer fallen, durch das schlechtere Futterangebot in einer zunehmend monotonen Agrarlandschaft und durch Unbelehrbare, die vor allem dem Taubenjäger Habicht nachstellen – mit Fallen und Giftködern.

Seit einigen Jahren kommt ein weiterer Risikofaktor dazu. Er könnte schlimmstenfalls dazu führen, dass eine der größten Erfolgsgeschichten des Vogelschutzes in Deutschland ihr Ende findet. Denn der Ausbau der Windkraft ist vor allem ein Problem für die langlebigen Vögel mit wenigen Nachkommen. Also Greifvögel wie Rotmilan und Mäusebussard.

Das ist eines der wichtigsten und zugleich bedrückendsten Ergebnisse der Studie, die Oliver Krüger insgesamt über vier Jahre lang beschäftigt hat. Nach unserer gemeinsamen Beringungsexkursion nahm er sich mehrere Stunden Zeit, sie mir zu erläutern. Und ich merkte dabei wieder einmal, was für einen unfassbaren Aufwand Wissenschaft betreiben muss, um ein paar gesicherte Erkenntnisse zu gewinnen.

Wie viele Vögel kommen durch Windräder um, und welche? Eine exakte Antwort auf diese Frage ist sehr schwierig, weil alle Daten auf Schätzungen beruhen; diese wiederum sind mit einer Reihe von Annahmen verbunden, die sich nicht lückenlos überprüfen lassen.

Das beginnt bei der Suche nach Schlagopfern. Schon der Einzugsbereich einer einzelnen Anlage – also die Fläche, auf der zumindest der Großteil nach Kollisionen abgestürzter Vögel landet – ist mehrere Hektar groß. Selbst wenn man diese Fläche über Wochen und Monate systematisch inspizierte, würde man nicht alle Schlagopfer finden. Weil einige schon kurz nach dem Absturz von Aasfressern verschleppt werden, andere im Gebüsch oder in Getreidefeldern landen, wo sie unauffindbar sind. Zudem hängt die »Schlagzahl« eines Windrads natürlich davon ab, welche und wie viele Vögel in seiner Umgebung überhaupt vorkommen.

Die Planer der PROGRESS-Studie haben versucht, zumindest zu einer verlässlichen Hochrechnung der Opferzahlen zu kommen. Als Versuchsanlagen wählten sie 46 Windparks aus, die auf ebenem, übersichtlichem Gelände stehen, und zwar in den vier norddeutschen Bundesländern Niedersachsen, Schleswig-Holstein, Mecklenburg-Vorpommern und Brandenburg. Dort werden zurzeit 42 Prozent des gesamten deutschen Windstroms produziert.

Innerhalb eines hundert Meter großen Kreises um jede Anlage wurden Suchstrecken festgelegt, die über drei Monate hinweg jeweils einmal pro Woche abgelaufen wurden – ausschließlich im Frühjahr oder Herbst, wenn die Vegetation niedrig oder abgemäht war. Die Suchteams verzeichneten nicht nur die tot aufgefundenen Vögel, sondern notierten auch Zahl und Art der lebenden, die sie unterwegs beobachteten.

Um auch die Dunkelziffer der übersehenen oder verschleppten Vögel annähernd zu ermitteln, ließen die Forscher entlang der

Suchstrecken zusätzlich Vogelkadaver auslegen – von Straßenverkehrsopfern verschiedener Arten. Anschließend hielten sie fest, wie viele der ausgelegten Vögel (deren Position natürlich genau notiert worden war) später von den Suchteams entdeckt wurden. Dabei zeigte sich, dass kleine, unauffällige Arten wie etwa die Feldlerche selbst bei systematischer Suche nur jedes zweite Mal entdeckt wurden, bei größeren Arten entging den Suchern immerhin noch ein gutes Drittel der Opfer.

Insgesamt spürten die PROGRESS-Teams 291 »echte« Schlagopfer auf – in allen 46 Windparks, an 646 Tagen innerhalb des dreijährigen Untersuchungszeitraums. Diese Fundzahl wirkt auf Anhieb ziemlich überschaubar, wenn man bedenkt, dass die Sucher auf den Windparkflächen insgesamt 7672 Kilometer zu Fuß zurücklegten. Tatsächlich relativiert die Studie das Schreckbild von den angeblichen »Vogelschreddern«: Kollisionen zwischen Vögeln und Windrädern sind, statistisch gesehen, »hochgradig seltene Ereignisse«, so Krüger.

Das ist die gute Nachricht, die sich aus den Daten der PROGRESS-Studie ergibt. Und es ist nicht die einzige.

Die Liste der Opfer zeigt nämlich auch, dass nur wenige Vogelarten durch Windkraft gravierend gefährdet sind. Viele erkennen die Rotoren rechtzeitig als Hindernisse und weichen ihnen weiträumig aus. Das gilt zum Beispiel für Gänse, die häufig im Umkreis der Versuchsanlagen gesichtet wurden, aber kaum unter den Schlagopfern auftauchten. Auch Kraniche, Schwäne und viele Singvögel umfliegen die Windräder meist, Rabenvögel sowieso, weil sie »Checker« sind, wie Krüger es nennt: zu intelligent, um einem rotierenden Riesenquirl nicht auf Anhieb anzusehen, wie gefährlich er ist.

Weitgehende Entwarnung gibt die PROGRESS-Studie auch für Zugvögel. Die Millionen, die im Frühjahr und Herbst auf breiter Front vor allem nachts die norddeutsche Tiefebene überqueren, hinterlassen kaum Spuren in der Statistik der Opfer.

Die Fundzahlen zeigen aber auch: Es gibt unter den 57 Arten, die während der Studie im Umfeld der Windparks beobachtet wurden, eine Handvoll ausgesprochener »Pechvögel«, die überdurchschnittlich häufig zu Tode kommen. Bei diesen Arten und Artengruppen beobachteten die PROGRESS-Mitarbeiter ein fehlendes Ausweichverhalten; die Vögel nehmen die Rotoren offenbar nicht als Gefahrenquelle wahr.

An der Spitze dieser Pechvogelstatistik steht die Ringeltaube, von der 41 erschlagene Exemplare gefunden wurden – mehr als von jeder anderen Vogelart. Auf Platz zwei folgt die Stockente, mit 39 Opfern. Auf Platz drei steht der Mäusebussard: 25 Opfer. Und das ist eindeutig eine schlechte Nachricht – denn es ist durchaus entscheidend, zu welcher Art Vögel die Opfer gehören.

Je öfter eine Vogelart gefunden wird, desto genauer lässt sich aus den Fundzahlen durch Hochrechnungen ermitteln, wie viele Exemplare ihrer Art insgesamt durch Windräder zu Tode kommen – pro Jahr, im gesamten Projektgebiet von PROGRESS. Also den vier norddeutschen Bundesländern, in denen die untersuchten Anlagen stehen. Die ermittelte Dunkelziffer der nicht aufgefundenen Schlagopfer ging in diese Berechnungen mit ein.

Die ermittelten Zahlen allein sagen allerdings noch nichts darüber aus, wie stark die jeweilige Art durch Windkraft gefährdet ist. So kommen die PROGRESS-Forscher in ihren Berechnungen auf etwa 10 000 tote Ringeltauben jährlich. Das klingt zunächst viel, entspricht aber nur einem winzigen Bruchteil des gesamten Bestands im Projektgebiet. Bei der Stockente ist der Anteil höher; die 11 800 Schlagopfer machen 4,5 Prozent der Population aus. Doch selbst das ist noch vergleichsweise wenig: In den vier norddeutschen Ländern erlegen Jäger jedes Jahr über 143 000 Exemplare, ohne dass dies eine messbare Auswirkung auf den Gesamtbestand der Ente hätte.

Beim Mäusebussard sieht das anders aus. Nach den Hochrechnungen der PROGRESS-Studie kommen im Projektgebiet jährlich rund 7800 Vögel durch Windräder zu Tode – das entspricht sieben bis acht Prozent des Gesamtbestands dort. Auch dies wäre, für sich genommen, noch nicht schlimm – wenn der Mäusebussard diese

Verluste so schnell ausgleichen könnte, wie es die meisten anderen Vogelarten tun. Wie Stockenten etwa, die sich schon im zweiten Lebensjahr fortpflanzen und bis zu vierzehn Eier in ein Nest legen, oder wie Ringeltauben und viele Singvögel, die mehrmals im Jahr brüten. Aber der Mäusebussard verfolgt nun einmal in puncto Familienplanung die typische Strategie der langlebigen Tiere: späte Geschlechtsreife, wenige Junge pro Jahr. Diese Strategie ist in der Natur erfolgreich, weil Bussarde, wie alle großen Räuber an der Spitze der Nahrungskette, kaum natürliche Feinde haben. Von denen, die das erste Lebensjahr überstehen, überleben unter günstigen Umweltbedingungen über achtzig Prozent pro Jahr. Sie zeugen dadurch, in der Summe, genauso viele Nachkommen wie kurzlebigere »schnelle Brüter«. Zugleich aber ist es genau diese Langlebigkeit, die alle Greifvögel extrem verwundbar macht gegenüber künstlichen, von Menschen verursachten Bedrohungen: Jeder Todesfall zerstört eine potenziell jahrzehntelange Fortpflanzungskarriere mit Dutzenden von Nachkommen. Daher gefährdet jedes noch so geringe zusätzliche Lebensrisiko den gesamten Bestand.

Weil reine Zahlen und Statistiken für Nichtwissenschaftler meist abstrakte Größen sind, hat Oliver Krüger die Daten aus der PROGRESS-Studie in bildhafte Szenarien übersetzt. Sie zeigen, wie sich die Populationen von Mäusebussard, aber auch des Rotmilans in den nächsten drei Jahrzehnten voraussichtlich entwickeln werden, wenn die Zahl der Schlagopfer so hoch bleibt wie bisher.

Krüger führt mir die Szenarien am Computer seines Arbeitszimmers vor. Es ist ein Anblick, der jedem vogelbegeisterten Menschen unweigerlich aufs Gemüt schlagen muss. Denn die Kurven, in denen sich die möglichen Entwicklungen aller drei Vogelarten widerspiegeln, zeigen fast durchweg in eine Richtung: nach unten. Einige nähern sich der Nulllinie mit geradezu beängstigender Geschwindigkeit. Und zeigen eindringlich: Bis zum Jahr 2045 könnten sowohl Rotmilan als auch Mäusebussard im größten Teil Norddeutschlands zu Raritäten geworden sein.

Natürlich beruhen die Szenarien auf Hochrechnungen, wie Krüger betont – die PROGRESS-Studie hat ja keine exakten Messdaten geliefert. Deswegen sind über und unter den Kurven Toleranzbereiche markiert; sie decken alle annähernd wahrscheinlichen Entwicklungen ab – die glimpflichen ebenso wie die dramatischen. Am breitesten sind diese Toleranzbereiche beim Rotmilan, von dem insgesamt nur fünf Schlagopfer gefunden wurden; entsprechend unsicher sind Vorhersagen über seine weitere Entwicklung. Leider kann man aus der niedrigen Fundzahl nicht schließen, dass der prächtige Segler weniger gefährdet wäre als der »Himmelslappen«: Er ist einfach nicht so häufig wie dieser. Und selbst die »optimistischen« Entwicklungslinien zeigen bei ihm nur in eine Richtung: nach unten.

Was den Anblick der Szenarien besonders bedrückend macht: Die Berechnungen, die ihnen zugrunde liegen, beruhen auf der Zahl der Windräder, die sich zurzeit in Norddeutschland drehen. Die Tausenden von Anlagen, die in den nächsten Jahren neu errichtet werden sollen, sind dabei nicht einmal berücksichtigt.

Ich mag mir gar nicht vorstellen, was das bedeutet: Dass die wunderbare Silhouette des Rotmilans nie wieder über unserem Garten auftauchen wird. Dass meine Enkelkinder die »Himmelslappen« nur noch aus meinen Erzählungen kennen werden oder aus historischen Naturfilmen.

Es müsse nicht so schlimm kommen, versichert mir Oliver Krüger. Er sei trotz allem optimistisch: »Energiewende und Vogelschutz sind nicht unvereinbar. Aber es ist an der Zeit, offen darüber zu reden, dass auch die erneuerbaren Energien Risiken und Nebenwirkungen mit sich bringen, wie jede neue Technologie. Die muss man verringern. Und ich bin sicher, dass das möglich ist.«

Krüger hat auch schon einige Vorschläge dazu; sie decken sich mit vielem, was Vogel- und Naturfreunde seit Jahren fordern. Erster Vorschlag: mehr reden! Statt vor Gerichten zu streiten, sollten sich Windkraftplaner und Naturschützer häufiger an einen Tisch setzen, um nach gemeinsamen Lösungen für das Problem zu suchen.

Im Prinzip passiert das natürlich schon jetzt. Bei der Planung neuer Anlagen müssen Naturschutzverbände gehört werden; Umweltbehörden sollen darüber wachen, dass Schutzvorschriften eingehalten werden – etwa die, dass Windräder einen Mindestabstand von 1500 Metern zu Rotmilanhorsten haben müssen. Beim noch stärker gefährdeten Schreiadler, von dem es gerade noch hundert Paare in Deutschland gibt, sollten es sogar 3000 Meter sein. Doch das letzte Wort bei der Genehmigung neuer Anlagen haben Vertreter von Gemeinden und Landkreisen. Und diese lassen sich allzu oft von finanziellen Interessen leiten: Windparks bringen Pachteinnahmen von bis zu 80 000 Euro jährlich. Da ist die Versuchung groß, die Bedenken von Vogelschützern beiseitezuschieben und zu befinden, dass ein neues Windrad letztlich kein »signifikantes Tötungsrisiko« für die Greifvögel der Umgebung darstellt.

Solche Interessenkonflikte ließen sich vermeiden – durch überregionale Planung und Absprachen darüber, welche Gebiete aus Naturschutzgründen von vornherein für den Windkraftausbau tabu sein sollten. Dabei könnte – zweiter Vorschlag – die Wissenschaft weiterhelfen. Denn auch nach der PROGRESS-Studie sind noch viele Grundsatzfragen offen: Weshalb sind manche Anlagen deutlich unfallträchtiger als andere? Auf welchen Routen bewegen sich die Vögel im Umfeld der Windparks? Zu welchen Tageszeiten und Wetterlagen sind sie besonders aktiv? Wüsste man das genauer, könnte man einige Risiken »entschärfen« – nicht nur durch bessere Standortwahl, sondern auch durch zeitweilige Abschaltung der Rotoren oder indem man die Umgebung der Anlagen so gestaltet, dass sie Vögel nicht auch noch anziehen. Im Extremfall, findet Krüger, sollte man auch einzelne Windräder wieder abbauen, wenn sich zeige, dass sie besonders große Schäden anrichten.

Das alles lässt sich natürlich nicht von heute auf morgen in die Tat umsetzen. Deshalb sollten Planer, Politiker und Naturschützer – dritter Vorschlag – gemeinsam ein weiteres Ziel verfolgen: den Vögeln das Leben abseits der Windkraftanlagen so leicht wie möglich machen. Es gäbe eine ganze Reihe möglicher Ansätze.

Erstens: großräumige Schutzzonen schaffen, mit Landschaften, die naturnah und reich an Strukturen sind – Brachen, Hecken, Wäldchen und kleine Gewässer. Das würde lokalen Greifvogelbeständen einen neuen Schub verschaffen und Verluste in anderen Regionen womöglich ausgleichen.

Zweitens: neue Prioritäten in der Landwirtschaftspolitik setzen. Wie schon gesagt: Nicht länger nur Intensivierung und Ertragssteigerung fördern, sondern Leistungen für den Erhalt von Natur und Biodiversität. Das könnte, ganz direkt, auch zu weniger Todesfällen durch Windkraft führen: weil die Vögel, um Nahrung zu suchen, nicht mehr so weite Reviere durchstreifen müssten.

Drittens: die Verkehrspolitik von Grund auf reformieren – mit dem Ziel, endlich mehr Autoverkehr auf die Schiene zu verlagern. Weniger totgefahrene Tiere würden auch weniger Bussarde und Milane auf die Straßen locken. Die genaue Zahl der Bussarde und auch Milane, die beim Aasfressen auf Schnellstraßen umkommen, hat noch niemand ermittelt, aber sie liegt vermutlich um einiges höher als die der Windkraftopfer.

Alle diese Forderungen lesen sich, zumindest im Moment, noch mehr oder weniger utopisch – vor allem die letzte. Aber wer etwas erreichen will, in der Wissenschaft wie in der Politik, muss viel fordern. Und braucht einen sehr langen Atem. Wer wüsste das besser als der Greifvogelexperte Oliver Krüger.

Wenn man mehrere Stunden damit verbringt, Bussarde zu beobachten, sie in der Hand zu halten, über die Erforschung ihrer Lebensläufe und ihre besondere Verletzlichkeit zu reden – dann kommt man früher oder später auf einen ziemlich naheliegenden Gedanken.

Wäre es nicht möglich oder zumindest denkbar, dass sich das Greifvogel/Windkraft-Problem auf natürliche Weise löst? Wenn die Natur imstande ist, innerhalb einer Art verschiedene Persönlichkeiten hervorzubringen – könnte sie nicht, durch eine Laune der Evolution, einen neuen Greifvogel-Typ hervorbringen, der über besondere Umsicht verfügt – und dadurch imstande ist, Windrädern auszuweichen? Können die Vögel nicht einfach *lernen*, mit der Windkraft zu leben, so wie sie es gelernt haben, Fische zu erbeuten und Straßen als Jagdreviere zu nutzen?

Oliver Krüger findet die Frage nicht komplett abwegig. Aber sie zu beantworten, gibt er zu bedenken, erfordere einigen Aufwand. Man müsste dazu einzelne Vögel mit Sendern bestücken und über einen langen Zeitraum hinweg verfolgen, wie sie sich in und um Windparks bewegen. Und die Aussicht, im Rahmen solcher Beobachtungen einschneidende Verhaltensänderungen festzustellen, sei eher gering.

Das liege zum einen daran, dass die »phänotypische Plastizität« bei Greifvögeln wenig ausgeprägt sei. Weniger wissenschaftlich gesagt: Bussard, Milan & Co. sind keine »Checker«, sie lernen nicht so schnell und auch nicht so viel wie zum Beispiel Raben oder Papageien. Zum anderen sind ihnen, beim Erkennen von Hindernissen, ihre Jagdgewohnheiten im Wege. Zwar ist ihr Sehvermögen dem unseren weit überlegen – ihre sprichwörtlichen »Adleraugen« erspähen eine Maus noch aus drei Kilometern Höhe. Aber weil ihre Beute sich eben meist am Boden aufhält, schauen sie beim Fliegen in der Regel nach unten. Und nehmen nicht wahr, wenn ein Rotorblatt mit bis zu zweihundert Stundenkilometern Geschwindigkeit von oben auf sie herabrast.

Am Ende bleibt nur ein Fazit: Wenn wir wollen, dass die Greifvögel uns erhalten bleiben, dann müssen *wir* uns verändern. Die Natur hat uns genügend Intelligenz und Flexibilität mitgegeben, um die nötigen Strategien dafür zu entwickeln. Wir müssen nur die Klugheit aufbringen, sie auch umzusetzen.

Turmfalke und Kinderfragen

Guck mal, Mama, der Vogel hat 'nen *bug*«, sagt mein Sohn. Er deutet auf einen Turmfalken, der am Himmel über uns »rüttelt«, also mit schnellen, starken Flügelschlägen auf der Stelle verharrt, um Beute anzuvisieren. Wie das Turmfalken halt so tun.

Es ist Mitte August, Ferienzeit, und wir machen zusammen einen Spaziergang durch die Feldflur unseres Dorfes. Ich genieße es, denn es ist ein seltenes Vergnügen. Als unsere Söhne noch klein waren, verabscheuten sie Fortbewegung in Elternbegleitung genauso sehr, wie ich es früher getan habe. Jetzt sind sie erwachsen und souverän genug, um freiwillig mit uns zu wandern, aber es kommt selten dazu, weil sie längst eigene Wege gehen.

»Was für einen *bug* meinst du«, frage ich meinen Ältesten. Für mich bedeutet das englische Wort Wanze oder Insekt. Aber das kann er nicht meinen. Selbst wenn der Falke einen kapitalen Hirschkäfer in seinen Fängen hätte, wäre der von hier unten kaum zu erkennen.

Mein Sohn klärt mich auf, dass das Wort *bug* für ihn ein Fehler in einer Computersoftware bezeichnet. Der Falke, der rüttelt, ohne sich fortzubewegen, erinnert ihn an Figuren eines Computerspiels, die auf dem Bildschirm richtungslos herumzappeln, weil das Programm dahinter sich »aufgehängt« hat, wie er es nennt. Noch so ein Wort, das mir in dieser Bedeutung bis vor Kurzem nicht geläufig war.

Es ist erstaunlich, wie verschieden die Gedanken und Assoziationen sind, die der Anblick von Vögeln auslösen kann. Wäre mir das früher stärker bewusst gewesen – vielleicht hätte ich bei der Erziehung meiner Kinder ein paar Dinge anders gemacht. Hätte sie beständiger, aber auch behutsamer an die Natur herangeführt. Habe ich aber nicht, leider. Darum ist meine Erziehung, das muss ich offen eingestehen, zumindest in einem Punkt komplett gescheitert:

Meine Söhne interessieren sich nicht für Vögel. Überhaupt nicht. Und für Natur im Allgemeinen eigentlich auch nicht.

Bevor jetzt Mitleid aufkommt: Es ist nicht so, dass mir darüber graue Haare wachsen würden. Ich finde meine Söhne großartig, so wie sie sind: aufgeweckt, wissbegierig und lebensfroh. Sie haben genügend eigene Interessen, die sie leidenschaftlich und zielstrebig verfolgen. Nur Naturbeobachtung gehört nicht dazu.

Ich habe lange gerätselt, woran das liegt. Denn eigentlich haben mein Mann und ich vieles von dem beherzigt, was Umweltpädagogen raten, um Kindern Natur nahezubringen. Wir sind früh aufs Land gezogen, haben die Jungs im Dreck spielen und im nahe gelegenen Wäldchen herumstromern lassen. In unserem Garten gab es reichlich wilde Ecken zum Beobachten und Erforschen und natürlich ein vielbesuchtes Vogelhaus.

Aber das alles hat nicht verhindert, dass beide Söhne von Anfang an alles Konstruierte, Technische, Elektrische faszinierender fanden als die lebendige Vielfalt vor der Haustür.

Wir sind, zum Glück, nicht die einzigen Eltern, denen das so geht. Viele Freunde und Bekannte berichten Ähnliches: dass ihre Kinder, trotz vielfältiger Bemühungen, ihr Interesse für Vögel und Natur nicht oder nur begrenzt übernommen haben. Und natürlich grübeln auch sie darüber, weshalb das so ist.

In den vergangenen Jahren sind viele Medienberichte und Studien erschienen, die eine dramatische Naturentfremdung von Kindern feststellen. Manche Diagnosen sind, wie ich finde, mit Vorbehalt zu genießen: So wird immer wieder beklagt und auch durch aufwendige Umfragen belegt, dass Kinder kaum Vogel- oder andere Tierarten benennen können. Allerdings gibt es wenige Belege dafür, dass Heranwachsende früherer Jahrgänge das besser konnten. Klagen über mangelndes Naturwissen vor allem junger Menschen wurden schon vor über hundert Jahren erhoben, und jede Generation von Biologielehrern stimmt sie aufs Neue an.

Es gibt jedoch Veränderungen, die messbar sind und die wirklich Anlass zur Sorge geben.

Seit etwa hundert Jahren werden die Spiel- und Freiräume, in denen Kinder sich unbeaufsichtigt bewegen dürfen, mit jeder Generation kleiner. Für meine Eltern und ihre Altersgenossen, aufgewachsen in den 1920er-Jahren, hieß »spielen« noch, allein oder mit Freunden durch die Wälder und Felder jenseits der Dorf- oder Stadtgrenzen zu streifen. Ich konnte, wie die meisten Gleichaltrigen in der Nachbarschaft, immerhin noch die Straßen, Gärten und wilden Ecken rund um mein Elternhaus frei erkunden. Aber bald danach setzte ein Trend zur Totalüberwachung ein, und zwar weltweit, wie Untersuchungen aus Deutschland, Großbritannien und den USA belegen.

1971 durften noch 33 Prozent aller Kinder allein entscheiden, wo sie spielen wollten. Ende der 1990er-Jahre waren es noch ganze drei Prozent. Im gleichen Zeitraum sank die Zahl der Sieben- und Achtjährigen, die ihren Schulweg ohne Elternbegleitung zurücklegten, von über achtzig auf neun Prozent. Heute wird die große Mehrheit der Kinder von ihren Eltern so umfassend behütet und abgeschirmt, »als lauerten Heckenschützen hinter jedem Müllcontainer« – so beschreibt es mein Kollege Andreas Weber in seinem Buch *Mehr Matsch!*, einem leidenschaftlichen und lesenswerten Plädoyer für eine umfassende »Renaturierung« der Kindheit.

Ich kann seine Beobachtungen auch aus eigener Anschauung bestätigen: Selbst bei uns auf dem Dorf wachsen viele Kinder mehr oder weniger naturfern auf. Wenn meine Söhne sich mit anderen zum Spielen verabredeten, dann hieß das oft, den Nachmittag in der Sandkiste im Garten zu verbringen oder später beim »Zocken« am Computer. Einige ihrer Spielkameraden durften sich selbst mit neun Jahren noch keine hundert Schritte von der Tür ihres Elternhauses entfernen, obwohl unser Dorf, was Kindesentführungen angeht, so sicher ist wie ein Indoor-Spielplatz.

Es gibt noch einen zweiten Grund für die Naturindifferenz meiner Söhne und die vieler anderer Kinder, die in den vergangenen Jahrzehnten das deutsche Bildungssystem durchlaufen haben. Naturkunde ist im Biologieunterricht praktisch nicht vorgesehen. Jedenfalls nicht in Form direkter, sinnlicher Anschauung außerhalb des Klassenraums, und schon gar nicht an weiterführenden Schulen. Meine Söhne haben nach Ende ihrer Grundschulzeit keine einzige Exkursion unternommen, keine Vögel beobachtet, keine Insekten gekäschert, keine Pflanze bestimmt. Und das, obwohl das hiesige Gymnasium direkt an die Feldflur grenzt, zehn Gehminuten von einem Bach entfernt. Stattdessen mussten sie Arbeitsblätter über die Winterruhe des Eichhörnchens ausfüllen und den Aufbau von Gefäßpflanzen in lehrbuchmäßigen Skizzen wiedergeben. Bevor es in die Feinheiten der Zellbiologie und der Struktur von Ökosystemen ging, wählten sie Biologie schnell ab. Da war ihnen aber schon jegliche Lust an der systematischen Betrachtung realer Naturphänomene vergangen.

Ich will der Schule nicht die Schuld geben für alles, was bei der Bildung meiner Kinder suboptimal gelaufen ist. Der wichtigste Grund für ihr Desinteresse an allem, was kreucht, fleucht und sprießt, sind natürlich wir selbst: mein Mann, dessen Verhältnis zur Natur zu distanziert ist, als dass er andere für sie begeistern könnte. Und ich, deren Faszination und geballtes Wissen, gerade was das Thema Vögel angeht, auf meine Söhne wohl eher erschlagend als anregend gewirkt hat. Wie sehr, ist mir erst im Laufe der letzten Monate, während der Arbeit an diesem Buch, so richtig klar geworden. Und zwar, als ich mich näher mit den Gründen für die Vogelliebe beschäftigte.

Am Ende des zweiten Kapitels hatte ich eine Frage formuliert, die ich im Laufe der vergangenen Monate wohl gut zwei Dutzend Menschen gestellt habe.

Wann und wie sind Sie, bist du, auf Vögel aufmerksam geworden? Welche Erlebnisse und Personen haben dabei eine Rolle gespielt? Und wie hat der »Zauber« gewirkt, wodurch hat sich die Anfangsneugierde in lebenslange Leidenschaft verwandelt?

Die Antworten waren einerseits so unterschiedlich wie die Vogelfreundinnen und -freunde, die ich getroffen habe. Andererseits zeigten sie auch verblüffende Gemeinsamkeiten. Hier drei Beispiele, die stellvertretend für viele andere stehen.

»Als Kind war ich oft viele Stunden allein zu Hause. Meine Eltern arbeiteten beide, Nachmittagsbetreuung war noch die Ausnahme«, erzählte mir mein Kollege Fred Langer, dessen Leidenschaft für Vogelbeobachtung genauso weit zurückreicht wie meine. »Also habe ich gelesen oder auch einfach nach draußen geschaut. Vor dem Küchenfenster stand ein Futterhaus, und dahin kamen sie alle: Kohl- und Blaumeisen, Dompfaffen, Feldsperlinge, Zeisige. Ich habe sie einfach angeschaut – und war fasziniert. Irgendwann bin ich dann zum Deutschen Bund für Vogelschutz gegangen und mit den Experten losgezogen.«

»Meine Mutter brachte einmal ein Poster mit nach Hause, auf dem fünfzig heimische Vogelarten abgebildet waren«, berichtete mir der Ornithologe Martin Flade an dem Tag, bevor wir zur gemeinsamen Exkursion ins Plagefenn aufbrachen. »Fünf der Arten auf dem Poster entdeckte ich gleich im Garten: Buchfinken etwa, aber auch Kleiber. Dann dachte ich mir, jetzt will ich die übrigen 45 auch noch sehen. Ich hab schon immer gern gesammelt, Fußballbilder, Ritter, und dann eben Vögel. Bin allen hinterhergelaufen, die ich singen hörte, so lange, bis ich sie erkennen konnte. Irgendwann hatte ich alle fünfzig beisammen.«

»Bei einem Spaziergang saß plötzlich ein Vogel vor mir auf dem Weg, ganz nahe, den ich noch nie gesehen hatte.« So schilderte mir eine Mitstreiterin aus unserer lokalen NABU-Gruppe, Elke Jander heißt sie, den Moment, in dem sie zur Beobachterin wurde. »Dieser Vogel hatte einen leuchtend gelben Kopf. Ich war erstaunt, dass ich etwas so Auffälliges noch nie bemerkt hatte. Und habe dann so lange herumgefragt und nachgeschlagen, bis ich herausgefunden hatte, dass es eine Goldammer war. Von da an wollte ich alle anderen Vögel auch kennenlernen.« Das tat sie so gründlich, dass sie im Laufe der Jahre zu einer der besten Vogelstimmenkennerinnen wurde, die mir bisher begegnet sind.

Was mich an dieser wie auch an anderen Geschichten vom Beginn einer Vogelleidenschaft immer wieder fasziniert: wie leicht es ist, einen »Draht« zu Vögeln zu finden, wie unmittelbar ihr Zauber wirkt. Es braucht dazu keinen Vermittler, keinen Kursus, kein Lehrbuch. Sondern nur – Zeit. Ein paar Stunden, am besten regelmäßig über längere Zeit hinweg; Stunden, in denen man sich selbst überlassen ist, in denen es nichts zu erleben gibt als das, was gerade vor den Fenstern passiert oder einem über den Weg fliegt.

Vielleicht war es genau diese kostbare »lange Weile«, die meinen Söhnen gefehlt hat. Sie waren meist mit Freunden zusammen, und ihre ebenso ambitionierten wie viel beschäftigten Eltern sorgten stets dafür, dass sie auch allein genug Anregung und Ablenkung hatten. Und wenn sie doch einmal der Natur direkt und ohne Bespaßungsalternative ausgesetzt waren, etwa bei Wanderungen, dann hatten sie eine Mutter neben sich, die beständig zeigte, erklärte, animierte: »Schaut mal, was da vorne auf dem Busch sitzt … Hört doch mal diese Stimme … Guck, da ist ein Kiebitz … Wow, eine Feldlerche … Wollt ihr nicht mal durchs Fernglas gucken? Oder im Bestimmungsbuch nachschlagen, was das sein könnte?«

Auf diese Weise habe ich ihnen vermutlich jedes aufkeimende Interesse an Vögeln gründlich ausgetrieben.

Man kann das Beobachten, und das Erleben von Natur überhaupt, nicht »beibringen«, man kann es nur selbst lernen, im eigenen Tempo, mit selbst gewählten Methoden. Das ist die wichtigste Erkenntnis aus meiner kleinen Umfrage.

Vielleicht hätte ich bei der Erziehung meiner Söhne manches anders gemacht, hätte ich mich früher und gründlicher an meine eigenen Erstbegegnungen mit Vögeln erinnert. Zwar bin ich, wie im zweiten Kapitel nachzulesen ist, keine klassische Autodidaktin – ohne den Druck meiner wanderwütigen Eltern hätte ich nie mit dem Beobachten angefangen. Aber ich hatte, anders als meine Kinder, das Glück, dass sowohl mein Vater als auch meine Mutter beim Beobachten genauso ahnungslos waren wie ich. So hatte ich die wunderbare Freiheit, mir die Vogelwelt selbstständig, ohne pädagogische Einmischung, erschließen zu können.

Autodidakt zu sein heißt natürlich nicht, dass man sich das Handwerk des Bestimmens komplett allein erarbeiten muss. Die meisten von mir Befragten waren früher oder später an einen Mentor geraten: einen erfahrenen Vogelkundler, häufig den Leiter einer lokalen ornithologischen Arbeitsgemeinschaft, oder auch – ja, natürlich gibt es das! – einen engagierten Biologielehrer. Einen, der nicht groß dozierte oder erklärte, sondern vor allem fragte, anregte: »Führst du eigentlich ein Beobachtungstagebuch? Solltest du. Ich bin neugierig, was du so siehst.« Oder: »Wir suchen jemand, der mit uns Wintervögel kartiert, hast du Zeit und Lust?« Oder auch: »Wir stellen gerade ein neues Team fürs Birdrace zusammen, bist du dabei?«

Oft ist es diese Art von Anstiftung und Einbindung, die noch unverbindliches Anfangsinteresse in dauerhafte Passion verwandelt. Und zwar bei Anfängern aller Altersklassen, nicht nur bei Jugendlichen.

Dies ist die zweite Erkenntnis aus meiner kleinen Umfrage. Ich finde sie hoffnungsvoll, auch weil sie einem Lehrsatz widerspricht, den ich schon oft gehört und gelesen habe: dass einem die Vögel, vor allem ihre Stimmen, nur dann wirklich vertraut werden, wenn man sie schon als Kind gründlich studiert hat. Viele Vogelkundige, die ich kennengelernt habe, berichteten mir das Gegenteil: dass sie ihr erstes Bestimmungsbuch als Erwachsene angeschafft haben. Die meisten von ihnen waren, was ihre Kenntnisse anging, genauso »fit« wie die Frühstarter.

Das lässt mich auch für meine Kinder hoffen. Vielleicht entdecken sie eines Tages, dass diese blöden Vögel, mit denen ihre Mutter sie immer genervt hat, doch einen zweiten Blick wert sind.

Irgendwann in zehn oder zwanzig Jahren, so stelle ich mir vor, werden wir gemeinsam spazieren gehen, durch die Felder rund um unser Dorf oder wo auch immer. Und dann werden sie mich, ganz beiläufig, auf einen Kiebitz oder einen Falken aufmerksam machen, der gerade neben uns aufgeflogen ist und den ich ohne sie vielleicht nie entdeckt hätte.

Ein Wunschtraum, klar. Aber kein so abwegiger. Meine Söhne sind jetzt Anfang und Mitte zwanzig; sie haben noch jede Menge Zeit, neue Interessen zu entwickeln – auch solche, von denen sie es sich zur Zeit noch nicht träumen lassen.

Das Erlebnis mit meinem Ältesten und dem Falken mit dem angeblichen *bug* hat mir übrigens gezeigt: Man kann Vögel aus verschiedensten Perspektiven betrachten – und aus ebenso unterschiedlichen Gründen auf sie aufmerksam werden. Davon handelt auch das folgende Kapitel. Es geht darin um eine Frau, die relativ spät zu einer leidenschaftlichen Vogelfreundin und -kennerin wurde – durch eine zufällige Begegnung. Sie ist keine Beobachterin im klassischen Sinne, denn im Grunde widmet sie sich nur einer einzigen Art. Dieser aber kommt sie näher als alle Vogel-Menschen, die ich bislang kennengelernt habe.

MAUERSEGLER

KAPITEL 9

Kaspar und Raissa proben den Abflug

Wie eine Frankfurter Spezialklinik abgestürzten Mauerseglern zur Rückkehr in die Luft verhilft

Ein Dorf in Kroatien, an der Spitze der Insel, auf der ich mit meinen Eltern die Ferien verbringe. Es ist Sommer 1968. In der Mitte des Dorfes steht eine kleine Kirche aus Kalksteinblöcken, um ihren Turm herum fliegen Schwalben. Es sind Dutzende. Ihre Umrisse mit den schmalen, spitz zulaufenden Flügeln zeichnen sich scharf vor dem gleißend hellen, leicht bewölkten Mittagshimmel ab.

Sie sind ungewöhnlich groß, diese Schwalben, und sie stoßen Laute aus, die uns fremd sind; ein hohes »Chuiii, Chuiii!«, das irgendwie an Juchzer erinnert. Von den drei bei uns heimischen Arten – Rauch-, Mehl- und Uferschwalben – haben wir solche Laute noch nicht gehört. Vielleicht handelt es sich bei diesen Vögeln um eine südliche Unterart?

Ferngläser raus, genauer ansehen. Die sind ja schwarz von unten! Das können keine Schwalben sein, denn die sind unten weiß. Vogelbuch raus, nachschlagen. Auf der Seite mit den beiden Schwalben ist noch eine weitere Vogelart verzeichnet: der Mauersegler. Größer als die Rauchschwalbe, Unterseite dunkel. Laut *Was fliegt denn da?* eine Vogelart ohne Stern, also eine, die »bei einiger Aufmerksamkeit fast überall regelmäßig und häufig« zu beobachten ist.

Im Nachhinein finde ich das immer noch unfassbar: dass ich volle drei Jahre lang mit dem Fernglas durch die Gegend gelaufen bin, ohne einen einzigen Mauersegler zu entdecken. Vielleicht lag es daran, dass meinen Eltern und mir alles, was irgendwie nach Schwalbe aussah, so vertraut erschien. Schwalben gehörten zu den Vögeln, die wir schon benennen konnten, bevor wir ernsthaft mit dem Beobachten begannen; sie waren so häufig und allgegenwärtig, dass wir uns kaum je die Mühe machten, sie genauer durchs Fernglas zu betrachten.

Manchmal muss man eben dreitausend Kilometer weit fahren, um etwas zu entdecken, das im Grunde vor der eigenen Haustür liegt beziehungsweise fliegt. Was Mauersegler sind und wie sie leben, erfuhren wir aus dem neuen, ausführlicheren Bestimmungsbuch, das meine Mutter kurz vor der Reise gekauft hatte. Wir lasen, dass Segler mit Schwalben nicht einmal verwandt sind, sondern innerhalb der Vogelwelt eine eigene Ordnung bilden, zu der unter anderem auch Kolibris gehören. Wir lernten, dass es in Europa außer dem Mauersegler noch den Alpensegler gibt, dessen Vorkommen seinem Namen entspricht, sowie den Fahlsegler, der vor allem im Mittelmeerraum heimisch ist. Das Verbreitungsgebiet des Mauerseglers dagegen erstreckt sich bis nach Nordfinnland, und der Vogel gehört zu den typischen Kulturfolgern. Das heißt, dass er vermutlich schon seit Jahrhunderten fast ausschließlich an menschlichen Bauten brütet, vor allem an solchen, die seinen ursprünglichen, natürlichen Nistplätzen ähneln: hohen Felsen mit reichlich Nischen und Hohlräumen. Zu solchen nisttauglichen Kunstfelsen gehören Kirchtürme und Burgen ebenso wie Fabrikgebäude und mehrstöckige Wohnhäuser. Letztere finden sich vor allem in Großstädten, auch in meiner Heimatstadt Duisburg.

Bald nach unserem Kroatien-Urlaub 1968 zogen wir in eine neue Wohnung, von deren rückwärtigen Fenstern aus man über Gärten hinweg auf einen Backsteinbau aus der Gründerzeit blickte. Unter dem Dach dieses Hauses lag eine Mauerseglerkolonie. Von Mitte April bis Ende August flogen die Vögel fast täglich zu Dutzenden ein und aus; durchs Fernglas konnten wir sehen, wie sie sich mit ihren im Flug unsichtbaren Füßchen an den Mauervorsprüngen festkrallten. Von hinten sahen sie aus, als hätte sie jemand aufrecht an die Hauswand geklebt. Wenn wir im Garten waren, hörten wir sie oft rufen, besonders dann, wenn sie truppweise über unsere Köpfe hinwegsausten. Das »Chuiii, chuiii!« erinnerte mich immer an die Freudenschreie, die Kirmesbesucher ausstoßen, wenn Achterbahn oder Kettenkarussell so richtig Fahrt aufnehmen. Es klang so, als flögen die Vögel nicht nur, um Insekten zu jagen, sondern auch aus purer Freude am Fliegen.

Drei, vier Sommer lang flitzten die Mauersegler vor unseren Fenstern hin und her. Dann wurde das alte Backsteinhaus hinter unserem Garten renoviert, die Fassade frisch verputzt, das Dach neu gedeckt. Im folgenden Frühjahr fanden die Mauersegler ihre alten Nisthöhlen verschlossen vor. Aber sie flogen nicht fort, um sich neue zu suchen. Sie kamen jeden Tag wieder, flatterten Dutzende Male hintereinander an der Fassade empor und versuchten zu landen, immer wieder vergebens. Es war ein Anblick, der einem das Herz zerriss.

Ich konnte und wollte nicht einfach ohnmächtig zusehen. Ich beschloss, aktiv zu werden. Und tat, was mir damals als ein geradezu dramatischer Schritt erschien: Ich verfasste einen Leserbrief, den ersten meines Lebens, gerichtet an die *Westdeutsche Allgemeine*, unsere Lokalzeitung. »Wer ein Haus renoviert, sollte Rücksicht auf die Vögel nehmen, die darin nisten«, schrieb ich. »Außerdem sollten Architekten darauf achten, beim Entwerfen von Häusern gleich Wohnungen für Mauersegler mitzuplanen!« Der Leserbrief wurde gedruckt. Ob er jemals irgendeinen Architekten oder Bauherrn zum Nachdenken brachte, weiß ich nicht. Der Sommer ging ins Land, die Mauersegler gaben irgendwann auf und kamen auch im nächsten Jahr nicht wieder. Ich trat bald darauf dem Deutschen Bund für Vogelschutz bei, in dem meine Eltern bereits Mitglied waren. Der monatliche Mitgliedsbeitrag bei dem Verband, der heute NABU heißt, ist bis heute mein einziges praktisches Engagement im Vogelschutz geblieben, abgesehen von den Nistkästen und Futterknödeln, die ich regelmäßig im Garten aufhänge.

Manchmal denke ich darüber nach, was geworden wäre, hätte ich mich damals entschlossen, wirklich aktiv zu werden. Hätte ich zum Beispiel versucht, andere Mauerseglerkolonien in unserer Umgebung zu finden und zu dokumentieren. Oder gemeinsam mit anderen Vogelschützern Hausbesitzer und Architekten direkt angesprochen, um sie für die Bedürfnisse der Vögel zu sensibilisieren. Hätte ich zumindest noch genauer nachgefragt und -geforscht, was Mauersegler zum Leben brauchen, was sie in die Nähe der Menschen zieht, und welchen Preis sie für diese Nähe zahlen.

Vielleicht habe ich damals schon geahnt, dass es riskant sein kann, solche Fragen zu stellen. Weil einen die Antworten nicht mehr loslassen. Je besser man einen Vogel kennt, desto schwerer kann man wegschauen, wenn es ihm schlecht geht, wenn er um sein Überleben kämpft. Früher oder später muss man Konsequenzen aus dem eigenen Wissen ziehen. Und diese Konsequenzen können auch das eigene Leben verändern. Wie sehr und wie nachhaltig, habe ich erfahren, als ich jemanden kennenlernte, dem genau das widerfahren ist. Und vielleicht war es kein Zufall, dass gerade Mauersegler dabei die entscheidende Rolle spielten.

Vor einiger Zeit entdeckte ich im Internet die Webseite einer Frankfurter Vogelklinik, die auf Mauersegler spezialisiert ist. Und zwar ausschließlich. Gleich auf der ersten Seite erscheint ein Hinweis, dass Anfragen zu anderen Vogelarten gar nicht erst beantwortet werden.

Der Webseite ist außerdem zu entnehmen, dass die Klinik staatlich anerkannt ist, sich aber ausschließlich über Spenden privater Vogelfreunde finanziert. Dass sie entscheidend auf das Engagement ehrenamtlicher Helferinnen und Helfer angewiesen ist und dass ihre Gründung 1998 auf die Initiative einer Tierärztin zurückgeht, Dr. med. vet. Christiane Haupt. Sie ist bis heute auch die Leiterin der Klinik.

Ein ganzes Krankenhaus nur für Mauersegler. Wie kommt man auf die Idee? Was bringt einen dazu, sich so konsequent auf die Behandlung nicht nur von Vögeln, sondern von einer einzigen Vogelart zu konzentrieren?

Ich schreibe eine Mail an Christiane Haupt. Dass ich sie und ihre Einrichtung gern kennenlernen möchte, um Näheres über ihre Arbeit und ihre Motive zu erfahren. Dass ich natürlich auch neugierig auf die Mauersegler selbst bin, die ich in all den Jahrzehnten, seit ich sie zum ersten Mal wahrgenommen habe, fast immer nur aus der Ferne und von unten gesehen habe.

Die Antwort aus Frankfurt kommt prompt, nicht von der Ärztin selbst, sondern von einer ihrer Helferinnen, und sie ist ebenso freundlich wie abweisend: Ein Besuch sei derzeit leider ausgeschlossen, da die Klinik keine Kapazitäten habe. Allein in den vergangenen drei Tagen seien über hundert gestresste Vögel eingeliefert worden. Man habe schon Mühe genug, neue Helfer anzulernen. Ob ich im August noch einmal nachfragen könne?

An einem Tag Anfang September steige ich schließlich die Treppe zu einer Etagenwohnung im Stadtteil Griesheim hinauf, in der die Klinik untergebracht ist. Der Himmel über Frankfurt ist noch sommerlich blau, aber leer; die meisten in der Stadt brütenden Mauersegler sind schon Richtung Süden abgezogen. Aber die Klinik beherbergt das ganze Jahr über Patienten – das hat mir Eva Brendel, die Helferin, in ihrer letzten Mail versichert. Viele Vögel würden mit schweren Verletzungen eingeliefert und könnten erst entlassen werden, wenn sie wieder voll flugfähig seien. Das dauere oft Monate.

Eva Brendel erwartet mich im Hausflur vor der Wohnungstür, der gleichzeitig als Empfangsraum dient. Hier können Besucher Vögel abgeben, die verunglückt sind – verletzt, abgestürzt, aus dem Nest gefallen oder halb verhungert auf einem Dachboden, aus dem sie nicht wieder herausgefunden haben. Die Vögel werden nach der Übergabe in die Wohnung gebracht, die für ihre Retter in der Regel verschlossen bleibt. Für Besucherführungen, sagt Eva Brendel, habe das Team schlicht keine Zeit und auch keinen Platz: Die gesamte Klinik, einschließlich Küche, Büro, Behandlungszimmer und OP-

Einrichtung, ist auf 180 Quadratmetern untergebracht, und zurzeit sind, obwohl die Hauptbrutzeit vorbei ist, immer noch 120 Patienten »auf Station«.

Ich darf jetzt aber hinein, ausnahmsweise, und kaum öffnet sich die Tür zu der Wohnung, höre ich sie auch schon: die gleichen hohen Juchzer, die uns damals, vor über vierzig Jahren, in dem kroatischen Dorf zu den Ferngläsern greifen ließen und die in meinen Ohren immer noch so klingen wie Hochrufe aufs Fliegen. Hier in der Wohnung tönen sie allerdings zarter, gedämpfter, und sie kommen aus einer Batterie teils grauer, teils durchsichtiger Euro-Stapelboxen, die in Regalen an den Wänden eines Behandlungszimmers aufgereiht sind.

Und da liegen sie, zu zweit, zu dritt, eng aneinandergeschmiegt, auf weichen Kunststoffkissen, die mit mehreren Schichten Küchenpapier unterlegt sind. Einige haben sich in die Ecken der Boxen gedrückt, andere blicken zu den beiden Gestalten auf, die sich über sie beugen. Ihre Augen sind ungewöhnlich groß, dunkel und hellwach, ihre Schnäbel leicht geöffnet. »Chuiii, chuiiii!«

»Es sind vor allem die Kinder, die singen«, sagt Eva Brendel. Sie sagt »Kinder«, nicht Junge, und sie nennt alle Vögel beim Namen. Sie zeigt mir Maxim, der eine Prellung auskuriert, Lightly, die bei ihrer Einlieferung nur noch Haut und Knochen war, Arkana, die von einem Blitz getroffen wurde und zusammen mit Valletta auf eine Federtransplantation wartet. Sie gebe jedem Vogel bei seiner Einlieferung einen Namen, sagt sie. Das habe aber weniger emotionale, als vielmehr praktische Gründe: »Wir bekommen mehrere Hundert Patienten pro Jahr, die müssen wir alle unterscheiden können. Und Namen kann man sich einfach besser merken als Nummern.«

Eva Brendel, Mitte fünfzig, kurze graue Haare, ist freundlich und zugewandt; eine, der man gerne zuhört. Sie hat keine tiermedizinische Ausbildung, das hat sie schon während unseres Mailwechsels klargestellt, aber sie gehört zu den erfahrensten Kräften der Klinik. Vor zehn Jahren hat sie angefangen, jeweils ein paar Stunden pro Woche im Büro und in der Pflege zu arbeiten – nicht so sehr aus Tierliebe, sondern aus dem Bedürfnis heraus, etwas kennenzulernen, das weder mit ihrer Berufsausbildung (Jura) noch ihrem Privatleben (drei Kinder, pflegebedürftige Eltern) irgendetwas zu tun hatte.

Mittlerweile kommt sie fast täglich, und sie ist mit der Zeit so etwas wie die Sprecherin des kleinen Unternehmens geworden. Sie hat nicht nur den Überblick über sämtliche Patienten, über Fallzahlen, Verweildauern und Überlebensraten, sondern kann auch alle Behandlungsmethoden und Pflegemaßnahmen im Detail beschreiben. Sie erklärt mir, auf welche Unterlagen die Patienten gebettet werden (passgenau zugeschnittene Rechtecke aus Microfaser-Wischmops), wie sie gefüttert werden (mit sterilisierten Pinzetten) und wie zerstörtes Gefieder repariert wird: durch eine Technik namens »Schiften«, die seit Jahrhunderten in der Falknerei angewandt wird und die von Christiane Haupt für Mauersegler weiterentwickelt wurde. Beim Schiften wird eine intakte Feder, meist von einem toten Vogel, auf den beschädigten Kiel gepflanzt – mithilfe eines hauchdünnen Fiberglasstabs, der ins Innere beider Kiele geschoben wird. Der Stab wird zuvor mit etwas Sekundenkleber bestrichen, damit er beide Federteile so sicher verbindet wie die Metallstifte, mit denen gebrochene Menschenknochen zusammengefügt werden. So muss der behandelte Vogel nicht bis zur nächsten Mauser warten, bis er wieder fliegen kann.

Es ist hochinteressant, was Eva Brendel erzählt; es klingt anschaulich und einleuchtend. Und es vermittelt den Eindruck, dass die Patienten in dieser Klinik bestens aufgehoben sind, dass ihre Betreuerinnen – es sind fast alles Frauen – mit ebenso viel Leidenschaft wie Sachkunde zu Werke gehen.

Aber das ist nicht mein einziger Eindruck. Ich habe nämlich das Gefühl, etwas Entscheidendes nicht begriffen zu haben. Eine Frage schwirrt mir im Hinterkopf herum, die hartnäckiger und lauter wird, je länger ich Eva Brendel zuhöre:

Warum machen die das hier? All diese Hingabe, diese Akribie, dieser unglaubliche Aufwand an Zeit und auch an Geld – alles nur für eine Vogelart. *Warum?* Und warum ausgerechnet für diese? Mauersegler sind schön, aber nicht so selten, dass man zu ihrer Erhaltung um jedes einzelne Exemplar kämpfen müsste. Sie sind außerdem so wild, wie ein Wildvogel nur sein kann; sie haben keine Berührungspunkte mit Menschen, außer, dass sie in deren Bauten nisten; sie lassen sich nicht zähmen, nicht abrichten, sie kommen nicht ans Futterhaus im Garten, sie sind selbst für Vogelforscher in mancher Hinsicht immer noch Aliens, weil sie neunzig Prozent ihres Lebens in der Luft verbringen. Weshalb sie sich auch nicht, wie andere Vögel, in einer Voliere halten lassen und weshalb ihre Betreuung und Pflege fast einer Lebensaufgabe gleichkommt. Und sie danken einem diese Hilfe, in dem sie bei der ersten Gelegenheit auf Nimmerwiedersehen davonfliegen.

Warum, trotz alldem, dieser Einsatz für sie?

Ich hätte diese Frage gern an die Gründerin und Leiterin der Klinik gerichtet. Aber Christiane Haupt ist beschäftigt; zwei Helferinnen sind ausgefallen, weshalb sie sich um ein Dutzend Vögel kümmern muss, die sonst ohne Futter bleiben würden. Also frage ich ihre Helferin. Die das »Warum?« nicht zum ersten Mal hört, wie sie lachend versichert, und mir sofort mit einer schlichten Gegenfrage antwortet: »Wenn Sie einen Mauersegler auf der Straße liegen sehen – was tun Sie?«

Mir ist das, zum Glück oder auch leider, noch nie passiert. Aber spontan fällt mir nur eine Antwort ein: erst mal liegen lassen, abwarten und beobachten. Viele Wildtiere, so lese ich immer wieder, werden voreilig »gerettet«, von Menschen, die nicht wissen, dass es sich in der Regel um Junge handelt, die noch von ihren Eltern gefüttert werden.

»Für die meisten Vogelarten stimmt das«, sagt Eva Brendel. »Für Mauersegler aber nicht. Weil sie nie außerhalb des Nests gefüttert werden und auch nie freiwillig auf dem Boden landen.«

Ein gestrandeter Mauersegler habe immer ein Problem. Entweder sei er bei einer Kollision verletzt worden, oder er sei, als Jungvogel, zu früh aus dem Nest gehüpft, etwa weil es ihm in der Nisthöhle zu heiß geworden ist. »Dann haben Sie als Finder nur zwei Möglichkeiten: Sie lassen den Vogel liegen und verurteilen ihn dadurch zum Tod durch Verhungern oder Gefressenwerden. Oder Sie verhalten sich menschlich: Dann nehmen Sie ihn auf. Und übernehmen damit zugleich die Verantwortung, für ihn zu sorgen.«

Deshalb gebe es die Klinik: damit Finder dieser Verantwortung gerecht werden können. Die Gewissheit haben, dass ihr Akt der Menschlichkeit den Tod des Vogels nicht nur um ein paar Tage hinauszögert, sondern ihm eine echte Überlebenschance eröffnet.

Genau das aber erfordert bei Seglern ungleich mehr Aufwand als bei den meisten anderen Vogelarten.

Es gibt ein Gerücht, das ich schon als Kind gehört habe, das sich aber hartnäckig bis heute hält: dass man auf dem Boden gelandete Mauersegler nur in die Luft werfen müsse, damit sie wieder auf und davon fliegen. Die Folgeschäden dieses Gerüchts sind in etlichen der grauen Boxen zu besichtigen: Vögel, die nach einem unfallbedingten Sturz aus der Luft noch ein weiteres Trauma erlitten haben, durch einen wohlmeinenden, aber fehlinformierten Retter.

Eine zweite Legende besagt, dass man Mauersegler mit Hackfleisch, hartgekochten Eiern oder anderen, im nächsten Supermarkt erhältlichen Nährmitteln wieder aufpäppeln könne. Auch die Folgen dieses Irrglaubens führt Eva Brendel mir vor: Vögel, deren Federkleid durch falsche Ernährung so irreparabel geschädigt ist, dass sie erst nach der nächsten Mauser wieder werden fliegen können. Oder nach einer aufwendigen Feder-Transplantation unter Vollnarkose. Beides bedeutet in der Regel mehrere Wochen oder gar Monate Krankenlager, wobei »Lager« in diesem Fall wörtlich zu verstehen ist: Mauersegler können nicht, wie Singvögel oder Papageien, auf dem Boden eines Käfigs herumhüpfen und sich Futter aus einer Schale angeln, dazu taugen ihre Füße nicht. Diese sind so winzig, dass sie von den ersten Beobachtern glatt übersehen wurden, weshalb sich der zoologische Name der Art – Apus apus – von dem griechischen Wort für »fußlos« ableitet.

Eine monatelange Zwangsflugpause ist natürlich eine Zumutung für einen so passionierten Flieger. Zu vertreten ist sie nur, weil sie dem Vogel, im Idealfall, etliche zusätzliche Lebensjahre verschafft. Mauersegler leben deutlich länger als die meisten Singvögel. Eine Grasmücke, Nachtigall oder Schwalbe wird in der Regel kaum mehr als drei bis fünf Jahre alt; ein Mauersegler aber bringt es, wenn er seine ersten beiden Lebensjahre überstanden hat, häufig auf zehn oder mehr Jahre. Sogar zwanzigjährige Überlebenskünstler wurden schon gefunden – mit Ringen, die ihr Alter belegten.

Je länger ich Eva Brendel zuhöre, desto mehr merke ich, wie lückenhaft mein Wissen über Mauersegler und ihre Artverwandten noch ist. Ich wusste, dass sie die meiste Zeit ihres Lebens in der Luft verbringen und dass sie im Fliegen vermutlich sogar schlafen können. Aber wie bringen sie das fertig, ohne ständig an Hindernisse zu stoßen? Und durch welche Überwachungstechniken lässt sich das überhaupt herausfinden?

Ich habe auch gelesen, dass Mauersegler im Flug miteinander kämpfen und sich sogar dabei paaren. Wie schaffen sie das, ohne dabei abzustürzen?

Da ist auch Eva Brendel überfragt. Sie ist ja keine Ornithologin und beobachtet Vögel nur ausnahmsweise in freier Wildbahn. Andererseits gewinnen sie und ihre Kolleginnen im täglichen Umgang mit den »Gestrandeten« auch Einblicke, die draußen kaum möglich wären. Und die zeigen, was diese Vögel so besonders macht, wie perfekt sie an das Leben in der Luft angepasst sind. Sie sieht, wie die Jungvögel in ihren Boxen »Liegestütze« machen, indem sie ihre Flügel aufspannen und mit den Spitzen den Körper hochstemmen: eine Vorbereitung auf den ersten Flug, der auf Anhieb gelingen muss, denn nach einer Notlandung kämen sie nicht wieder in die Luft. Sie registriert, wie genau die Jungen »wissen«, wann sie bereit fürs Ausfliegen sind: Manche, die körperlich längst fit genug wären, drehen sich beim Anblick der Freiheit vor dem Fenster einfach um – wie um zu zeigen, dass ihnen noch die letzte Portion Mut fehlt.

Und welche Massen an Futter Segler vertilgen müssen, bis sie allein physisch bereit sind für das Leben im Nonstopflug – das sieht Eva Brendel nicht zuletzt an den laufenden Verpflegungskosten.

Erwachsene Mauersegler wiegen im Durchschnitt um die vierzig Gramm, doppelt so viel wie Schwalben, Fliegenschnäpper, Rotkehlchen und andere kleine Singvögel. Und sie ernähren sich ausschließlich von »Luftplankton«, kleinen Insekten, die sie mit weit aufgesperrtem Schnabel im Flug fangen – ähnlich wie ein Wal, der beim Schwimmen Krillkrebse und anderes Kleingetier in sein Maul strömen lässt. Solches Futter können Menschen beim besten Willen nicht beschaffen, jedenfalls nicht in den für hungrige Segler erforderlichen Mengen. Sie müssen auf Ersatznahrung zurückgreifen, die allerdings ihren Preis hat.

Jede Woche werden in der Mauerseglerklinik bis zu zwanzig Kilo Feldgrillen und Wachsmottenlarven verfüttert, angeliefert in tiefgefrorenen Großpackungen, das Kilo zu achtzig Euro. Gesamtkosten pro Jahr: rund 55 000 Euro. Die Grillen müssen, noch gefroren, in einem Sieb geschüttelt werden, um die Beine abzutrennen, die den Vögeln beim Schlucken hinderlich sind. Der – aufgetaute – Rest wird anschließend mit der Pinzette verfüttert, Grille für Grille, wobei eine Helferin jeden Vogel einzeln in die Hand nehmen muss. Die »Kinder« sperren noch freiwillig ihre Schnäbel auf, bei den Alttieren muss man meist sanft mit dem Finger nachhelfen. Wasser wird mit der Pipette gereicht. Anschließend geht es zurück in die Boxen, die mindestens wöchentlich gereinigt werden müssen, einschließlich der waschbaren Unterlagen.

Wenn die Vögel satt und sauber sind und ihre Verletzungen einigermaßen ausgeheilt, steht den Betreuerinnen die wichtigste und auch anstrengendste Aufgabe noch bevor: sie wieder fit zu machen für das Leben im Flug. Physiotherapie für Mauersegler: Wie das funktioniert, kann ich während meines Besuchs direkt miterleben, am Beispiel von Kaspar und Raissa, für die eine der wöchentlichen Übungseinheiten ansteht.

Eva Brendel trägt die Box mit den beiden Vögeln in ein Nebenzimmer, das rund zwanzig Quadratmeter groß und völlig leer ist, bis auf eine Trittleiter in der Ecke. Die Wände sind mit hellen, grob gewebten Baumwoll-Stores verhängt, der Boden ist mit abwaschbaren Polstern ausgelegt. Die Therapie-Arbeit sieht zunächst einfach aus: Vogel aus der Box nehmen, auf eine Hand setzen, etwa auf Höhe des eigenen Kopfes heben – und zusehen, was passiert.

Beide Segler stürzen sich sofort in die Luft. Raissa dreht gleich mehrere Runden durchs Zimmer; sie saust so dicht über unsere Köpfe hinweg, dass sie mich einmal sogar mit der Flügelspitze antippt. Selbst diese leichte Berührung lässt mich die unbändige Kraft spüren, die in ihrem windschnittigen Körper steckt. Raissa, sagt Eva Brendel, sei schon fast abflugbereit; sie werde in ihren letzten Kliniktagen vor allem als »Motivatorin« eingesetzt – für die Vögel, die nach langer Boxenruhe die Lust am Fliegen erst wiederentdecken müssen. Vögel wie Kaspar, der schon nach zwei Runden an Höhe verliert und dann mit einem leichten »Plopp!« bäuchlings auf den Bodenmatten landet. Ihm fehlen Teile des Schwanzes und einige Schwungfedern, weshalb er in der Luft sofort in Schieflage gerät. Aber es hilft nichts, er muss seine Muskeln jetzt aufbauen, damit er die nachwachsenden Federn möglichst schnell wieder benutzen kann.

Vogel aufheben, nächster Flugversuch – und wieder Absturz. Drei, vier Mal hintereinander. Dann die Trittleiter durch den Raum schleppen, weil Raissa sich knapp unterhalb der Decke an der Gardine festgekrallt hat und von Hand »abgepflückt« werden muss. »Flugtherapie ist Knochenarbeit, für die Vögel ebenso wie für uns«, sagt Eva Brendel. Und man müsse immer darauf gefasst sein, dass am Ende doch alles umsonst war.

Denn manchmal stellt sich erst nach mehreren Übungsstunden heraus, dass ein gebrochener Flügelknochen, eine verletzte Sehne nie wieder voll ausheilen wird. Dann »lassen wir den Vogel gehen«, so drückt es Eva Brendel aus. Ein Mauersegler, der nicht fliegen kann, wird nie wieder ein gutes Leben haben. Deshalb setzt die Klinikleiterin solchen Vögeln eine gnädige Spritze, um ihnen weiteres Dahinvegetieren in der Plastikbox zu ersparen.

Nur etwa zwei Drittel aller aufgenommenen Vögel können am Ende als geheilt entlassen werden. Verwaiste Jungvögel haben die besten Überlebenschancen, weil sie häufig »nur« an Entkräftung oder leichten Sturzverletzungen leiden. Erwachsene Vögel werden dagegen häufig nach Kollisionen eingeliefert, mit Glasfronten, Baugerüsten, Antennen, Hochspannungsleitungen oder auch Windschutzscheiben. Entsprechend schwer sind ihre Verletzungen, sodass im Schnitt nur etwa jeder zweite Vogel überlebt.

Weit über 11 000 Mauersegler haben Christiane Haupt und ihre Helferinnen seit 1994 aufgenommen, 600 allein in diesem Sommer, und die Zahl der Patienten steigt fast jährlich. Das liegt zum einen daran, dass der Ruf der Klinik mittlerweile weit über Frankfurt hinausreicht; nicht nur private Vogelfreunde, sondern auch Tierheime und Wildvogel-Auffangstationen schicken aufgefundene Segler hierher.

Die steigenden Fallzahlen zeugen aber auch davon, dass die Zeiten härter geworden sind für Mauersegler. Den Vögeln macht zu schaffen, worüber auch viele Menschen klagen, vor allem die Bewohner großer Städte: Klimawandel und Wohnungsnot.

In Frankfurt sind die Durchschnittstemperaturen in den vergangenen sechzig Jahren um etwa zwei Grad gestiegen; an immer mehr Tagen erreicht das Thermometer dreißig Grad und mehr. Nach solchen Hitzeperioden erlebt die Mauerseglerklinik regelmäßig einen Ansturm, weil viele Jungvögel vorzeitig aus ihren aufgeheizten Nestern springen. Bei einigen, berichtet Eva Brendel, haben sich durch die sengenden Temperaturen bereits die Federenden gekräuselt, wie Nylonfäden, die man über eine Kerzenflamme gehalten hat.

Noch schlimmer trifft es die Vögel jedoch, wenn Sommer oder Frühjahr komplett ins Wasser fallen. Dann fehlt das nährende Luftplankton, dessen Masse durch vermehrten Einsatz von Insektiziden ohnehin stark abgenommen hat. Zwar können Mauersegler, auch Jungvögel, Hungerperioden überbrücken, indem sie in eine Art

Kältestarre fallen. Aber wochenlanges Schlechtwetter während der Brutperiode halten auch sie nicht durch. Im Frühsommer 2013, als Dauerregen in weiten Teilen Süddeutschlands zu Überschwemmungen führte, ging fast eine komplette Mauerseglerbrut verloren. Die Frankfurter Population hat sich von diesem Einbruch bis heute nicht erholt.

Die Folgen des extremen Wetters werden durch den zunehmenden Mangel an Nistplätzen verschärft. Der indirekt auch eine Folge des Klimawandels ist: Immer mehr Hausbesitzer lassen ihre Immobilien energiesparend sanieren. Fassaden werden gedämmt, Dächer isoliert und neu gedeckt, und dabei verschwinden fast immer Dutzende Hohlräume und Ritzen, in denen Mauersegler, aber auch andere »Untermieter« wie Sperlinge und Fledermäuse Obdach finden. Die Wohnungsnot schlägt sich direkt in der Griesheimer Patientenstatistik nieder: Seit drei, vier Jahren werden immer mehr Segler im Doppelpack eingeliefert – Nistplatzkonkurrenten, die sich beim Luftkampf um ein Quartier so heftig ineinander verkrallt haben, dass sie gemeinsam zu Boden gegangen sind. Weitere, zunehmend häufigere Unfälle sind Kopfverletzungen bei vergeblichem Anflug von Bruthöhlen, die durch Umbau verschlossen sind, der Absturz aus instabilen, zum Brüten ungeeigneten Notquartieren, die bei ausreichendem Wohnungsangebot nie besetzt würden.

Doch es gibt auch gute Nachrichten in diesen für Vögel schwierigen Zeiten. Immer mehr Menschen registrieren die Not der Mauersegler und engagieren sich für sie. Und zwar nicht nur aus privater Hilfsbereitschaft, sondern auch von Amts wegen.

Wenn heute in meiner Nachbarschaft ein Baugerüst vor einer Seglerkolonie hochgezogen würde, dann müsste ich nicht, wie vor vierzig Jahren, ohnmächtig zusehen. Oder mich mit dem Verfassen folgenloser Protestbriefe begnügen. Ich könnte den Bauherrn auf das Bundesnaturschutzgesetz hinweisen, das die Zerstörung von Nestern, ob in der Natur oder an Gebäuden, ganzjährig verbietet. Wären die Nester mit Jungvögeln besetzt, würde der Bauherr zusätzlich gegen das Tierschutzgesetz verstoßen: Danach macht sich strafbar, wer einem Tier ohne vernünftigen Grund Schmerzen, Leid oder Schäden zufügt. Ein Anruf bei der Unteren Naturschutzbehörde, die für die Belange in Landkreisen und kreisfreien Städten zuständig ist, würde genügen, die Bauarbeiten umgehend zu stoppen. In jedem Fall wäre der Bauherr verpflichtet, nach Abschluss der Arbeiten Ersatz für verloren gegangene Brutplätze zu schaffen, etwa in Form von Nistkästen.

Ich müsste nicht einmal auf Bauarbeiten in meiner Umgebung warten, um für Mauersegler aktiv zu werden. Ich könnte mir ein Beispiel nehmen an Initiativen, wie es sie bereits in mehreren deutschen Städten gibt: In Leipzig, Oldenburg, Tuttlingen und natürlich auch in Frankfurt hängen Vogelfreunde Dutzende spezieller Segler-Nistkästen auf, klettern auf Dachböden, um Brutplätze zu säubern und zu sichern, wachen darüber, dass vorhandene Kolonien erhalten bleiben.

Auch in dem Dorf, in dem ich seit vielen Jahren lebe, gibt es Mauersegler. Wenn sie im nächsten Frühjahr zurückkehren, das habe ich mir zumindest vorgenommen, werde ich versuchen, ihre Brutplätze ausfindig zu machen und künftig ein Auge darauf haben.

Ob ich aber zu einer konsequenten Mauersegler-Aktivistin werde, weiß ich noch nicht. Zum einen habe ich andere Vögel auch sehr gern, zum anderen ist da diese fiese kleine Frage in meinem Hinterkopf, die bei jedem aufgehängten Nistkasten aufs Neue laut werden würde und die auch während meines Besuchs in der Mauerseglerklinik nie völlig verstummt ist.

Warum? Was bringt das alles? Was bewirkt das ganze Engagement unterm Strich, wenn man nicht nur den einzelnen Vogel, sondern die Art insgesamt im Blick hat?

Im ADEBAR, dem Atlas Deutscher Brutvogelarten, lese ich, dass in Deutschland zwischen 215 000 und 395 000 Mauersegler-Paare brüten. Genauer lässt es sich kaum sagen, weil diese Vögel extrem schwer zu zählen sind: Anders als etwa Singvögel haben sie keine festen Reviere, die sie etwa durch Gesang markieren, sondern sie jagen unablässig ihren Beuteinsekten hinterher, zum Teil viele Kilometer von ihrem Nistort entfernt. Es gibt aber deutliche Anzeichen, dass der Bestand seit den 1980er-Jahren vielerorts gesunken ist, in Baden-Württemberg womöglich um die Hälfte. Hessen, Brandenburg und Nordrhein-Westfalen melden ebenfalls Rückgänge.

Was bringt es letztlich, wenn eine Handvoll unbeirrbarer Liebhaber unter großem Einsatz jährlich ein paar Hundert Vögeln das Überleben sichert?

Am Ende meines Besuches bekomme ich Christiane Haupt, die Klinikchefin, zumindest einmal kurz zu Gesicht. Sie huscht in die Küche, wo Eva Brendel und ich nach der Flugtherapie ein Glas Wasser trinken, und säubert, über die Spüle gebeugt, einige Instrumente. Sie ist klein und sehr schmal, vielleicht erinnert mich ihre Gestalt deshalb spontan an einen Vogel. Als sie fertig ist, eilt sie wortlos hinaus, ohne uns auch nur einen Blick zuzuwerfen.

Dr. Haupt gebe grundsätzlich keine Interviews, erklärt Eva Brendel. Sie arbeite selbst in normalen Zeiten sieben Tage die Woche und wenn eine Helferin ausfalle, auch schon mal die Nacht durch. Die Vögel ließen ihr schlicht keine Zeit, sich um Besucher zu kümmern.

Später, auf dem Weg nach Hause, denke ich, dass das Schweigen der Klinikleiterin vielleicht auch eine Antwort auf meine Frage nach dem Warum war: Wenn man von einer wirklichen Passion getrieben ist, dann erscheinen einem Fragen nach dem Sinn und Nutzen dessen, was man tut, herzlich irrelevant.

Vielleicht liegt es aber auch an den Mauerseglern selbst, dass solche Fragen gar nicht erst auftauchen.

Grundsätzlich haben natürlich alle Vögel, egal welcher Art, ihren eigenen Reiz, ihre besondere Ausstrahlung. Aber der Zauber, der von den Mauerseglern ausgeht, wirkt besonders stark. Das habe ich jedenfalls so empfunden, bei meinem Besuch in Frankfurt, und der Eindruck ist nachhaltig. Immer wieder sehe ich diese riesigen, hellwachen Augen vor mir, habe das unermüdliche zarte Juchzen aus der

Plastikbox im Ohr, spüre die Wucht der Flügelspitze, die meinen Kopf streifte. Und mir ist, als hätte ich mit der Berührung durch das Vögelchen namens Raissa zugleich den Hauch einer unbändigen Passion gespürt.

Man soll mit Aussagen über Gefühle natürlich vorsichtig sein, wenn es um Tiere geht. Niemand weiß, ob Vögel Lust beim Fliegen empfinden oder ob sie nur tun, worauf die Evolution sie programmiert hat. Aber seit meinem Besuch in der Frankfurter Klinik halte ich das Erstere zumindest nicht mehr für abwegig.

In den vergangenen Monaten habe ich einige interessante Meldungen aus der Forschung zu *Apus apus* gelesen, darunter auch zu den Fragen, die mir Eva Brendel nicht beantworten konnte. Ornithologen der Universität Lund in Schweden haben vor zwei Jahren erstmals Mauersegler mit ultraleichten Datenloggern bestückt, um ihre Flugbewegungen über längere Zeit hinweg genau verfolgen zu können. Sie fanden heraus, dass drei der mit Sendern bestückten Vögel zweihundert Tage lang ununterbrochen in der Luft blieben – ein einsamer Rekord in der gesamten Vogelwelt. Damit bewiesen die Forscher auch eine naheliegende, aber bislang noch nicht bewiesene Vermutung: dass Mauersegler im Flug erledigen, wozu selbst geübte Flieger anderer Arten zu Boden gehen müssen, nämlich Paarung und Schlaf.

Wann genau beides stattfindet, ließ sich aus den Daten nicht ermitteln, aber zumindest zu den Schlafzeiten gibt es Hinweise. Jeweils frühmorgens und in den Abendstunden verzeichneten die Geräte starke Steigflüge bis auf dreitausend Meter Höhe. Von dort ließen sich die Vögel in langsamen Spiralen abwärtsgleiten. Womöglich – aber auch das ist noch nicht bewiesen – schaltet ein Teil ihres Gehirns dabei in einen Schlafmodus, wie es etwa bei Delphinen und Fregattvögeln schon beobachtet wurde. Der wache Teil des Gehirns hätte auch nicht viel zu tun, denn die spezielle Aerodynamik der Flügel erlaubt es den Vögeln, selbst bei turbulentem Wetter mit minimalem Energieeinsatz zu navigieren.

Sie könnten sich also, theoretisch, ganz der Lust am schwerelosen Dahinschweben ergeben, in Himmelsregionen, in denen kein Hindernis ihren Flug bremst, kein Feind sie bedroht: Der schnelle Baumfalke, einer der wenigen Greifvögel, die imstande sind, Mauersegler zu erbeuten, wagt sich nicht in solche Höhen.

Ob die Mauersegler das Schweben genießen, werden wir vielleicht nie erfahren. Aber es ist schön, es sich vorzustellen.

ZUGEFLOGEN

Heckenbraunelle, die zweite

Mitte September. In den vergangenen Wochen bin ich kaum zum Beobachten gekommen, weil es ständig geregnet hat. Man konnte kaum drei Schritte durch den Garten gehen, ohne versehentlich ein Schneckenhaus zu zertreten. Jetzt, wo es endlich wieder schön ist, sind die Schnecken verschwunden, die meisten Vögel aber leider auch.

Seltsam, so ein frühlingshaft blauer Himmel fast ohne Flugbewegungen. Und wie still es im Garten ist, ohne die Früh- und Abendchöre der Amseln, die luftigen Koloraturen der Mönchsgrasmücke, den Zilpzalp, der seine zwei Silben bis in den August hinein gefühlte fünfhundert Mal täglich wiederholt hat.

Das heißt – ganz verstummt sind die Vögel nicht, und es sind auch nicht alle gen Süden verschwunden. Ein gutes Drittel der Arten, die ich von meinem Balkon aus beobachten kann, zählen zu den »Standvögeln«, die im Winter nicht fortziehen: Blau- und Kohlmeisen, Grünfinken, Spatzen, Elstern, Zaunkönige. Amseln natürlich auch, und die unvermeidlichen Ringeltauben. Das Rotkehlchen dagegen, das im Sommer hier gesungen hat, wird womöglich nicht dasselbe sein, das sich im Winter hören lässt: Ein Teil der hier brütenden Vögel zieht nach Süden. Ihre Reviere werden dann häufig von Artgenossen aus nördlichen Regionen besetzt, die in der kalten Jahreszeit hierher ziehen. Oder auch von Weibchen aus der Umgebung: Außerhalb der

Brutzeit gehen beide Geschlechter eigene Wege; erst im Frühjahr tun sie sich wieder in einem Revier zusammen.

Auch Heckenbraunellen gehören zu den sogenannten Teilziehern, deren Population nicht geschlossen ab Herbst Richtung Süden aufbricht. Und weil die kalte Jahreszeit klimawandelbedingt auch im rauen Norddeutschland nicht mehr das ist, was sie einst war, wird der Anteil der Nichtzieher zusehends größer. Mal sehen, ob »meine« Heckenbraunelle diesem Trend ebenfalls folgt und bleibt.

Zurzeit höre ich sie noch gelegentlich, ebenso wie einige andere Hiergebliebene. Manchmal stimmt der ein oder die andere ein paar Takte Gesang an. Es klingt zu dieser Jahreszeit immer etwas gedankenverloren: Wie ging das noch, dieses Singen? Und wozu war es gleich gut? Ach, egal, weiß nicht mehr.

Ich vermisse den Gesang der Vögel, einerseits. Andererseits bietet der stille Spätsommer die Gelegenheit, ihre Alltagssprache kennenzulernen: das breite Repertoire an Funktionslauten, die dazu dienen, vor Gefahren zu warnen oder Kontakt aufzunehmen. Die meisten dieser Laute sind kurz und unauffällig, aber ihre Botschaft ist präzise. Wenn die Rotkehlchen »ticken« und die Amseln »klöck, klöck«, rufen, sehe ich meist kurz darauf eine Katze durchs Gebüsch streifen. Segelt dagegen ein Greifvogel oder eine Krähe über den Garten, ertönt ein feines, lang gezogenes »Siiiieh«. Es ist schwer zu lokalisieren, und meist sehe ich auch nicht, von wem es kommt. Den Vögeln ist das eh egal: Warnlaute sind eine Art Esperanto, eine Universalsprache, die alle Arten verstehen.

Die Vögel sind nicht nur schweigsamer als im Frühjahr, viele sehen auch unscheinbarer aus. Das Blau der Meisen ist stumpf, die Spatzen und Grünfinken sehen regelrecht zerrupft aus. Sie haben das Prachtgefieder abgelegt, das vor allem die Männchen während der Balz- und Brutzeit tragen, und sind jetzt sozusagen in Alltagsklamotten unterwegs; »Schlichtkleid« sagen die Ornithologen – wie schon erwähnt – dazu. Der jährliche Garderobenwechsel nach Ende der Brutsaison heißt Mauser; manche Arten, vor allem Wasservögel, wechseln ihre Kleider sogar zweimal jährlich.

Die Mauser ist ein ebenso unauffälliger wie faszinierender Vorgang. Ein vogelkundiger Kollege erklärte ihn mir einmal so: Stell dir vor, ein Flugzeug verliert in der Luft, beim vollem Betrieb, nacheinander sämtliche äußeren Bauteile, von der Rumpfabdeckung über die Landeklappen bis zur Heckflosse. Und es stürzt trotzdem nicht ab – weil der Absturz des Zubehörs so geordnet vor sich geht, dass die Manövrierfähigkeit des gesamten Flugkörpers stets gewahrt bleibt, und weil jedes abgeworfene Teil umgehend durch ein neues ersetzt wird.

Dieses Bild beschreibt die Mauser der meisten Vogelarten. Es gibt jedoch Ausnahmen, Enten und Gänse etwa, die sämtliche flugrelevanten Federn an Flügeln und Schwanz gleichzeitig verlieren, sodass sie jeden Sommer für etwa drei Wochen am Boden beziehungsweise auf dem Wasser bleiben müssen. In dieser Zeit sind sie auf Seen oder Teiche angewiesen, die reichlich Futter und am Ufer Deckung bieten. Von der Sorte gibt es in Europa nicht viele, gerade zur Ferienzeit, wo es auch Menschen ans Wasser zieht. So hat sich, wie ich kürzlich las, ausgerechnet ein ehemaliges Abwasserklärbecken am Rand von München zu einem der beliebtesten Ententreffpunkte des Kontinents entwickelt: der Ismaninger Speichersee. Er ist, mitsamt Uferzonen und angrenzenden Teichen, rundum eingezäunt und nur für wenige Ornithologen zugänglich. Die haben festgestellt, dass es mittlerweile sogar Vögel aus Westsibirien zum Mausern nach München zieht.

Die Vögel in meinem Garten nehmen den Federwechsel zum Glück bei laufendem Betrieb vor und ohne sich an einen anderen Ort davonzustehlen. Soeben fliegt ein Spatz hinter mir vorbei. Ich sehe ihn nicht, aber ich erkenne ihn am Fluggeräusch; es ist etwas grober, schnarrender als etwa das der Meisen. Und völlig anders als das der Tauben, das mich entfernt an das Keuchen eines Langstreckenläufers kurz vorm Ziel erinnert. Mein Lieblingsfluggeräusch ist das der Stare, die jetzt nicht mehr hier sind: Wenn ein Schwarm in einer unserer Birken landet, klingt das wie das Rauschen einer Windbö.

Derselbe Kollege, der mir von der Mauser erzählte, behauptete einmal, er könne über ein Dutzend Entenarten am Klang ihres Flügelschlags erkennen. Ich war damals skeptisch. Aber mittlerweile glaube ich, dass er nicht übertrieben hat. Ich merke selbst, wie sich meine Ohren schärfen, je genauer ich auf die Naturgeräusche ringsum achte. Gerade im Lauf der letzten Monate sind mir die Vögel meiner Umgebung vertrauter geworden als je zuvor. Wozu sicher auch die Arbeit an diesem Buch beigetragen hat. Von meinem Schreibtisch aus kann ich ein Stück Garten sehen; mein Fernglas steht gleich neben dem Computer. Durch die Balkontür, die zurzeit meist offen steht, höre ich immer wieder Vogellaute. Und bin jedes Mal versucht, aufzustehen und nachzusehen, wer da gerade ruft, flattert, tickt, klöckt oder siiiieht.

Zugleich merke ich, wie wenig ich »meine« Vögel immer noch kenne. Einerseits sind sie mir so vertraut, wie es Nachbarn eben sind, die man seit über zwanzig Jahren vom Sehen und Hören kennt. Andererseits weiß ich über ihr »Privatleben« aber immer noch viel zu wenig.

Ich habe zum Beispiel keine Ahnung, wo die Grasmücken und der Zilpzalp genistet haben, die den ganzen Sommer über in unserem Garten sangen. Vermutlich in einer der umliegenden Hecken. Aber welcher? Ich frage mich auch, weshalb die Meisen, die auch jetzt noch fast täglich mein Futterhaus ansteuern, die Nistkästen nicht beziehen wollten, die wir im Frühjahr aufgehängt haben. Weshalb der Zaunkönig, der drei Jahre lang aus unserem Garten verschwunden war, plötzlich wieder aufgetaucht ist. Und ich rätsele, weshalb die Amseln an manchen Abenden still sind, an anderen aber in panische Ticklaute ausbrechen, obwohl weder Katzen noch Greifvögel in Sicht sind.

Irgendwo da draußen gibt es sicher Antworten. Es vergeht ja kaum ein Tag, ohne dass eine ornithologische Studie publiziert wird. Spätestens seit dem Besuch bei Oliver Krüger und seinen Bussarden versuche ich, zumindest einen Teil davon zur Kenntnis nehmen, aber das schaffe ich nicht. Aus Zeitgründen, aber auch, weil mein Blick auf die Wissenschaft zu selektiv ist. Ich habe eine Schwäche für Studien, die sich ungewöhnlichen bis abseitigen Themen widmen. Etwa der Frage, weshalb mexikanische Hausgimpel ihre Nester mit Zigarettenstummeln auspolstern, ob Kormorane zählen können oder weshalb manche Vögel spitz zulaufende Eier legen, während andere ebenmäßig elliptisch geformte produzieren.

Die Antworten auf diese Fragen, kurz und grob zusammengefasst: Nikotin wirkt gegen Nestparasiten, Kormorane können bis acht zählen, und die Form eines Vogeleis wird durch die Art der Flugstrecken bestimmt: Luftakrobaten und Dauerflieger wie Mauersegler und Albatrosse legen eher spitze Eier, während Vögel wie etwa Eulen oder Hühner, die vorwiegend auf kurzen Strecken unterwegs sind, zur Rund- oder Ellipsenform neigen. Die Forscher haben sogar herausgefunden, weshalb das so ist: Die Körperform bestimmt das Format der Eier. In den dünnen, windschnittigen Leibern der Viel- und Langstreckenflieger liegen die Organe enger beieinander, auch die Eileiter sind schmaler, weshalb diese Vögel tendenziell längere, spitzere Eier hervorbringen. Bliebe noch die Frage, ob es einen Zusammenhang zwischen Fluggeräusch und Eiformat gibt, aber die wurde im Rahmen dieser Studie nicht erörtert.

Über solchen Perlen der Ornithologie vergesse ich manchmal, auf die »Basics« zu achten. Also auf Untersuchungen, die sich mit dem Alltagsverhalten heimischer Arten befassen wie etwa den Nistplatzvorlieben von Meisen und Zilpzalps, der Stressanfälligkeit von Amseln oder dem Einfluss des Klimas auf den Bruterfolg des Zaunkönigs. Manchmal habe ich allerdings das Glück, auf Meldungen zu stoßen, die beides bieten: grundlegende Einsichten ebenso wie hohen Unterhaltungswert.

Mein Favorit unter allen bislang gelesenen Studien ist die über das Paarungsverhalten der Heckenbraunelle. Oliver Krüger wies mich darauf hin, und seitdem sehe ich meine äußerlich eher unspektakuläre Gartenfreundin mit neuen Augen.

Die Heckenbraunelle ist nämlich, um es ganz direkt auszudrücken, einer der schärfsten Feger der Vogelwelt. Das gilt für Männchen wie Weibchen.

Das Liebesleben von Vögeln fasziniert Menschen seit jeher – nicht zuletzt, weil es einige Parallelen zu unserem eigenen aufweist. Oder besser gesagt, zu einer Verhaltensform, die in den meisten Kulturen, wenn nicht gelebt, so doch als Ideal hochgehalten wird. Bis heute werden bei Hochzeiten weiße Tauben fliegen gelassen, um die reine, beständige Liebe zu beschwören, und hinter diesem und anderen romantischen Bräuchen steht nicht nur Aberglaube: Tatsächlich leben die meisten Vogelarten, geschätzte neunzig Prozent, monogam, das heißt, sie gehen zur Fortpflanzung Paarbeziehungen ein, die oft ein Leben lang halten. Und ein Vogelleben kann lang sein: Schwäne und Störche etwa werden bis zu zwanzig Jahre alt, Albatrosse werden sogar vierzig und älter.

Auch die Heckenbraunelle galt lange als Musterbeispiel ehelicher Treue. Bis britische Ornithologen ihr Sozialleben genauer untersuchten. Und feststellten, dass es eher einer Mischung aus Harem und Hippiekommune entspricht.

Hier eine – vereinfachte – Beschreibung des Paarungsprozederes, das sich alljährlich in Zehntausenden europäischer Gärten und Grünanlagen abspielt. Zunächst versuchen die Männchen, möglichst viele paarungswillige Weibchen in verschiedenen Revieren zu begatten. Die Weibchen wiederum bandeln mit so ziemlich jedem an, der dahergeflogen kommt. Die Männchen »ahnen« das jedoch und wenden eine ziemlich fiese Methode an, um ihre alleinige Vaterschaft zu sichern: Sie picken vor dem Zeugungsakt so lange an der Genitalöffnung des Weibchens herum, bis das Sperma eines eventuellen Nebenbuhlers herausspritzt. Die Weibchen lassen das scheinbar widerstandslos über sich ergehen, haben aber ihrerseits Techniken entwickelt, um einen Teil des Nebenbuhlersamens trotz der Attacken im Körper zu speichern. So erhöhen sie die Wahrscheinlichkeit, Nachwuchs von mehreren genetischen Vätern zu bekommen. Und sie paaren sich mit allen Partnern so oft, dass sich am Ende jeder, wenn nicht für den Ersten und Einzigen, so doch für den Wichtigsten hält – es entsteht eine Armada von Vaterschaftskandidaten, die sich mit den Weibchen gemeinsam um den Nachwuchs kümmern.

Immer wenn ich eine Heckenbraunelle sehe oder höre, erinnere ich mich daran, wie spannend und verblüffend ornithologische Forschung sein kann. Und nehme mir vor, selbst systematischer als bisher zu beobachten.

Einer der größten weißen Flecken in meinem Vogelwissen betrifft ausgerechnet ein Gebiet, das zurzeit die mit Abstand interessantesten Erkenntnisse liefert – nicht nur in der Ornithologie, sondern in der Biologie überhaupt. Und es verspricht, was aus meiner Sicht noch interessanter ist, auch Sternstunden für Beobachter.

Ich habe beim Stichwort »Vogelzug« lange nur an entlegene Orte wie Afrika oder die Scilly-Inseln gedacht.

Tatsächlich liegt einer der besten Hotspots für diese spezielle Form des Federnlesens nur eine kurze Schiffsreise von mir entfernt. Und da fahre ich jetzt hin.

WINTERGOLDHÄHNCHEN

KAPITEL 10

Was macht das Goldhähnchen an der Hummerbude?

Vom Zugvögelbeobachten auf Helgoland

Vergangenen Sommer fragten mich zwei Freundinnen, Natur- und Vogelliebhaberinnen wie ich, ob ich Lust hätte, im Oktober mit ihnen nach Helgoland zu fahren, um Zugvögel zu beobachten. Natürlich hatte ich Lust. Ich war bis dahin noch nie auf Helgoland gewesen. Deutschlands einzige Hochseeinsel kannte ich nur aus dem Heimatkundeunterricht und von Fotos. Die roten Sandsteinklippen. Das grüne Oberland, zerfurcht und bucklig von den Bomben, die im Zweiten Weltkrieg auf die Insel niedergehagelt sind. Die Düne mit den weißen Stränden, an denen sich Kegelrobben räkeln. Und natürlich den Vogelfelsen mit den Trottellummen, deren Junge sich jedes Jahr mit ihrem berühmten »Lummensprung« vom Nest ins Meer stürzen. Helgoland gilt als Vogelparadies, so viel wusste ich – nicht nur wegen der Lummen, sondern auch wegen der vielen Zugvögel, die dort jedes Jahr Station machen.

Aber auch Zugvögel kannte ich lange Zeit eher aus der Theorie als aus eigenem Erleben. Ich weiß, dass dies eine merkwürdige Aussage ist für jemanden, der seit Jahrzehnten Vögel beobachtet. Immerhin ist der Vogelzug eines der spektakulärsten Naturphänomene überhaupt, schon wegen der schieren Zahlen, um die es dabei geht: Allein in Europa machen sich jedes Jahr fünf Milliarden Vögel Richtung Süden auf, nach Afrika, ans Mittelmeer oder auch nur auf die britischen Inseln. Dass ich davon lange relativ wenig mitbekommen habe, liegt nicht zuletzt an meiner ornithologischen Sozialisation.

Für meine Eltern und mich hatten Vögel vor allem im Frühjahr »Saison«. Ab Mitte, Ende Juli, wenn sie nicht mehr sangen, verloren wir sie sukzessive auch aus den Augen. Wir waren nicht die Einzigen, denen das so ging – und auch heute bekommen viele Vogelfreunde kaum etwas mit von dem großen Aufbruch im Spätsommer und Herbst: Dieser vollzieht sich ja relativ diskret; nur wenige Vogelarten, wie etwa Kraniche oder Wildgänse, bewegen sich in spektakulären, weithin sicht- und hörbaren Flugformationen. Vor allem kleinere Singvögel reisen in der Regel nachts, um sicherer vor Räubern zu sein, und wenn sie rasten, halten sie sich bedeckt. Sie singen nicht und fallen auch optisch weniger auf, weil sie zu dieser Jahreszeit ihr Schlichtkleid tragen. Diese Federtrachten waren in *Was fliegt denn da?* nicht abgebildet; im Herbst hätten wir also viele »unserer« Vögel kaum wiedererkannt. Weibchen und Jungvögel hatten wir ohnehin wenig auf dem Schirm.

Im Winter unternahmen wir manchmal Exkursionen in die Rheinwiesen, wo wilde Grau- und Saatgänse rasteten – damals in den 1970er-Jahren, zumindest in unserer Gegend, noch kein so alltäglicher Anblick wie heute. Gänse und gelegentlich Wildenten waren die einzigen Zugvögel, die wir bewusst wahrnahmen, ansonsten war unsere städtische Umgebung, zumindest in meiner Erinnerung, im Winter weitgehend vogelfrei. Bis auf die paar Arten, die es das ganze Jahr bei uns aushielten, weil sie, anders als Zugvögel, nicht auf Insekten als Nahrungsquelle angewiesen sind, sondern sich vorwiegend von Körnern, Früchten und Aas ernähren: Spatzen, Drosseln, Elstern, Krähen und das ein oder andere Rotkehlchen. Und natürlich Ringeltauben.

Wo die übrigen Vögel abgeblieben waren, wussten wir nur ungefähr. *Was fliegt denn da?* machte keine genaueren Angaben zu ihren Aufenthaltsorten. »Leider verbietet es der Raum, auf den so interessanten Vogelzug einzugehen«, entschuldigte sich Verfasser Heinrich Frieling, fügte aber immerhin hinzu: »Im Großen und Ganzen kann man sagen, dass die meisten Singvögel südwestwärts, einige aber auch südostwärts wandern und dass die zarteren Arten häufig bis Afrika ziehen.«

Sehr viel genauer wussten es damals auch die meisten Experten nicht. Man konnte ja die Zugrouten nur mithilfe beringter Vögel rekonstruieren, die irgendwo auf dem Weg in ihre Winterquartiere, oder während der Rückkehr von dort, aufgefunden worden waren. Wobei das Beringen von Vögeln, mit dem um 1900 begonnen wurde, schon einen gewaltigen Erkenntnissprung in der Vogelzugforschung brachte: Bis dahin konnten Wissenschaftler nur spekulieren, wohin die Vögel alljährlich verschwanden. Noch im 18. Jahrhundert vertraten viele ernsthaft die Theorie, dass sie auf dem Grund von Gewässern überwinterten. Oder sich bei Winteranfang in Hasen verwandelten.

Das las ich kürzlich in einem Fachartikel zum Thema. Es ist in letzter Zeit eine Menge über Vogelzug geschrieben worden, was auch daran liegt, dass es in der Forschung vor nicht allzu langer Zeit dazu eine wahre Revolution gegeben hat. Anfang dieses Jahrtausends haben Ornithologen damit begonnen, Zugvögel mit GPS-Sendern auszurüsten, die so winzig sind, dass sie die Reisenden unterwegs nicht behindern, und so stark, dass sie große Mengen Daten speichern und über weite Entfernungen übermitteln können. Forscher können so erstmals genau verfolgen, welche Arten welche Zugwege und Rastplätze nutzen, wo sie überwintern, welchen Gefahren sie unterwegs ausgesetzt sind und wie sich der Klimawandel auf ihre »Routenplanung« auswirkt.

Vogelzug-Experten am Max-Planck-Institut für Ornithologie in Radolfzell planen bereits, aus den Daten Tausender geflügelter Kundschafter ein weltumspannendes Informationsnetzwerk zu knüpfen. Weil Vögel, wie auch andere mobile Tiere, sensibler als jedes menschengemachte Messsystem auf Umweltveränderungen reagieren, so ihre Überlegung, könnte man aus ihren Bewegungen neue, womöglich lebensrettende Erkenntnisse gewinnen: zur Vorhersage von Stürmen etwa, denen Seevögel bereits ausweichen, wenn diese gerade im Entstehen sind, über Heuschreckenplagen, die sich oft durch ungewöhnlich große Versammlungen von Störchen ankündigen, oder sogar über die Ausbreitung von Seuchen wie Vogelgrippe: Spezielle Sender zeichnen bereits Körpertemperatur und Herzrate ihrer Träger auf – und könnten so früher und präziser erkennen lassen, wann und wo eine Infektionswelle droht.

Ein solches Vogel-Internet könnte irgendwann nicht nur das Beringen, sondern auch das Beobachten von Vögeln weitgehend überflüssig machen – zumindest aus wissenschaftlicher Sicht. Aber nun geht es ja beim Beobachten, zum Glück, nicht nur um Wissenschaft, sondern auch ums Vergnügen, ums persönliche Naturerlebnis. Und das kann man heute, gerade zur Vogelzugzeit, leichter haben als früher. Naturschutzverbände wie der NABU bieten im ganzen Land Beobachtungstouren zu lokalen Hotspots an; es gibt die Vogelzugtage im Wattenmeer und Dutzende von Kranichtouren zwischen Boddenküste und Niederlausitz. Und es gibt, seit fünfzehn Jahren, die »Helgoländer Vogeltage«.

Ich muss gestehen, dass ich auch über diese Veranstaltung bis vor Kurzem nichts wusste und nur durch meine Freundinnen davon erfahren habe. Im Internet findet sich darüber wenig außer einem Hinweis auf der Webseite der Ornithologischen Arbeitsgemeinschaft Helgoland, ergänzt durch einige dürre Berichte aus den vergangenen Jahren. Kein detailliertes Programm, keine Werbung. Beigefügt ist nur eine Liste der Arten, die seit 2001 während der Vogeltage gesichtet worden sind. Bei deren Lektüre gehen mir allerdings förmlich die Augen über.

Die Liste umfasst 211 Namen, drei Viertel aller Arten, die in *Was fliegt denn da?* verzeichnet sind. Es sind Meeresvögel dabei, wie Heringsmöwen, Prachttaucher, Kormorane und Eiderenten, aber auch Waldbewohner wie Tannenmeisen, Baumpieper, Misteldrosseln und Kiefernkreuzschnäbel. Es treffen Strandläufer auf Baumläufer, Schwalben auf Schnepfen, Tundrasaatgänse auf Gebirgsstelzen und Turteltauben auf Schmarotzerraubmöwen. Und es stehen

Namen darauf, die ich nicht aussprechen kann, ohne in einen sehnsuchtsvollen Ton zu verfallen, weil ich sie schon so lange nicht mehr gesehen habe. Oder noch nie. Rosenstar! Regenbrachvogel! Papageitaucher! Gelbbrauen-Laubsänger!

Meine Freundinnen zeigen sich zunächst etwas erschlagen von dieser Fülle. Beide beobachten noch nicht so lange wie ich und sind im Alltag vollauf damit beschäftigt, die Meisen, Finken und Drosseln vor ihrer Haustür auseinanderzuhalten. Einen Gelbbrauen-Laubsänger, sagt die eine, würde sie nicht mal erkennen, wenn er ihr vor die Füße flöge. Kein Grund zur Sorge, beruhige ich sie. Schließlich bin ich ja dabei, mit meiner geballten Beobachtungserfahrung aus immerhin gut fünf Jahrzehnten – auch wenn sich die vor allem auf Frühjahre beschränkt. Außerdem werden außer uns sicher noch andere geschulte Beobachter zu den »Vogeltagen« fahren.

Das stimmt, wie sich schon während der Überfahrt nach Helgoland herausstellt. Die Fähre ist, auch ohne Werbung für die Vogeltage, gut gefüllt, und die Birder unter den Passagieren erkennt man auf den ersten Blick, weil sie Zugvögeln in mancher Hinsicht sehr ähnlich sind: Fast alle sind in Trupps unterwegs, tragen gedeckte bis tarnfarbene Kleidung und verhalten sich eher still. Jedenfalls im Vergleich zu den Leuten, die man sonst häufig auf Nordseefähren antrifft. Einige stehen die ganze Zeit an Deck, wo sie die Wasserfläche mit dem Fernglas nach Enten und Möwen abscannen.

Es ist eine lange Kolonne, die nach der Landung das Schiff verlässt, und einen Moment lang habe ich Sorge, dass wir womöglich mehr Menschen als Vögel auf der Insel treffen werden. Aber diese Sorge ist unbegründet, wie sich bald herausstellt.

Den ersten Vogel entdecken wir noch am Hafen. Er hüpft vor einer der Hummerbuden herum, ein graugrünes, kaum tischtennisballgroßes Federkügelchen. Als ich ihn erkenne – ich brauche dazu nicht einmal mein Fernglas –, bin ich überrascht und auch gerührt: Es ist ein Wintergoldhähnchen, ein Vertreter der kleinsten Vogelart Europas, rund neun Zentimeter lang, höchstens sieben Gramm leicht. Dass Angehörige dieser Art auch gen Süden ziehen, wusste ich nicht, weil sie, passend zu ihrem Namen, auch im Winter bei uns vorkommen. Aber ein Blick ins Vogelbuch zeigt mir, dass auch Wintergoldhähnchen zu den »Teilziehern« gehören; zumindest in unseren Breiten bleiben viele das ganze Jahr über in ihren Revieren. Nur die Vögel aus Nordeuropa brechen im Herbst geschlossen auf, fliegen aber meist nur wenige Hundert Kilometer Richtung Südwesten.

Wintergoldhähnchen sind nicht selten, aber extrem schwer zu beobachten, weil sie meist in den Baumkronen von Mischwäldern herumturnen. Erst vor wenigen Wochen habe ich mir fast einen steifen Nacken geholt beim Versuch, eines zu identifizieren. Es gibt nämlich auch noch das Sommergoldhähnchen, eine ähnlich häufige Schwesternart, die eine etwas andere Kopfzeichnung hat, aber das hilft nicht viel weiter, wenn man, das Fernglas senkrecht nach oben gerichtet, nur kleine graue Bäuche zu sehen bekommt. Und am Gesang lassen sich beide Arten auch nur im Frühjahr unterscheiden.

Jetzt blicke ich, zum ersten Mal überhaupt, von oben auf ein Goldhähnchen herab. Sehe den feinen dottergelben Streifen auf dem Scheitel und die schwarzen Linien, die ihn einrahmen. Sehe die weißen Flügelstreifen, darunter sogar einzelne Flaumfedern, die der Seewind hochbläst. Mir ist, als sähe ich diesen Vogel zum ersten Mal überhaupt, und ich möchte meine Freude darüber unbedingt teilen. Die Freundinnen sind schon etwas vorausgegangen, aber da kommt gerade ein Mann die Hafenpromenade entlang, der von weitem als Vogelkundler zu erkennen ist. Er trägt grünbraune Funktionskleidung, ein Fernglas um den Hals und ein Spektiv über der Schulter. Ich spreche ihn an. Er blickt kurz auf den Vogel, dann auf mich, und ich sehe seinem Blick an, dass er meine Begeisterung nicht teilt. »Tja, von denen gibt's hier viele«, sagt er, mit nachsichtigem Lächeln. Und geht weiter. Ich bleibe zurück mit dem seltsamen Gefühl, mich soeben als Newbie geoutet zu haben. Als eine, die noch nicht so recht begriffen hat, worum es hier eigentlich geht.

Und worum geht es bei den »Helgoländer Vogeltagen«? Die Antwort »ums Vogelbeobachten« ist nicht ganz falsch, aber doch zu allgemein. Denn die Aufmerksamkeit der meisten Beobachter ist, wie wir bald feststellen, sehr ungleich verteilt, und sie folgt einer strikten Hierarchie. Es gibt einige Arten, die sofort die Blicke aller Anwesenden auf sich ziehen, kaum dass einer ihren Namen ausspricht; andere werden eher beiläufig registriert, wieder andere bilden, in der Wahrnehmung der meisten Beobachter, nur eine Art Grundrauschen. Zu diesen zählen unter anderem die Wintergoldhähnchen. Und überhaupt alle, auf die der Satz »von denen gibt's hier viele« zutrifft.

Wer bei dem Stichwort »viele Vögel« an Schwärme denkt, an den Himmel füllende Formationen, wird von Helgoland zunächst enttäuscht sein. Der Luftraum über der Insel ist ziemlich leer. Die meisten Vögel hocken auf dem Boden. Das allerdings in erstaunlichen Mengen.

Man sollte, findet eine meiner Freundinnen, an den Wegen Schilder aufstellen, auf denen »Treten Sie nicht auf die Buchfinken!« steht. Wir treffen sie überall: zwischen den Fischbuden und Spirituosenläden in der Siedlung Unterland, in den Grünanlagen an der Nordseehalle ebenso wie auf dem Wanderpfad, der an der Kliffküste entlang zur Langen Anna führt, der Sandsteinsäule an der Nordwestspitze. Der Vogelfelsen ist um diese Jahreszeit leer; Lummen und Basstölpel verbringen den Winter im Nordatlantik. Dafür sind die Wiesen des Oberlands dicht besetzt, vor allem mit Singvögeln der Kategorie »klein, braun, unscheinbar«. Feldlerchen sind dabei, Hänflinge und Goldammern; die allermeisten aber identifizieren wir, nach kurzem Hinsehen, als Wiesenpieper, eine der vielen Vogelarten, die in den letzten Jahrzehnten durch die Intensivierung der Landwirtschaft bei uns selten geworden sind. Hier sind sie, neben den Buchfinken, aussichtsreichste Anwärter auf den Titel »häufigster Vogel der Vogeltage«. Sie hüpfen zu Dutzenden herum, nicht nur auf den Wiesen, sondern sogar am Strand, wo sie in angeschwemmten Tangbüscheln herumstochern.

An den Stränden entdecken wir erstaunlich viele Arten, die dort, laut Bestimmungsbuch, eigentlich nichts verloren haben – weil sie normalerweise in völlig anderen Habitaten zu Hause sind. Bachstelzen sind dabei, Rotkehlchen, Rotschwänze, Steinschmätzer, sogar Rauchschwalben. Und natürlich Goldhähnchen. Die meisten dieser Vögel sind auch meinen Freundinnen vertraut; es sind die – relativ – häufigen Allerweltsarten, denen sie schon in ihrem eigenen Garten oder bei Exkursionen vor ihrer Haustür begegnet sind. Hier am Strand lernen sie ihre Bekannten aus völlig neuer Perspektive kennen.

Es ist, als hätten sich die Zugvögel Helgolands verabredet, den Besuchern der Insel das Beobachten so leicht wie möglich zu machen. Sie fliegen kaum fort, wenn man sich ihnen nähert. Oft bleiben sie selbst dann auf der Stelle hocken, wenn man auf wenige Schritte an sie herankommt. Wir blicken auf Vögel herab, zu denen wir sonst aufschauen müssen, weil sie gewöhnlich auf Dachfirsten hocken oder hoch über unseren Köpfen hin- und herflitzen. Wir betrachten, wie auf einer Bildtafel im Vogelbuch, die dunkelblauen Rücken von Rauchschwalben, die sich tief in den Sand gekauert haben, um Schutz vor der rauen Seebrise zu suchen; wir sehen die weiße Kopfplatte eines Gartenrotschwanzes, der etwas desorientiert zwischen Strandkieseln herumhüpft.

Es ist faszinierend, Vögel so nah und unmittelbar zu erleben, aber es hat auch etwas Beunruhigendes. Wenn Wildtiere Menschen so nahe an sich heranlassen, dann ist das oft ein Zeichen, dass es ihnen nicht gut geht. Vielleicht bereitet ihnen unsere Annäherung sogar Stress. So gesehen, hat es auch sein Gutes, dass sich die Aufmerksamkeit der meisten Beobachter auf wenige seltene Arten konzentriert. Schwalben, Buchfinken, Wiesenpieper und Rotkehlchen werden von den meisten Birdern links liegen gelassen, weil sie zu den »vielen« gehören, die kaum jemanden interessieren. Außer ahnungslosen Newbies. Leuten wie uns.

Je länger wir uns auf der Insel aufhalten, desto mehr wird uns klar: Den Status als Neulinge und Anfängerinnen werden wir während unseres Aufenthalts kaum loswerden. Allein schon, weil wir bereits äußerlich als solche zu erkennen sind: Wir gehören zu den wenigen, die nur Ferngläser bei sich tragen, und zwar Modelle, die erkennbar nicht zu den allerneusten gehören. Meines stammt noch aus der Zeit, als Zeiss Jena ein volkseigener Betrieb war.

Die meisten Besucher der Helgoländer Vogeltage sind dagegen außer mit Ferngläsern auch mit Spektiven ausgerüstet. Es sind mächtige, oft mehr als armdicke Röhren, die ihren Trägern eine martialische Note verleihen, vor allem in Kombination mit tarnfarbenen Cargohosen und Stiefeln von der Sorte, mit der man Trampelpfade durch dichtes Unterholz bahnen kann. Zur Ausrüstung passt oft das Auftreten: weit ausholende Schritte, ernste, verschlossene Mienen, Blicke, die wie Suchscheinwerfer über Himmel, Wiesen, Strände und Vorgärten gleiten. Oft weichen wir unwillkürlich aus, wenn uns auf einem der schmaleren Inselpfade ein Trupp dieser Beobachter entgegenkommt.

Wir merken aber auch bald: So abweisend, wie viele Besucher der Vogeltage auf den ersten Blick wirken, sind sie nicht. Weil es eines gibt, das uns mit ihnen verbindet: die Liebe zu Vögeln und die Freude, sich darüber auszutauschen.

Es gibt eine goldene Regel für das Beobachten auf Helgoland: Wenn sich irgendwo ein Pulk Menschen versammelt hat, womöglich mit nebeneinander aufgereihten Spektiven, dann geh hin und stell dich dazu. Es lohnt sich fast immer, vor allem für Anfängerinnen wie uns. Denn es eröffnet die Möglichkeit, auch ohne langwierige eigene Suche das zu entdecken, worauf es eigentlich ankommt: die ungewöhnlichen, seltenen Arten. Diejenigen, deren Namen man automatisch mit andächtigem Unterton ausspricht.

»Was gibt es hier zu sehen?«

»Strandpieper. An der Pfütze zwischen den beiden größeren Tanghaufen da vorne.«

»Ach. Und woran sehen Sie das?«

Meist ist es eine meiner Freundinnen, die diese Fragen stellt.

Mich kosten sie etwas Überwindung, weil ich, aus alter Gewohnheit, den Ehrgeiz habe, »meine« Vögel selbst zu entdecken und auch zu bestimmen. Aber die meisten Beobachter sind mit ihren dicken Fernrohren natürlich schneller als ich, und sie verfügen über eine Expertise im Bestimmen, die meine bei Weitem übersteigt. Und noch etwas verbindet sie mit Dick, Jim und den anderen Zugvogelexperten, die ich damals auf den Scilly-Inseln getroffen habe. Sie teilen ihr Wissen gern. Meistens jedenfalls.

Manchmal geraten wir an Einzelgänger mit Sprich-mich-nicht-an-Gesichtern, die, wenn überhaupt, nur einsilbig Auskunft geben. Manchmal werden wir sogar angeraunzt, weil eine von uns jemand versehentlich die Sicht versperrt: »Wenn Sie da noch lange stehen bleiben, gibt's gar nichts mehr zu sehen!« Die Mehrheit der Beobachter aber reagiert auf die Sichtung eines ungewöhnlichen Vogels ähnlich wie wir: mit dem Bedürfnis, ihn sofort so vielen Menschen wie möglich zu zeigen.

»Sehen Sie die Wiesenpieper da vorne? Der Strandpieper ist im Vergleich dazu etwas größer, dunkelgrau und hat, durch seinen dunklen Augenstreif, diesen etwas grimmigen Gesichtsausdruck ...«

»Da unten auf der Mauer sitzt eine Krähenscharbe. Sie erkennen sie daran, dass ihre Stirn deutlich steiler ansteigt als die des Kormorans ...«

»Haben Sie schon die Gryllteiste entdeckt, dort hinten an der Boje? Ist sehr weit weg, ja. Wollen Sie mal hier durchgucken?«

Und dann schauen wir, eine nach der anderen, durch das jeweils angebotene Spektiv, und der winzige Punkt weit draußen auf dem Meer verwandelt sich in einen schwarzen Schwimmvogel, dessen weiße Flügel auch im Gegenlicht klar zu erkennen sind. Und wir sehen nicht nur die steile Stirn der Krähenscharbe, die gut vierhundert Meter Luftlinie von uns entfernt auf einem Bollwerk unterhalb des Roten Kliffs sitzt, sondern auch die Wassertropfen, die auf ihrem Gefieder glitzern. Und der Strandpieper, der einen Steinwurf von uns entfernt die Tanghaufen durchsucht: Wir sehen ihn so nahe, so gestochen scharf, als säße er direkt auf unserer Hand. Und tatsächlich, er guckt ziemlich grimmig, als empfände er die extreme optische Annäherung als zudringlich.

Wenn ich durch eines dieser bis zu vierzigfach vergrößernden Fernrohre gucke, muss ich manchmal an früher denken, an die ersten Beobachtungstouren mit meinen Eltern. Was für ein mühsames Geschäft das Vögelbeobachten damals war, in den 1960er- und 1970er-Jahren, mit unseren mickrigen, wenig lichtstarken Ferngläsern und den kargen, wenig differenzierten Zeichnungen in *Was fliegt denn da?*. Mit einem Spektiv hätten wir das Rätselhuhn damals in den Kärntner Alpen sicher auf Anhieb identifiziert, und noch Hunderte anderer Vögel, die wir in den Jahren danach unerkannt davonfliegen lassen mussten. Wir hätten, mit besserer optischer Ausrüstung, sicher auch viel früher Gefallen am Beobachten von Zugvögeln gefunden.

Aber meine Eltern und ich waren früher schon froh, wenn uns ein Goldhähnchen so vor die Linse kam, dass wir es von einem Zilpzalp oder Zaunkönig unterscheiden konnten. Für die Besucher der »Vogeltage« sind das Anfängerübungen. Sie identifizieren nicht nur mit einem flüchtigen Blick einen vorbeifliegenden Kleinvogel als Sommer- oder Wintergoldhähnchen. Sie enttarnen auch ein angebliches Goldhähnchen, das sich im Sanddorngebüsch am Elektrizitätswerk verborgen hat, als, tatsächlich: einen Gelbbrauen-Laubsänger. Und ich stelle wieder einmal fest, wie begrenzt meine Expertise ist: Ich hätte diesen seltenen Wintergast aus der sibirischen Taiga glatt übersehen. Und selbst wenn er mir vor die Füße geflogen wäre, hätte ich ihn womöglich nicht sicher bestimmen können.

Denn nicht nur mein Fernglas, auch mein guter alter Jonsson erweist sich als begrenzt Helgoland-tauglich. Meine Auflage aus den 1990er-Jahren zeigt nicht alle extremen Raritäten und Unterarten, die hier vorkommen, im Bild. Oder wenn, dann nicht detailliert genug.

Besser ausgerüstete Vogelfreunde holen auf die Frage »Woran sehen Sie das?« meist einen brandaktuellen Svensson aus dem Rucksack. Oder zücken das Tablet, auf dem die Digitalversion dieses

Standardwerks gespeichert ist. Auf dem Touchscreen lassen sich die filigranen, hochpräzisen Zeichnungen mit einem Fingerstrich vergrößern. So erkennen auch wir Ungeübten, was diesen Laubsänger von über einem Dutzend ähnlicher, mehr oder weniger verwandter Arten unterscheidet: der breite gelbe Augen- und der angedeutete Hinterscheitelstreif, der moosgrüne Rücken – ohne hellen Bürzel – und der eher reinweiße als grauweiße Bauch. Unfassbar, wie subtil diese Details sind und wie genau man hingucken muss, um sie zu erkennen.

Je länger wir uns auf Helgoland aufhalten, Leute ausfragen, durch ihre Fernrohre schauen, desto klarer wird uns, wie sehr sich das Beobachten in den vergangenen Jahrzehnten verändert hat. Es ist nicht mehr das beschauliche, etwas trutschige Hobby von Wanderern, das es früher war und als das es, in vielen Medienberichten, heute noch dargestellt wird. Vogelbeobachtung ist ein Hightech-Sport geworden, der Aufwand und Einsatz erfordert, jedenfalls dann, wenn man zu den Besten des Fachs gehören will. Und der Vergleich mit anderen gehört heute unbedingt dazu – anders als früher, da jeder nur für sich allein beobachtete und Meldungen über gesichtete Arten allenfalls in regionalen Fachblättchen publizierte.

Die Besucher der »Vogeltage« nutzen zum Austausch und zum Vergleich untereinander eine spezielle Plattform: die Webseite des Club 300 Germany. Sie bietet aktuelle Meldungen über in Deutschland gesichtete Raritäten – allerdings nur für registrierte Mitglieder, die einen (moderaten) Jahresbeitrag zahlen. Der Club steht jedem offen, und wer beitritt, hat die Möglichkeit, eigene Beobachtungen auch öffentlich zu dokumentieren und Listen über gesehene Arten zu führen. Anders als bei ornitho.de aber werden diese Eintragungen nicht wissenschaftlich ausgewertet, sondern dienen eher dazu, die eigene ornithologische Expertise zu demonstrieren.

Die Zahl 300 zeigt an, wie viele Arten jemand mindestens gesichtet haben sollte, der sich zum harten Kern der besten deutschsprachigen Birder zählen will. Gezählt werden dürfen nur die Arten, die im eigenen Land entdeckt wurden. In Deutschland brüten rund

280 Spezies; ich habe ein halbes Leben gebraucht, um geschätzt zwei Drittel davon zu Gesicht zu bekommen. Wer die Marke 300 erreichen oder übertreffen will, muss nicht nur regelmäßig alle Biotope im Umkreis seines Wohnorts inspizieren, sondern ist auch auf diejenigen angewiesen, die in den Bestimmungsbüchern als »Irrgäste« oder »Ausnahmeerscheinungen« aufgeführt sind.

Auf Vögel wie den Gelbbrauen-Laubsänger. Oder die Kurzschnabelgans, einen seltenen Gast aus der Arktis, der sich unter die Möwen und Eiderenten am Hafen gemischt hat. Die Trauerbachstelze, eine britische Variante unserer heimischen Art, die in einer Bucht im Südosten nach Tangfliegen sucht. Und den Nonnensteinschmätzer, der sich aus den steinigen Steppen Mittelasiens auf die »Düne« verirrt hat, Helgolands flache, sandige Nebeninsel.

Diese vier Vögel sind die unbestrittenen Stars und ein Muss für jeden der anwesenden Vogelfreunde; ihre Entdeckung spricht sich über die WhatsApp-Gruppen des Club 300 und verschiedene informelle Birder-Netzwerke auch bis zu uns herum. Das liegt an einer äußerst sympathischen Verhaltensregel, die nicht nur im Club-Kodex festgehalten ist, sondern von allen Vogeltage-Besuchern beherzigt wird. Sie lautet sinngemäß: Wer eine seltene Art entdeckt, sollte dies umgehend allen Interessierten mitteilen – auch denjenigen, die den Vogel mangels Kenntnis oder geeigneter technischer Ausrüstung nie selbst gefunden hätten. Möglichst mit genauer Ortsangabe. Und zur Not auch ungefragt. Etwa bei einem zufälligen Gespräch am Stehtisch einer Imbissbude.

»Schmeckt der Hering?«

»Oh ja, danke. Was Interessantes gesehen heute?«

»Ja, wir kommen gerade vom Nordstrand. Strandpieper waren da, Krähenscharben. Und eine Gryllteiste.«

»Ach, die kenn ich, die ist seit Tagen an derselben Boje zugange. Waren Sie denn schon beim Nonnensteinschmätzer?«

Da wir verneinen, folgt eine detaillierte Wegbeschreibung, die sich allerdings als überflüssig erweist, weil wir uns schon beim Besteigen der Fähre, die uns zur Düne hinüberbringt, in einem Pulk von Birdern wiederfinden. Alle haben das gleiche Ziel, das schon nach kurzem Fußmarsch durch wogendes Dünengras zu erkennen ist: ein Strandschutzwall aus Reisig, hinter dem bereits eine Reihe von Spektiven und auch Kameras postiert sind. Etwa drei bis vier Meter vor dem Wall liegt ein dicker Stein im Sand. Darauf, so erfahren wir, pflegt der Vogel regelmäßig zu landen.

Das klingt nun völlig unglaublich: dass sich ein seltenes, scheues Tier an einem ausgedehnten, weitgehend menschenleeren Sandstrand ausgerechnet den einen Landepunkt aussucht, auf den Dutzend Fernrohre und Objektive gerichtet sind, die nur wenige Schritte entfernt stehen. Aber genau das passiert. Es ist, als wolle der Steinschmätzer eine ungeschriebene Verhaltensregel aller Helgoländer Zugvögel bekräftigen: Den Menschen, die sie beobachten wollen, soll es so leicht wie möglich gemacht werden.

Er setzt sich nicht nur einfach hin. Er präsentiert sich mehrere Minuten lang von allen Seiten, wie ein Hollywoodstar auf dem roten Teppich. Führt sämtliche Kennzeichen vor, die ihn laut Vogelbuch als junges, noch unausgefärbtes Männchen charakterisieren: die dunkel geschuppte Kehle, die ockerfarbene Brust, den tintenschwarzen Schwanz mit weißem Bürzel. Ein schönes Tier. Gelegentlich »knickst« er sogar, wie es alle Steinschmätzer tun; er beugt sich ruckartig zu Boden, sodass sein Schwanz nach oben weist, und richtet sich sofort wieder auf.

Wir starren den Vogel an, staunend, sprachlos. Kameras klicken; ab und zu löst sich ein leises »Ah!« oder »Wow!« aus der Reihe der Beobachter. Die Szene hat etwas Märchenhaftes; es ist, als wollte der Nonnensteinschmätzer, stellvertretend für alle Zugvögel, den Menschen ein Signal geben: dass ihre Zuwendung bei den Beobachteten nicht nur registriert, sondern auch geschätzt wird.

Es gibt wohl nur wenige Orte auf der Welt, wo Vögeln solch hingebungsvolle Aufmerksamkeit zuteilwird. Auch die häufigen und allgegenwärtigen bekommen davon etwas ab. Denn sie werden, wenn auch nur im Vorbeigehen, zumindest zur Kenntnis genommen und identifiziert; ihre Namen gehen ein in die große Artenliste, die bei allen Vogeltagen erstellt wird. Und natürlich zählen auch Buchfinken, Wiesenpieper und Goldhähnchen am letzten Tag beim »Birdrace«, einem Wettbewerb, bei dem es darum geht, innerhalb von 24 Stunden so viele Vogelarten wie möglich zu sichten.

Eine meiner Freundinnen findet, dass es fast etwas Rührendes hat: dass all diese optisch hochgerüsteten, oft combatmäßig gekleideten Männer sich ausgerechnet für so etwas Zartes und Fluffiges wie Vögel begeistern. Es sind tatsächlich fast alles Männer; die Frauen sind unter den Besuchern der Vogeltage eindeutig in der Minderheit. Herauszufinden, weshalb das so ist, wäre eine lohnende Aufgabe für ein Team von Sozialwissenschaftlern. Vielleicht, sagt meine Freundin, zieht das Vogelbeobachten vor allem Jäger- und Sammlernaturen an, von denen ja in unserer Kultur Männer immer noch die Mehrheit stellen. Ob das zutrifft oder ob es noch andere Gründe gibt – wir werden es während unseres Aufenthalts in Helgoland nicht näher ermitteln können. Dafür ist er zu kurz, und wir sind ja auch schließlich vor allem wegen der Vögel da.

Es ist Zeit, eine Grundsatzfrage zu klären, die wir uns schon vor der Reise gestellt haben und die uns zeitweise aus dem Blick geraten ist, weil wir uns so viel mit den Menschen beschäftigt haben, die hier Vögel beobachten: Was macht Helgoland überhaupt zum Vogelparadies? Was zieht sogar ausgesprochene Waldvögel, wie Goldhähnchen und Laubsänger, auf eine kahle Nordseeinsel? Was suchen Schwalben und Wiesenpieper am Strand? Und was verschlägt einen Vogel wie den Nonnensteinschmätzer hierher, dessen Brutgebiete Tausende Kilometer weiter südöstlich liegen und der in der Nordsee ungefähr soviel verloren hat wie eine Nachtigall auf Spitzbergen?

Es gibt einen Ort auf Helgoland, an dem man solchen Fragen schon lange nachgeht: die Vogelwarte. Ihre Gründung 1910 geht auf die Initiative eines Mannes zurück, auf dessen Namen früher oder später jeder stößt, der ein paar Tage auf Helgoland verbringt. Heinrich Gätke, geboren 1814 im brandenburgischen Pritzwalk, war ein

Maler, den es durch eine nicht ganz freiwillige Heirat nach Helgoland verschlug. Dort entdeckte er die Vögel. Und wurde zu einem der Ersten, der ihr Kommen und Gehen systematisch beobachtete und dokumentierte – bis zu seinem Tod 1897. Er gilt bis heute als einer der Pioniere der Vogelzugforschung.

Im Institut für Vogelforschung »Vogelwarte Helgoland«, so die offizielle Bezeichnung, werden das ganze Jahr über durchreisende Flieger aller Arten gezählt und beringt – auch heute noch, im Zeitalter der GPS-Telemetrie. Denn Ringfunde liefern immer noch unentbehrliche Daten über die Wanderwege der Vögel und darüber, wie sich die Populationen verschiedener Arten langfristig entwickeln.

Zur Vogelwarte gehört ein Fanggarten, in dem Vögel durch eine Schleuse in Netze gelockt werden, damit man sie anschließend mit einem markierten Ring versehen kann. Helgoland-Besucher können den Garten zu festgesetzten Zeiten besichtigen und erfahren, welche Erkenntnisse das Beringen bringt, aber auch, welche Vögel sich zurzeit auf Helgoland aufhalten. Der diensthabende Ornithologe führt uns am Beispiel eines konsternierten Bergfinken vor, wie man Vögel so in die Hand nimmt, dass die zarten Gelenke nicht brechen und der Luftsack am Hals nicht gequetscht wird. Der Bergfink hackt dem Ornithologen seinen kräftigen Körnerfresserschnabel in die Hand, was dieser aber nicht übel nimmt: »Das ist ein Zeichen, dass der Vogel fit ist.«

An Tagen mit besonders regem Flugverkehr, wie jetzt während der Hauptzugzeit, landen täglich weit über hundert Vögel in den Netzen. Und das ist nur ein winziger Bruchteil der Gesamtmenge, die an einem Tag auf Helgoland Station macht; sie geht vermutlich in die Tausende.

Diese Zahlen verraten noch nicht, was genau Helgoland für Vögel so anziehend macht. Die Erklärung, die uns der Ornithologe der Vogelwarte gibt, klingt aber relativ simpel, und sie ist ernüchternd für alle, die Helgoland bisher für ein Vogelparadies gehalten haben. Aus Sicht der Vögel, so erfahren wir, ist die Insel alles andere als das: 170 Hektar windzerzauste Wiesen und Sanddünen, kaum Deckung in Form von Büschen oder Bäumen, keine Feuchtgebiete mit üppigem Insektenvorkommen. Die einzige halbwegs reichhaltige Futterquelle bilden die Tangfliegen in den Algenteppichen, die von der Brandung angeschwemmt werden. Das ist der Grund, weshalb es so viele Vögel an die Strände zieht.

Helgoland verdankt seinen Vogelreichtum nur einem Faktor: seiner Lage. Es ist der einzige Flecken Land in der weiten Wasserwüste der Nordsee und damit ein Notlandeplatz für alle, denen auf der Flugroute zwischen Skandinavien und den Küsten Westeuropas die Puste ausgeht – wegen schlechten Wetters, ungünstiger Winde oder einfach aus Entkräftung. Jetzt begreifen wir auch endlich, weshalb viele Vögel hier so auffallend zutraulich sind: Sie sind schlicht zu erschöpft zum Fliehen.

Die Vogelwelt Helgolands im Oktober entspricht in ihrer Zusammensetzung etwa dem Publikum eines Flughafenwartesaals zur Hauptferienzeit: Reisende aus verschiedensten Himmelsrichtungen, die Hunderte, zum Teil Tausende Kilometer hinter sich und auch noch vor sich haben. Die sich außerhalb dieses Orts womöglich nie begegnet wären, weil sie aus verschiedenen Milieus und Habitaten stammen. Oder die sich zum Teil so hoffnungslos verflogen haben, dass ihre Rückkehr in die Heimat ungewiss ist.

Es sind ausgerechnet diese verirrten Einzelgänger, diese unfreiwilligen Interkontinentalreisenden, die viele Beobachter besonders begeistern: Vögel wie der Nonnensteinschmätzer oder der Gelbbrauen-Laubsänger, die, wenn überhaupt, nur ein halbes Dutzend Mal pro Jahr in Europa gesichtet werden. Dass sie so weit von ihrer gewohnten Flugroute abkommen, so erklärt uns der Ornithologe vom Dienst, liege manchmal an heftigen Unwettern, manchmal auch an einer genetischen Fehlsteuerung. Und selbst wenn sie den anstrengenden Abstecher nach Helgoland überlebten, erwarte sie ein trübes Schicksal: Sie werden kaum in ihre heimischen Brutgebiete zurückfinden und im Exil auch keine Partner der gleichen Art mehr finden.

Trotzdem haben sie alles in allem Glück. Jedenfalls im Vergleich zu ihren Artgenossen und allen anderen Vögeln, die in früheren Zeiten auf der Insel notlanden mussten. Denn sie können ihr Leben in Ruhe beschließen – ohne die Gefahr, erschossen zu werden oder im Fangnetz eines Jägers zu landen.

Bis weit ins 20. Jahrhundert war Helgoland nämlich so etwas wie das Malta des Nordens, eine Hochburg der Vogeljagd. Die Helgoländer betrieben diese weniger aus sportlichen als aus kulinarischen und wirtschaftlichen Gründen: Vögel waren auf der kargen Insel lange Zeit eine unverzichtbare Nahrungs- und Einkommensquelle. Zu den typischen Inselrezepten gehörten Drosselsuppe und Möwengulasch, auch gebratene Sumpfohreulen wurden sehr geschätzt. Das mit Abstand begehrteste Wild aber waren Waldschnepfen, die vor allem im Frühjahr und Herbst in großen Mengen auf den Wiesen im Oberland einfielen. Wurde ein Schwarm am Sonntagmorgen gesichtet, konnte es passieren, dass sich die Kirche schon während der Predigt leerte, weil es alle Männer der Insel zu ihren Flinten und Fangnetzen drängte. An »guten Tagen« betrug die Jagdstrecke bis zu sechshundert Vögel.

Dies las ich vor Kurzem in Heinrich Gätkes Lebenswerk *Die Vogelwarte Helgoland*. 1891 erschienen, fasst es seine Beobachtungen aus über fünfzig Jahren zusammen, und es ist ebenso detailliert wie anschaulich. Ich habe mir das Buch erst nach unserer Reise besorgt und bin im Nachhinein ganz froh, dass ich es vorher nicht kannte. Sonst hätte mich während unseres Aufenthalts wohl häufiger die Melancholie gepackt.

Wenn Gätke schildert, was zu seiner Zeit im Oktober auf Helgoland los war, dann wird klar, dass der Ausdruck »viele Vögel« damals etwas völlig anderes bedeutete als heute. Seine Zahlenangaben beginnen bei »Hunderte« und gehen bis zu »Milliarden«: So viele Lerchen, und nicht viel weniger Stare, zogen laut seiner Tagebucheintragung in vier Nächten Ende Oktober 1883 über die Insel hinweg. Die Massen von Buchfinken und Wiesenpiepern vermochte er mit Zahlen gar nicht zu fassen; Felder und Gärten wimmelten von ihnen,

»so dass, wie man seine Schritte auch wende, Wolken derselben vor einem auffliegen«. Die Schwärme, die sich im Herbst oder Frühjahr über Helgoland sammeln, waren zum Teil so gewaltig, dass Gätke sie mit Wetterereignissen verglich: »wie Schneegestöber« umwirbelten die Wintergoldhähnchen den Helgoländer Leuchtturm, und an anderen Tagen war der Himmel so voll von nordischen Meeresvögeln, dass »die in fernster Höhe schwärmenden Thiere nur noch wie kaum wahrnehmbarer Staub« erschienen.

Als ich diese Beschreibungen las, wurde mir klar: Was wir drei im Oktober des Jahres 2016 auf Helgoland erlebt haben, war nur ein schwacher Abglanz des Vogelreichtums, der früher nicht nur auf dieser Insel, sondern in ganz Deutschland und Europa verbreitet war. Ein Reichtum, der den Menschen lange unermesslich vorgekommen sein muss. Mit völligem Gleichmut schildert der große Vogelfreund die Jagdorgien seiner Helgoländer Landsleute; er berichtet sogar freimütig, dass er die besten Schützen ausdrücklich zum gezielten Erlegen vor allem seltener, exotischer Arten ermunterte. Das Bestimmen mit der Schrotflinte war damals, vor Erfindung tauglicher Ferngläser, unter Ornithologen vollkommen üblich; die meisten legten sogar Sammlungen präparierter Vögel an. Die von Gätke umfasste weit über dreihundert Arten, darunter mehrere Spezies von Steinschmätzern. Der schöne Irrgast aus Mittelasien, den wir auf der Düne beobachten konnten, hätte damals auf Helgoland keine 24 Stunden überlebt.

Heute können wir uns von der Vogelfülle früherer Jahrhunderte kaum noch einen Begriff machen. Nicht nur, weil wir sie nicht mehr aus eigenem Erleben kennen. Sondern auch, weil das Vorkommen einzelner Arten damals nur ansatzweise wissenschaftlich dokumentiert wurde. Systematische, landesweite Vogelzählungen haben in Deutschland erst in den 1980er-Jahren begonnen. Und schon damals waren die Vogelzahlen, gegenüber Gätkes Zeiten, stark zusammengeschmolzen – durch die Umweltveränderungen vor allem in der Agrarlandschaft, die damals schon im Gange waren.

In der Vogelwarte Helgoland werden seit 1947 kontinuierlich Vögel gefangen, beringt und gezählt. Und diese Zahlen lassen befürchten, dass der allgemeine Vogelschwund anhält. Landeten in den 1970er-Jahren an Rekordtagen noch bis zu 1500 Vögel in den Fangvorrichtungen, sind es heute höchstens noch einige Hundert. An diesem Rückgang sind, vermutlich, nicht nur großräumige Umweltfaktoren wie Klimawandel und Habitatverlust schuld – auch im näheren Umkreis der Insel hat sich einiges verändert. Früher war der Leuchtturm von Helgoland die einzige Lichtquelle in der stockdunklen Wasserwüste; vor allem bei schlechtem Wetter wirkte er auf Vögel wie ein Magnet. Mittlerweile hat sich die gesamte Nordsee in ein Lichtermeer verwandelt; beleuchtete Bohrinseln und Containerschiffe ziehen Vögel ebenso an wie die Sicherheitslichter der zunehmenden Zahl von Hochsee-Windparks. Wie viele und welche Vögel von den Rotoren erschlagen werden, ist bislang noch weitgehend ungeklärt – die Forscher der Vogelwarte sind zurzeit noch damit beschäftigt, Daten zu sammeln. Sicher aber ist, dass immer mehr Vögel statt auf Helgoland auf umliegenden Offshore-Bauwerken notlanden. Was ihre Überlebensaussichten nicht unbedingt steigert, weil sie dort kein Futter vorfinden, um sich für den Weiterflug zu stärken. Und selbst wenn sie es bis ans Festland schaffen, sind sie längst nicht gerettet: Die Feldflur bietet auch im Winter kaum Nahrungsressourcen, weil eine zunehmende Zahl von Feldern bereits im Herbst umgepflügt und neu eingesät werden. Neuere Zählungen zeigen, dass vermutlich weit mehr Zugvögel als bislang bekannt auf ihrer Reise durch Deutschland verhungern.

Vielleicht wird man sich bei den Helgoländer Vogeltagen des Jahres 2040 oder 2050 einmal wehmütig erinnern: an die unglaubliche Fülle und Artenvielfalt, die Beobachter dort in den ersten Jahrzehnten des Jahrhunderts noch erleben konnten.

Meine Freundinnen und ich haben während unseres dreitägigen Aufenthalts 42 Arten gezählt. Das ist für Helgoländer Verhältnisse ein Klacks; nicht einmal die Hälfte dessen, was das Gewinnerteam des diesjährigen Birdrace an einem einzigen Tag zusammenbrachte. Aber wir waren trotzdem mehr als zufrieden, zumal wir einige

»Lifer« verzeichnen konnten – so heißen in der Birder-Fachsprache Vögel, die man zum ersten Mal im Leben zu Gesicht bekommt. Für uns waren das Nonnensteinschmätzer, natürlich, der Gelbbrauen-Laubsänger, der Strandpieper, aber auch ein Trupp von Goldregenpfeifern und mehrere Ohrenlerchen, die wir sogar ohne fremde Hilfe in höher gelegenen Gebieten der Insel aufspürten.

Wenn ich an die Vogeltage zurückdenke, habe ich jedoch vor allem einen Vogel vor Augen: das Goldhähnchen, das uns vor der Hummerbude am Hafen begegnete. Ich habe bei seinem Anblick vielleicht zum ersten Mal wirklich begriffen, welche unbändigen Naturkräfte hinter dem Phänomen Vogelzug stecken. Dass ein so winziges, zartes, schneeflockenleichtes Vögelchen es schafft, aus irgendeinem skandinavischen Wald über Hunderte von Kilometern quer über die Nordsee auf eine spröde, windgepeitschte Insel zu fliegen – das ist für mich im Grunde immer noch unbegreiflich. Und es macht mir Hoffnung: dass die Energie, die Vitalität, der Überlebenswille der Vögel am Ende womöglich doch stärker sind als alles, was wir ihnen antun.

Ich habe mir auf Helgoland übrigens ein neues Fernglas gekauft. Kürzlich war ich im Wald und habe damit natürlich auch Goldhähnchen beobachtet. Leider saßen sie wieder so hoch in den Baumkronen, dass ich nur ihre Bäuche zu sehen bekam. Die aber konnte ich gestochen scharf erkennen. Einschließlich der Flaumfederchen, die der Wind aufblies.

Vogel des Jahres

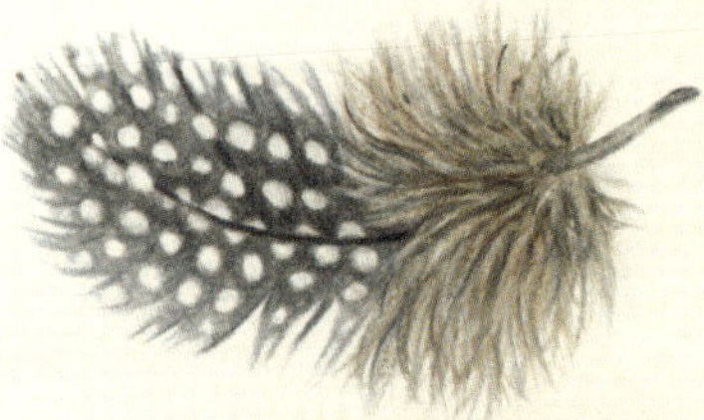

Anfang November. Endlich habe ich ihn enttarnt – den Rätselvogel, der vor einigen Monaten nachts vor meinen Fenstern rief. Nicht, dass ich ihm von Angesicht zu Angesicht begegnet wäre. Es ist zurzeit so kalt, nass und grau, dass ich selten vor die Tür gehe – außer, um die Kraniche und Gänse über unseren Garten ziehen zu sehen. Die meisten anderen Vögel sind eh über alle Berge.

Ich habe Vogel X in einem Buch entdeckt. Der November ist ja ein idealer Lesemonat, und auf dem Stapel, der mir hoffentlich durch den Winter helfen wird, liegen auch einige Vogelbücher. Weniger Bestimmungshilfen und Fachliteratur als vielmehr Bücher, die sich im weiteren Sinne mit den Beziehungen zwischen Mensch und Vogel befassen. Eines davon heißt *Singt der Vogel, ruft er oder schlägt er?*; es ist ein illustriertes Lexikon, eine Sammlung von Wörtern, mit denen im Deutschen Vogellaute beschrieben werden.

Ich hätte nicht gedacht, dass man damit ein Buch füllen könnte. Pfeifen, zwitschern, gurren, flöten, rätschen, zetern, tschilpen, trompeten, tirilieren – viel mehr als dieses knappe Dutzend wären mir nicht eingefallen, und ich bilde mir ein, sowohl mit Vogelstimmen als auch mit Sprache einigermaßen vertraut zu sein. Tatsächlich aber sind die gängigen Bezeichnungen von Vogellauten nur der kümmerliche Rest eines klangmalerischen Wortschatzes, der einst um ein Vielfaches größer war. Parallelen zur Entwicklung von Umwelt und Natur sind unübersehbar. Es scheint, dass unsere Sprache im selben Ausmaß verarmt ist, wie die Vögel aus unserer Umgebung verschwunden sind.

Vor einem Jahrhundert oder mehr war der Vogelchor nicht nur ungleich größer und vielstimmiger als heute, die Menschen hörten ihm offenbar auch genauer zu. Davon zeugen die Wortperlen, die der Autor Peter Krauss – kein Ornithologe, sondern Übersetzer und Musiker – in alten Lexika und Jagdbüchern aufgespürt hat. Viele las ich zum ersten Mal, jedenfalls in ihrer Funktion als Vogellautbezeichnung, aber ich hatte beim Lesen sofort die dazugehörige Stimme im Ohr: das »Sprien« der Stare, das »Hiähen« des Bussards, das »Bubbeln« des Wiedehopfs, das »Zinzelieren« der Schwalben. Einige Lautbeschreibungen waren mir auch fremd. Ich habe noch nie einen Jungstorch grölen oder einen Auerhahn worgen, kleppern und poltern hören, auch wusste ich nicht, dass Adler klingeln, wenn sie sich wohlfühlen. Adler, Jungstörche oder Auerhähne bekommt man eben nicht alle Tage zu Gesicht, geschweige denn, dass sie einem zu Ohren kommen.

Auch Wachteln habe ich, zumindest bewusst, noch nie in natura beobachtet. Aber als ich das zugehörige Lautverb las, kam es mir sofort bekannt vor. »Bickbewicken« – das klingt ganz ähnlich wie das markante, tropfenartige »Klöck-to-klöck«, das damals in der Juninacht aus der Dunkelheit drang.

Ein paar Tonaufnahmen aus dem Internet brachten Gewissheit: Vogel X war eindeutig ein Vertreter der Spezies *Coturnix coturnix*. Offen bleibt für mich nur die Frage, was er mitten in der Nacht in unserem Garten suchte. Eigentlich sind Wachteln auf Wiesen, Getreidefeldern und Brachen in der offenen Landschaft zu Hause, und das nächste geeignete Habitat liegt mindestens einen Kilometer Luftlinie von unserem Haus entfernt. Aber vielleicht war diese hier auf dem Durchzug vom Weg abgekommen. Wachteln sind die einzigen hier heimischen Hühnervögel, die den Winter in Afrika verbringen.

So oder so: Für mich ist dieser einsame Rufer in der Sommernacht schon jetzt mein »Vogel des Jahres«. Dieser Titel wird eigentlich vom

NABU verliehen, an jeweils eine Art, die aufgrund ihrer Schutzwürdigkeit besondere öffentliche Aufmerksamkeit verdient. Aber ich finde, es spricht nichts dagegen, auch seinen persönlichen Kandidaten zu bestimmen. Oder besser noch, gleich mehrere.

Zu meinen »Vögeln des Jahres« gehören natürlich alle, die ich in den vergangenen Monaten erstmals gesehen oder gehört habe. Also neben der Wachtel auch der unglaublich fotogene Nonnensteinschmätzer und die anmutigen Ohrenlerchen, denen ich mit meinen Freundinnen auf Helgoland begegnet bin.

Außerdem zähle ich diejenigen dazu, die mir ungewöhnlich nahegekommen sind, beziehungsweise ich ihnen. Das Bussardküken, das ich während der Exkursion in die Wälder bei Bielefeld auf dem Arm hatte, der Mauersegler, der im Flugtrainingsraum der Frankfurter Vogelklinik fast meinen Kopf gestreift hätte, das Goldhähnchen, das direkt vor meinen Füßen an der Helgoländer Hummerbude hockte, und der Sperber, der mich in unserem dorfnahen Feuchtgebiet ins Visier nahm: Nie werde ich diese Mischung aus Schreck und Faszination vergessen, als der Vogel so direkt auf mich zusegelte, als wollte er auf meinem Kopf landen.

Je länger ich nachdenke, desto mehr Kandidaten fallen mir ein. Es sind ja nicht nur die seltenen oder besonders auffälligen Vögel, die sich einprägen, sondern auch diejenigen, die sich mit der Erinnerung an bestimmte Personen oder Situationen verbinden: die »Fluffis«, die ich mit Patrick Kretz auf der Mülheimer Bodendeponie entdeckte, die Uferschnepfen, deren klirrende Rufe das Gespräch mit den Wiesenvogelexperten des Michael-Otto-Instituts untermalten. Und der Gartenrotschwanz, der wachsam von einem Apfelbaum herübersah, während der Ornithologe Martin Flade mir im Garten seines Hauses nahe dem Plagefenn von seinen ersten Erkundungen der Vogelwelt erzählte.

Flade gab mir an diesem Nachmittag auch noch einen Tipp zum Enttarnen künftiger Rätsel-Vögel, vor allem solcher, die man nur im Vorbeifliegen beobachtet: auf die Handschwingen achten! Wenn die großen, kräftigen Federn an der Spitze der Flügel stark gestaffelt sind, die äußeren also weit über die inneren herausragen, dann handelt es sich um einen Langstreckenflieger. Am größten ist diese sogenannte Handschwingenprojektion bei Zugvögeln, die regelmäßig die Sahara überqueren. Auf diese Weise lassen sich, mit etwas Übung, auch enge Verwandte unterscheiden, die sich sonst zum Verwechseln ähnlich sehen. Etwa der Zilpzalp, der am Mittelmeer überwintert, vom Fitis, der ins tropische Afrika zieht – und daher deutlich längere, spitzer geformte Flügel hat.

»Man kann Federn lesen wie ein Buch«, sagte Martin Flade, und ich musste sofort, mit leichtem Schuldbewusstsein, an die Anatomiezeichnung in *Was fliegt denn da?* denken, die ich früher immer überblättert hatte. Nach meiner Rückkehr von der Reise in die Schorfheide habe ich mein altes Vogelbuch gleich wieder aufgeschlagen – und festgestellt, dass der Begriff Handschwingenprojektion darin nicht vorkommt. Offenbar kannte der Autor diese Form des Federnlesens noch nicht, was kein Wunder wäre – die Ornithologie hat sich schließlich seit den 1960er-Jahren weiterentwickelt. Und ich mich auch, zumindest ein bisschen. Den Unterschied zwischen Armschwingen (die Federn am hinteren Flügelrand) und Handschwingen (die Federn an der Spitze der Flügel) werde ich jedenfalls nicht mehr vergessen. Auch wenn er beim Erkennen nächtlicher Rufe natürlich nicht weiterhilft.

Ich kann *Was fliegt denn da?* nicht aufschlagen, ohne mich darin festzulesen oder besser zu -gucken: an den Bildtafeln, auf denen meine früheren »Vögel des Jahres« zu sehen sind. Ich habe sie damals nicht so genannt; weiß bei den meisten auch nicht, ob ihnen dieser Titel jemals »offiziell« vom NABU verliehen wurde. Aber meine Bleistiftnotizen mit Datum und Ortsangaben erinnern mich daran, was für ein Erlebnis es damals für mich war, sie zum ersten Mal zu sehen.

Es gibt unter den 337 Arten in meinem ersten Bestimmungsbuch einige, die schon mein »Vogel des Jahres« waren, bevor ich sie überhaupt in natura beobachtet hatte – weil mich allein ihre Bilder immer wieder aufs Neue faszinierten. Die erste Begegnung mit diesen Vögeln hat sich mir nämlich auch ohne Notizen eingeprägt, und zwar nicht nur für ein Jahr, sondern für ein ganzes Leben.

Um diese »Vögel des Lebens« geht es im folgenden Kapitel.

BLAURACKE

KAPITEL 11

Erleuchtung in Türkisblau

Wie ich Blauracke und Bienenfresser am Ende doch noch zu sehen bekam

Es war einer dieser Urlaube, bei denen schon am ersten Tag feststeht, dass man sich auf gar keinen Fall erholen wird.

Meine Söhne waren damals noch sechs und anderthalb und damit zu klein, um Vögel zu beobachten. Und meine Eltern, beide um die achtzig, waren zu alt, um sich länger mit kleinen Kindern zu beschäftigen – daher konnte ich allein keine langen Ausflüge mit dem Fernglas unternehmen. Ich war permanent überfordert mit der Aufgabe, alle vier halbwegs bei Laune zu halten.

Eigentlich hätte ich das vorher wissen müssen. Aber ich hatte solche Lust, endlich wieder mit dem Fernglas loszuziehen, und daher hatte ich gehofft, dass sich in diesem Urlaub alles irgendwie finden würde. Schon seit Jahren war ich wegen Kindern, Haushalt und Vollzeitarbeit kaum zum Beobachten gekommen. Deshalb hatte ich das Angebot meiner Eltern dankbar angenommen, sie mitsamt meinen Söhnen für zehn Tage in ein Hotel zu begleiten, dessen Angebot sich speziell an naturkundlich Interessierte richtete.

Das Hotel lag an einem See in der Westtürkei, inmitten eines Olivenhains, weitab vom Touristentrubel. An der Rezeption lag eine Liste mit den Vogelarten, die normalerweise im näheren Umkreis der Anlage zu sehen waren. Wiedehopf. Rosapelikan. Heckensänger. Maskenwürger. Ich las die Namen mit blutendem Herzen. Vermutlich hätte ich jedoch selbst dann keines dieser Zauberwesen zu Gesicht bekommen, wenn ich alleine angereist wäre. Denn wenige Wochen zuvor, so hatte man uns bei der Ankunft informiert, hatten heftige Winterstürme und Waldbrände einen Großteil der ortsansässigen Vogelwelt Richtung Meeresküste vertrieben. Geblieben waren unter anderem ein paar Hausrotschwänze und Rauchschwalben, die unter dem Dach des Hotelrestaurants nisteten. Beides Arten, für die ich keine dreitausend Kilometer weit hätte reisen müssen.

Ich hockte mich mit den Kindern an die Überreste des vom Sturm weitgehend weggeschwemmten Strandes. Betrachtete die Heuschrecken in den umliegenden Rosmarinbüschen. Horchte nachts vergeblich auf Eulenrufe. Blickte vom Balkon sehnsüchtig zum gegenüberliegenden Seeufer, wo meine Eltern in den Jahren zuvor Pelikane beobachtet hatten.

Die beiden versuchten, mir zumindest zeitweise die Kinder abzunehmen. Vergebens: Sobald ich mich nur zehn Schritte entfernte, schrie mein Jüngster nach mir wie ein hungriges Rauchschwalbenjunges nach seinen Eltern.

In einer der wenigen Mittagspausen, die er schlafend verbrachte, schlich ich mich davon. Wanderte durch die Olivenhaine zu einem nahe gelegenen Hügel, von dem aus man weite Teile des Seeufers überblicken konnte. Und sah plötzlich nicht weit entfernt etwas sehr Blaues fliegen. Blauer als der mediterrane Frühlingshimmel.

Wenn ich daran zurückdenke, was ich in dieser Sekunde empfand, dann fällt mir spontan das Wort Erleuchtung ein. Das klingt vielleicht ein bisschen überdreht, aber ich meine es ernst. Ich neige, wie schon gesagt, nicht zu esoterischen Anwandlungen, und mein Verhältnis zu religiösen Dingen ist, sagen wir, freundlich-distanziert. Aber ich habe in meinem langen Beobachterleben immer wieder Momente erlebt, die sich nicht weniger als übernatürlich anfühlten. Momente, in denen ich dachte: So muss das sein, wenn einem nach Jahren intensiven Meditierens oder anderer spiritueller Exerzitien ein Licht aufgeht, man eine Einsicht gewinnt, die einem vorher verschlossen war.

Mehr als dreißig Jahre: So lange habe ich warten müssen, bis ich meine erste Blauracke zu Gesicht bekam.

Die meisten Menschen halten Vogelkunde für eine Wissenschaft oder ein schönes, schräges Hobby. Was beides nicht falsch ist. Aber es ist eben auch nicht alles. Vogelkunde hat für mich auch mit Anschauung zu tun, in einem sehr umfassenden, manchmal auch ansatzweise spirituellen Sinn.

Man kann Vögel mit distanziertem, analytischem Blick beobachten, um sie zu bestimmen oder ihr Verhalten zu erforschen. Man kann sie aber auch völlig zweckfrei betrachten, einfach um sich an ihrem Anblick zu erfreuen. Und schließlich kann man sich in ihre – gezeichneten oder fotografierten – Abbilder vertiefen. Das geht, anders als das Beobachten in der Natur, ganzjährig und bequem auf dem Sofa, weshalb man darüber leicht die Zeit, sich selbst und alles andere vergessen kann. Diese Form der Anschauung hat etwas Kontemplatives – »Kontemplation« heißt ja wörtlich nichts anderes als »Anschauung«. Sie eröffnet einen anderen Blick auf die Natur, der vielleicht nicht sehr wissenschaftlich ist, aber direkter, sinnlicher, inniger als das bloße Beobachten aus der Distanz.

Ich habe die meisten Vögel nicht zuerst in der Natur kennengelernt, sondern durch das ausdauernde Anschauen ihrer Bilder in meinem Vogelbuch. Die Bilder waren klein und schematisch, aber gerade dadurch prägten sie sich gut ein, fast so wie Mandalas. Deshalb konnte ich mir schon als Kind viele Arten auch ohne Buch jederzeit vor Augen rufen.

Viele, nicht alle. Denn natürlich betrachtete ich nicht jedes Vogelbild im Buch mit der gleichen Hingabe. Die Seiten mit den kleinen, schwer zu unterscheidenden Grasmücken, Laub- und Rohrsängern überblätterte ich oft. Meine Schau-Lust ging nicht so weit, dass ich mich in Details wie Überaugenstreifen, Bürzelstrichelungen und die Feinabstufungen zwischen staubgrau, graubraun und braun-oliv vertieft hätte. Aber es gab zum Glück auch reichlich Vögel, die ich mir durch ihr markantes Äußeres leicht merken konnte: Rotkehlchen, Buchfink, Stieglitz, Pirol, Grünspecht, Graureiher, Kiebitz und viele andere. Unter diesen eingängigen Typen gab es wiederum einige, an deren Bildern ich mich besonders häufig festguckte. Wie an den dreien auf Seite 50, oberste Reihe.

Blauracke, Bienenfresser, Eisvogel.

Sie sind nicht näher miteinander verwandt, die drei, sondern gehören verschiedenen Vogelfamilien an, die jeweils mit nur einer Art in Europa vertreten sind. Sie haben nur miteinander gemein, dass sie der gleichen Großfamilie, wissenschaftlich »Ordnung«, angehören, nämlich den Rackenvögeln. Deswegen sitzen sie in Vogelbüchern meist zusammen.

Das wusste ich damals nicht. Ich dachte, der Autor von *Was fliegt denn da?* hätte sie wegen ihrer Farbe nebeneinander platziert. Alle drei Vögel sind blau. Und wie!

Blau ist in der vorwiegend dezent gemusterten mitteleuropäischen Vogelwelt eine eher seltene Federfarbe. Man findet sie allenfalls in der Variante Schwarzblau, wie bei der Rauchschwalbe, oder in Schiefergrau, wie es der Kleiber auf dem Rücken trägt. Das Blau der Blaumeise ist eher kühl und geht, vor allem bei trübem Wetter, ins Grünlich-Graue über. Wirklich leuchtendes Blau gibt es fast nur als kleines Accessoire, etwa auf den Flügeln des Eichelhähers oder der sonst eher braun-grau-grünen Stockente. Und bei der sieht man die charakteristische blaue Raute meist nur, wenn sie ihre Flügel ausbreitet.

Bienenfresser und Eisvogel strahlen dagegen in großflächigem Türkis, das bei der etwa taubengroßen Blauracke noch leicht ins Himmelfarbene spielt. Selbst auf den kargen Zeichnungen meines alten Vogelbuchs sahen diese Vögel spektakulär aus. In unserer gedämpften norddeutschen Feld- und Wiesenlandschaft müssten sie wie Erscheinungen aus den Tropen wirken – das stellte ich mir manchmal vor, wenn ich ihre Bilder betrachtete. Die Originale bekam ich leider nie zu Gesicht, so sehnlich ich es mir auch wünschte.

Das war kein Wunder, denn alle drei Vögel waren schon damals ziemlich selten. Die Blauracke, die am liebsten über offenem, sonnenbeschienenem Gelände Kleintiere jagt, kam laut *Was fliegt denn da?* nur noch im Osten Deutschlands vereinzelt vor, der Bienenfresser, der seine Brutröhren in sandige Steilhänge gräbt, wurde als »seltener Irrgast« eingestuft. Dem Eisvogel zumindest hätte ich gelegentlich begegnen können, denn er fischte und fischt noch heute an Bächen und Teichen in ganz Europa und bleibt sogar im Winter in seinen Brutrevieren. Aber irgendein verflixter Zufall verhinderte immer, dass ich ihn sah. Wenn ich in einem Gebiet unterwegs war, wo Eisvögel vorkamen, waren gerade keine da. Wenn andere ihn in meiner Gegenwart entdeckten, guckte ich garantiert in dem Moment in die falsche Richtung. Das war besonders dann bitter, wenn diese anderen Menschen solche waren, die sich nicht einmal besonders für Vögel interessierten. Manchmal hatte ich fast schon den Verdacht, dass irgendwer oder irgendwas mir diesen Vogel systematisch vorenthielt.

Das Schönste am Vögelbeobachten, ich schrieb es schon, ist für mich das Wiedererkennen. Das Sichten von vertrauten Farben, Formen und Bewegungsmustern, das Vernehmen von Stimmen, mit denen sich sofort ein Name verbindet. Das heißt natürlich nicht, dass man Jahr für Jahr immer nur nach denselben drei, vier Dutzend Arten Ausschau halten muss, die man seit Ewigkeiten »drauf« hat. Fast alle ernsthaften Beobachter versuchen, die Zahl ihrer Bekannten nach und nach zu erweitern – aus Neugierde, aus Ehrgeiz, aber natürlich auch aus Lust an dem Erlebnis, das jede Begegnung mit einem noch nicht gesehenen Vogel verschafft.

Der amerikanische Schriftsteller Jonathan Franzen hat in seinem autobiografischen Buch *Die Unruhezone* beschrieben, wie er zum ersten Mal Vögel für sich entdeckte: bei einem Spaziergang durch den New Yorker Central Park in Begleitung zweiter Ornithologen. Als ihn die beiden auf eine Wilson-Drossel hinwiesen, die neben dem Fußweg auf dem Grün herumhüpfte, hatte auch er eine Art Erleuchtung: »Mir war, als hätte ich mein ganzes Leben etwas

Wichtiges verkannt.« Von diesem Tag an wurde Franzen zu einem leidenschaftlichen Vogelbeobachter und -schützer. Er schreibt: »Je häufiger ich Vögel beobachte, desto mehr bedauere ich, ihre Bekanntschaft nicht schon viel früher gemacht zu haben.«

Mir geht es in diesem Punkt anders als dem berühmten Autor. Im Gegensatz zu ihm wünsche ich mir manchmal, ich hätte die Vögel erst vor Kurzem entdeckt. Mit Sehnsucht denke ich an meine Anfängerzeit vor über vierzig Jahren zurück, als mir noch bei jedem Gang vor die Tür »ein Licht aufging«. Als ich fast jede Woche auf eine der Farbtafeln von *Was fliegt denn da?* eintragen konnte, dass ich diesen Vogel nun gesehen hatte.

Wenn ich diese Eintragungen heute lese, habe ich oft noch die Momente und Schauplätze der Entdeckungen von damals vor Augen. Dieser Spaziergang im Frühling 1966 durch den Stadtteilpark, als meinen Eltern und mir erstmals auffiel, dass die Tauben auf dem Rasen einen weißen ringförmigen Fleck am Hals trugen, also offenbar keine gewöhnlichen Straßentauben waren, sondern zu einer eigenen Art gehörten. Eine kleine, banale und doch überraschende Erkenntnis, zugleich der Beginn einer lebenslangen Freundschaft – zumindest von meiner Seite aus.

Oder dieser Winterausflug an den Niederrhein bei Bislich, 1971, als wir eben auf den Uferdeich geklettert waren und plötzlich auf ein graues, unruhiges Meer von Flügeln, Schnäbeln, Vogelkörpern blickten: Grau- und Saatgänse, so viele, dass das Grün der Wiese, auf der sie rasteten, kaum noch zu erkennen war. Darüber das Geschrei aus Hunderten Vogelkehlen, eine den Himmel füllende Geräuschwolke, aus der trotzdem immer noch einzelne Stimmen herauszuhören waren. An dem Tag erlebte ich Vögel zum ersten Mal auf eine neue, bislang ungewohnte Art: nicht als zarte, verletzliche und flüchtige Individuen, sondern als kraftvolle, vitale, ohrenbetäubende Masse.

Oder der allererste Zaunkönig, den ich 1967 in einem Wald nördlich von Duisburg bewusst singen hörte und gleichzeitig sah: Ich weiß noch, wie ich mich freute, dass ich diese markante, aber bis dahin nicht identifizierte Stimme endlich einem konkreten Vogel zuordnen konnte. Außerdem erinnere ich mich, wie beeindruckt ich über die Stimmgewalt dieses winzigen Tierchens war. Und wie ich darüber staunte, dass es seinen Schwanz beim Singen genauso senkrecht hochstellte, wie es sein Abbild im Vogelbuch tat.

Je vertrauter mir die Vögel vom Anschauen waren, desto intensiver war das Erlebnis, wenn ich sie in natura wiedererkannte. Wobei sich in die Freude immer auch ein bisschen Erstaunen mischte: darüber, wie wenig die Zeichnungen und Begleittexte über die »Persönlichkeit« der jeweiligen Art verrieten – und wie viel lebendiger, facettenreicher, eigenartiger die realen Vögel im Vergleich mit ihren Abbildern waren. Je länger ich beobachtete, desto mehr lernte ich, Vögel als Gesamtkunstwerk wahrzunehmen, als Zusammenspiel nicht nur aus Farben und Form, sondern auch aus Bewegungsmustern, Flugbild, Nistgewohnheiten und anderen Verhaltensauffälligkeiten – dem Jizz eben.

Die Farbtafeln füllten sich am Anfang meiner Beobachtungszeit ziemlich schnell. Innerhalb von zwei, drei Jahren hatte ich über die Hälfte der mehr als dreihundert Arten, die *Was fliegt denn da?* aufführt, als gesehen vermerkt. Ringeltaube, Graugans, Zaunkönig und viele andere wurden zu guten Bekannten. Mit der Zeit wurden die Abstände zwischen den Entdeckungen jedoch zusehends größer. Und einige Tafeln blieben hartnäckig leer. Das machte die Vögel darauf natürlich umso begehrenswerter.

Wenn man einen Vogel seit Jahren unbedingt sehen will, dann nimmt er irgendwann mythische Züge an. Manchmal kam mir beim Betrachten der ein oder anderen Farbtafel die fixe Idee, dass der darauf dargestellte Vogel vielleicht gar nicht wirklich existierte. Dass Blauracke, Bienenfresser und etliche andere eigentlich Erfindungen der begabten Vogelzeichner von *Was fliegt denn da?* waren, um die insgesamt eher unscheinbare mitteleuropäische Vogelwelt ein bisschen aufzupeppen. Wer hätte mir das Gegenteil beweisen können? Damals, in den 1970er- und frühen 1980er-Jahren gab es noch kein

Internet, das einem heutzutage jeden Vogel dieser Welt aus Dutzenden Perspektiven in Hunderten bis Tausenden Fotos und Videos präsentiert. Die Naturfilme im Fernsehen spielten eher in der Serengeti als in Europa. Wenn es Menschen gab, die meine Wunschvögel tatsächlich gesehen hatten, so kannte ich sie nicht. Die einzigen Lebenszeichen, die ich von ihnen hatte, waren die Bilder im Bestimmungsbuch – lange dem einzigen, das ich besaß.

Es wäre übertrieben, wenn ich sagte, dass ich *Was fliegt denn da?* grundsätzlich misstraute. Aber ich fand es schon auffällig, dass sich unter den hartnäckig unsichtbaren Vögeln so viele spektakuläre, prachtvolle und merkwürdige Arten befanden.

Da war zum Beispiel dieser Typ auf Seite 50, gleich unter den drei Blauen. Sein Name: Wiedehopf. Sein auffälligstes Kennzeichen: ein Schopf aus langen, einzeln stehenden Federn, braun mit schwarzer Spitze, aufklappbar wie ein Fächer. Heute würde man diesen Kopfschmuck am ehesten mit einer Punkfrisur vergleichen; Heinrich Frieling fasste seine Beschreibung in dem knappen Ausruf »Gestalt!« zusammen. Er fügte noch hinzu, dass der Gesang einem »hohlen Holzpfeifenton« ähnele und dass dieser in offenen Fluren, Ödland, Heiden, Wiesen und sogar Gärten zu vernehmen sei. Aber wir hörten und sahen den Vogel nie, egal, wo wir uns aufhielten.

Es gab Arten, bei deren Beschreibung Frieling mit noch weniger Text auskam, weil er fand, dass sie schon durch die Abkürzungen »Schn.!« oder »Schn.!!« für »Schnabel«, ausreichend charakterisiert waren. Wie der Säbelschnäbler, der einzige Vogel im Buch, dessen langer, dünner Schnabel schwungvoll aufwärts gebogen ist und der selbst unter den grazilen Watvögeln durch seine langbeinige Anmut und sein markantes schwarz-weißes Federkleid auffällt. Oder wie der Kernbeißer, ein Finkenvogel mit einem so gewaltigen Mundwerkzeug, dass er trotz seiner geringen Größe etwas Grimmiges und Furchteinflößendes ausstrahlte. Beide Vögel hatten laut *Was fliegt denn da?* keineswegs Raritätenstatus; sie waren »örtlich bis unregelmäßig« anzutreffen, in einem weiten Verbreitungsgebiet. Nur dort, wo wir unterwegs waren, ließen sie sich leider nie blicken.

Am sehnsüchtigsten hielt ich natürlich immer nach den blauen Vögeln Ausschau. Zu denen gehörte, außer den bekannten dreien auf Seite 50, noch ein Singvogel, der aus der Menge der kaum unterscheidbaren grau-grün-braunen Laub- und Rohrsänger durch eine kornblumenfarbene Brust hervorstach. Schon sein Name verlieh ihm den Nimbus eines Fabelwesens: »Weißsterniges Blaukehlchen«. Dieses kam laut Frieling in einer Reihe von Biotopen vor, die auch wir oft aufsuchten – Wiesen, Ödland, Schilfzonen, Gewässerufer. Aber so genau wir auch hinschauten: Wir sahen nie eine blaue Kehle. Und natürlich auch keine Blauracke, keinen Bienenfresser, keinen Eisvogel.

Die Jahre vergingen, unsere Wunschvögel blieben unsichtbar. Manchmal fand ich mich fast schon damit ab, dass sie offenbar in einer anderen Welt lebten als wir. Ende der 1970er-Jahre zog ich von zu Hause aus; es begann eine Zeit, in der ich die Vogelwelt insgesamt etwas aus den Augen verlor. Zu viel anderes nahm mich in Anspruch: ein interessantes, aber naturfernes Studium, erste Erfahrungen in einem Beruf, der mich eher in große Städte als raus in die Natur führte.

Meine Eltern dagegen hatten mehr Zeit als je zuvor, und diese nutzten sie, um ihr Vogelwissen zu vertiefen. Sie besuchten weiterhin »unsere« Reviere am Niederrhein, deren lebendes Inventar sie bald in- und auswendig kannten. Irgendwann begannen sie, den dortigen Nachtigallen Vornamen zu geben – ein deutliches Zeichen dafür, dass sie ornithologisch etwas unterfordert waren. Also beschlossen sie, Neuland zu erkunden. 1986 unternahmen sie die erste von mehreren Reisen in die Türkei, mit einem Unternehmen, das mehrwöchige Fachexkursionen speziell für natur- und vogelkundlich Interessierte anbot.

Was sie von diesen Reisen berichteten, klang eher nach Feldforschung unter verschärften Bedingungen als nach Bildungsurlaub für Menschen fortgeschrittenen Alters. Camping in Zeltlagern am Rand von mückenverseuchten Feuchtgebieten. Fußmärsche über

Ödland und Karstgebiete bei dreißig Grad im Schatten. Und mitreisende »Ornithomanen«, die zum Teil achtlos durch historische Ruinen oder über geschützte Orchideenwiesen trampelten – nur, um ihrer Liste gesichteter Arten einen neuen Namen hinzufügen zu können.

Aber diese Umstände, so beteuerten meine Eltern, seien mehr als aufgewogen worden: durch die vielen neuen, zum Teil aufregend exotischen Vögel, die sie kennengelernt hätten. Und dann begannen sie, ihre Sichtungen aufzuzählen, mit triumphierendem Unterton: Heckensänger! Stelzenläufer! Rosapelikan! Purpurhuhn! Eisvogel und Bienenfresser, na klar, und Blauracken – ach, so viele Blauracken, dass wir schon gar nicht mehr hingeguckt haben!

Das klang alles sehr verlockend. Und ich war mehrmals versucht, mich ihnen bei der nächsten Reise anzuschließen. Habe es aber dann doch nicht getan, vor allem aus einem Grund.

Die wunderbarste Eigenschaft der Vögel ist ja, dass sie so unberechenbar sind. Dass sie einen immer wieder überraschen – dort auftauchen, wo man am wenigsten mit ihnen rechnet, sich entziehen, wenn man sie herbeisehnt. Ich habe das damals geliebt, und ich liebe es noch heute: rausgehen oder irgendwo hinfahren und nicht wissen, was dort herumfliegen wird, auch nicht, ob man das, was dort herumfliegt, überhaupt wird entdecken und identifizieren können.

Ich verstehe alle, die diese Ungewissheit eher als lästig denn als beglückend empfinden. Die sich lieber einer Fachexkursion anschließen, geplant und geführt von einem Experten, der dafür sorgt, dass man in einem Minimum an Zeit ein Maximum an Arten sieht, und der diese oft schon benennt, bevor man den zugehörigen Vogel überhaupt bemerkt hat. Ich habe solche Exkursionen auch schon mitgemacht und dabei viel gelernt. Aber an die Vögel, die mir dabei gezeigt wurden, kann ich mich seltsamerweise nur vage erinnern. Und das, obwohl einige wirkliche Raritäten dabei waren. Ihre Namen weiß ich noch, aber ich habe kaum Erinnerungsbilder von ihnen vor Augen.

Diese sind nur in meiner Erinnerung verankert, wenn ich die Vögel selbst entdeckt habe. Weshalb ich beim Beobachten am liebsten allein bin und meine Exkursionen nicht groß plane. Lieber überlasse ich es den Vögeln, selbst zu entscheiden, ob und wann sie mir über den Weg fliegen.

Dieser Satz klingt natürlich wieder schwer nach Esoterik. Aber er beschreibt einfach am besten meine subjektive Erfahrung in diesen mehr als fünfzig Jahren, seit ich zum ersten Mal ein Fernglas in die Hand genommen habe. Er fasst die vielen verzauberten Momente zusammen, in denen Vögel vor mir auftauchten, deren Anblick ich seit den ersten Lesestunden in *Was fliegt denn da?* herbeigesehnt hatte. Er beschreibt die Viertelsekunde ungläubigen Staunens, die ich bei vielen Sichtungen empfand: darüber, dass es diesen Vogel tatsächlich gab und dass er so aussah, wie ihn die Zeichner des Bestimmungsbuchs dargestellt hatten. Und er drückt schließlich den verrückten, aber hartnäckigen Gedanken aus, der mich nach fast jeder Entdeckung beschlich: dass es kein Zufall gewesen sein konnte, dass mir dieser Vogel ausgerechnet jetzt, ausgerechnet hier erschienen war.

Tatsächlich haben mich bestimmte Vögel oft in sehr speziellen Momenten »heimgesucht«. Nämlich dann, wenn ich gerade alles andere als Vögel und Natur im Kopf hatte.

Wie damals im Frühjahr 1987. Ich war im Auftrag eines großen Magazins nach Ägypten gefahren, um über Verdis Oper Aida zu berichten, die vor der Kulisse der Pyramiden von Luxor aufgeführt werden sollte. Es war eine meiner ersten Auslandsreisen als Journalistin, und ich war ziemlich aufgeregt. Die Anreise war chaotisch, das Hotel in Luxor überfüllt mit nörgelnden Kulturtouristen aus sechs Nationen, und während der Aufführung wurde mir klar, dass mir weder zu Verdi noch zu dieser Inszenierung viel einfallen würde. Ungeachtet dessen musste ich innerhalb der nächsten 36 Stunden einen ausführlichen Text verfassen. Und diesen rechtzeitig vor Redaktionsschluss telefonisch durchgeben, am einzigen Apparat mit

Auslandsleitung, über den das Hotel verfügte und der natürlich ständig von Dutzenden Gästen und Journalistenkollegen belagert wurde.

Als ich am übernächsten Morgen nach getaner Arbeit den Garten des Hotels betrat, war ich übernächtigt, erschöpft und unzufrieden mit meinem Text. Der Garten war staubig, spärlich bepflanzt und auch sonst wenig einladend, aber ich hatte das Bedürfnis, mir kurz die Beine zu vertreten. Da sah ich, dass unter den dürren Palmen und Oleanderbüschen Vögel herumtrippelten. Ihre Köpfe waren rostbraun, ihre Flügel schwarz-weiß gemustert, und sie trugen einen Federschopf, der an eine Punkfrisur erinnerte.

Wenn man Filmstars oder sonstige Promis, die man nur aus den Medien kennt, zum ersten Mal »in echt« sieht, kommen sie einem oft überraschend unscheinbar vor. So ging es mir auch mit den Wiedehopfen. Sie sahen zwar genauso aus wie im Vogelbuch, waren aber viel kleiner, als ich sie mir vorgestellt hatte – etwa so groß wie eine Drossel –, und hoben sich farblich kaum vom staubigen Untergrund ab. Zudem verhielten sie sich nicht so, wie ich es von einem seltenen, charismatischen Vogel erwartet hätte, sondern spazierten zutraulich vor meinen Füßen herum, wie Spatzen in einem Straßencafé.

Ich war wie betäubt vor Glück. Zugleich war es mir, als zöge jemand einen unsichtbaren Vorhang beiseite. Und erinnerte mich daran, dass es eine Welt gab, in der Verdi-Opern, Redaktions-Deadlines und Schreibblockaden keine Rolle spielten.

Ich musste nicht immer dreitausend Kilometer weit fliegen, um an diese andere Welt erinnert zu werden. An einem trüben Spätwintertag des Jahres 1999 schaute ich, mittelmäßig gelaunt, aus dem Küchenfenster unseres vor wenigen Monaten bezogenen Hauses bei Hamburg. Und sah zwei große, auffällig kontrastreich gefärbte Finkenvögel neben dem Futterhaus im Garten sitzen. Ich habe immer ein Fernglas neben dem Spülbecken stehen, um sofort identifizieren zu können, was auf unserem Grundstück landet. Aber diese beiden erkannte ich auch mit bloßem Auge auf Anhieb. Der gewaltige

Schnabel, der etwas grimmige Gesichtsausdruck. Sogar die sonst so unerschrockenen Feldsperlinge, Stammgäste an allen Futterstellen in der Nachbarschaft, hielten respektvoll Abstand.

Kernbeißer, so hatte ich irgendwo gelesen, sind sogar imstande, Kirschkerne zu knacken. Durchs Fernglas betrachtet, sahen die zwei so aus, als könnten sie mühelos auch Walnüsse zertrümmern. Als sie sich über meine Sonnenblumenkerne hermachten, fühlte ich mich auch auf seltsame Weise geehrt. Als habe sich mein Garten erst jetzt offiziell als Vogelhabitat qualifiziert.

Im Jahr darauf bekam ich endlich auch mein erstes Blaukehlchen zu Gesicht. Es war kein weißsterniges, sondern ein rotsterniges, eine Unterart, die in Nordeuropa und den Alpen vorkommt, und ich musste auch dafür wieder über dreitausend Kilometer fliegen. Aber diese Reise erwies sich, ornithologisch gesehen, gleich mehrfach als Glücksfall. Obwohl ihr Zweck auch diesmal gar nichts mit Vogelbeobachtung zu tun hatte.

Mein Ziel war Israel, dort sollte ich für eine Reportage einen alternativen reformjüdischen Kibbuz porträtieren. Der Kibbuz war randvoll mit interessanten Menschen, bewegenden Lebensgeschichten und quirliger Gruppendynamik. Ich war den ganzen Tag damit beschäftigt, Interviews zu führen und gelegentlich meinen sehr eifrigen Fotografenkollegen auszubremsen. Viel mehr gab es nicht zu tun, denn rund um den Kibbuz erstreckte sich Wüste. Einer der wenigen grünen Flecken im Umkreis war ein Teichbiotop, das die Kibbuzniks in der Nähe ihrer Geflügelfarm angelegt hatten. Seine Grundfläche war vielleicht drei, vier Mal so groß wie der Konferenzraum meiner Redaktion. Deshalb erwartete ich nicht viel, als ich vor meiner Abreise einen kurzen Spaziergang dorthin unternahm.

Kaum hatte ich mich in die kleine Beobachtungshütte gehockt, die einen Blick auf den Tümpel freigab, da landete an dessen rechtem Ufer jedoch ein Ortolan – eine seltene und sehr schöne Ammer, die ich zuletzt etwa fünfundzwanzig Jahre zuvor an einem Waldrand nahe der Lippe gesehen hatte. Keine halbe Minute später trat von links ein Tüpfelsumpfhuhn aus dem Schilf, einer dieser Feuchtgebietsbewohner, die selbst geübte Birder ausgesprochen selten zu Gesicht bekommen, weil sie erstens fast nie ihre Deckung verlassen, zweitens vorwiegend nachtaktiv und drittens auch noch sehr selten sind. Dieser Erscheinung folgte auf dem Fuß ein Purpurhuhn, ein südeuropäischer Vogel, den ich nur aus den Türkeierzählungen meiner Eltern kannte, aber dank ihrer lebhaften Beschreibungen auf Anhieb identifizierte: Er ist nämlich, anders als sein Name vermuten lässt, blau. Und zwar ist er von einem spektakulären, metallisch glänzenden, das gesamte Federkleid bedeckenden Dunkelmarineblau.

Als wäre das nicht genug Spektakel, landete neben dem Ortolan dann auch noch ein Blaukehlchen. Es präsentierte seine leuchtende Brust geradezu lehrbuchmäßig wie sein vertrautes Abbild auf Tafel 125 von *Was fliegt denn da?*. Den Wendehals, der kurz danach noch aus einem Busch hervorguckte, nahm ich nur noch benommen wahr. Es war ein so unwirklicher Anblick: Nie zuvor und nie danach habe ich so viele seltene Vogelarten auf wenigen Quadratmetern gesehen; Vögel, für deren Sichtung ich normalerweise Monate durch halb Europa hätte reisen müssen.

Nüchtern betrachtet, war das Zusammentreffen dieser fünf natürlich durchaus nicht so magisch, wie es auf mich wirkte. Über der Negev-Wüste im Süden Israels verläuft einer der wichtigsten internationalen Vogelzug-Korridore. Ihn passieren im Frühjahr wie im Herbst geschätzte fünfhundert Millionen Vögel – so ziemlich alles, was in Europa östlich von Elbe und Alpen brütet und in Afrika überwintert. Und natürlich stürzen sich viele der Vögel, die vom Langstreckenflug erschöpft sind, auf jedes noch so winzige Fleckchen Grün, das sie unter sich erspähen. Mir war das im Prinzip auch bekannt. Aber ich hatte wie gesagt auf dieser Reise nicht einmal damit gerechnet, Vögeln zu begegnen. Auch deshalb hatte ich in der Beobachtungshütte das Gefühl, in eine Art Filmvorführung geraten zu sein – als wollte ein unsichtbarer Regisseur mich binnen weniger Minuten für einen Großteil dessen entschädigen, was mir in Jahrzehnten geduldigen Anschauens, Wartens und Suchens entgangen war.

Wenn ich zurückblicke auf meine über fünfzigjährige Vogelbeobachter-Karriere, muss ich mir eingestehen: Wirklich sensationelle Entdeckungen habe ich kaum zu verzeichnen. Gerade meine schönsten Vogelerlebnisse dürften wirklichen Experten nur ein müdes Lächeln entlocken.

Wiedehopfe etwa sind in Ägypten ungefähr so häufig wie bei uns Spatzen. Die Schriftkundigen der Pharaonenzeit haben sogar eine eigene Hieroglyphe für diesen Vogel erfunden. Der Kernbeißer ist zwar scheu und zur Brutzeit schwer zu beobachten, gehört aber in Mitteleuropa zu den Stammgästen an vielen Futterhäusern. Und wer in die Türkei fährt und dort, zumindest abseits der Touristenhochburgen, weder Blauracken noch Bienenfresser sieht, hat wirklich Pech, denn beide gehören zu den typischen Vögeln des Mittelmeerraums.

Damals, vor fünfzehn, zwanzig oder noch mehr Jahren, habe ich das alles noch nicht so genau gewusst. Aber ich bin mir sicher: Selbst mit diesem Wissen hätte ich die Begegnungen nicht weniger intensiv empfunden, und in meiner Erinnerung strahlen sie heller als alle anderen Naturerlebnisse.

Denn was der Anblick eines Vogels auslöst, hängt ja nicht von seiner Seltenheit ab oder von anderen »objektiven« wissenschaftlichen Kriterien. Sondern es wird bestimmt von der Person des Beobachters – seiner Stimmung, seinen Erwartungen, seinen Vorlieben. Und seiner – oder ihrer – speziellen ornithologischen Biografie.

Inzwischen habe ich vor allem meine blauen Lieblingsvögel viel besser kennengelernt. Ich weiß zum Beispiel, dass sowohl Blauracke als auch Bienenfresser gern Telegrafendrähte als Ansitz für die Insektenjagd benutzen. Dass der Balzflug des Blaurackenmännchens dem des Kiebitzes ähnelt, während der Bienenfresser durch extrem schnelle, weit ausholende Flügelschläge auffällt, die eine Amplitude bis zu 270 Grad erreichen. Ich weiß auch, dass der Ruf des Bienenfressers an eine durchdringende Glocke erinnert, während das »Rack-Rack!« der Blauracke klingt, als reibe man zwei Walnüsse aneinander.

Beide Rufe habe ich nie selbst gehört, ebenso wenig wie ich die beiden Vögel seit damals wiedergesehen habe. Alle Details über sie kenne ich nur aus dem Jonsson und dem Svensson, den ich mir mittlerweile auch zugelegt habe. Der aktuellen Ausgabe dieses Bestimmungsbuchs entnehme ich auch, dass ich leider zumindest die Blauracke wohl so schnell nicht wiedersehen werde: Sie ist in Deutschland mittlerweile ausgestorben. Bis 1990 brüteten einige Paare in der Lausitz; danach wurden nur noch vereinzelte Irrgäste gesichtet.

Vom Bienenfresser gibt es dagegen gute Nachrichten: Er hat sich in den vergangenen Jahrzehnten stetig nach Norden ausgebreitet. Brüteten Mitte der 1990er-Jahre gerade mal fünfzig bis siebzig Paare in Deutschland, sind es mittlerweile über tausend. Sie graben ihre Nisthöhlen vor allem in Sand- oder Kiesgruben im warmen Südwesten, etwa am Kaiserstuhl, aber auch Sachsen-Anhalt und sogar Schleswig-Holstein bieten ihnen gute Überlebenschancen. In der Schweiz und in Österreich haben sich Bienenfresser neuerdings ebenfalls fest etabliert.

Viele Naturschützer und Vogelkundler führen das Vordringen des Bienenfressers auf den Klimawandel zurück. Dass dieser sich schon jetzt auf die heimische Tier- und Pflanzenwelt auswirkt – und in Zukunft noch stärker auswirken wird –, ist unbestritten. Aber ob gerade der Bienenfresser als Paradebeispiel für diese Wirkung taugt, erscheint zweifelhaft. Denn wenn es allein die steigenden Temperaturen wären, die ihn angelockt hätten, dann müssten sich längst auch andere Vogelarten auf den Weg nach Norden gemacht haben. Wie etwa die Blauracke, die es ebenfalls warm und trocken liebt. Sie würde vor allem im Osten Deutschlands noch wunderbare Habitate vorfinden – etwa auf Truppenübungsplätzen oder ehemaligen Tagebaugebieten, wo es sonnige Freiflächen und nicht zuletzt noch jede

Menge Insekten gibt. Anders als auf den meisten landwirtschaftlichen Flächen, die so stark gedüngt und mit Pestiziden gespritzt werden, dass die Insekten dort ebenso wenig überleben wie die Wildkräuter, von denen sie sich nähren.

Es gibt noch eine andere Erklärung für den Vormarsch des Bienenfressers, die mir stärker einleuchtet. Der Ornithologe Josef Reichholf erinnert daran, dass der schöne Vogel alles andere als ein Exot ist: Er wurde schon im 18. Jahrhundert in Bayern beobachtet und hat seitdem immer wieder dort und in Südwestdeutschland gebrütet. Bis in die 1960er-Jahre aber wurde er in ganz Europa erbarmungslos gejagt – wegen seines blau-bunten Federkleids, aber auch, weil er, wie sein Name schon verrät, Bienen frisst. Seit Inkrafttreten der europäischen Vogelschutzrichtlinie hat der Jagddruck durch Imker und Trophäenjäger zumindest stark nachgelassen, und die Populationen in manchen Regionen Südeuropas sind deutlich gestiegen. Was viele Vögel womöglich dazu angeregt hat, auch ihre einstigen Brutgebiete in Deutschland wieder zu besiedeln.

Einige der Neubürger brüten gar nicht weit von meinem Wohnort: in einer ehemaligen Braunkohlegrube bei Merseburg in Sachsen-Anhalt. Sie haben dort in den sandigen Steilhängen große Kolonien angelegt, in die sie jedes Jahr wieder zurückkehren; es ist also vergleichsweise leicht, sie dort aufzuspüren und zu beobachten. Allerdings müsste ich dazu meinem liebgewordenen Beobachtungsgrundsatz untreu werden: Vögel niemals gezielt aufzusuchen, sondern sie auf mich zukommen zu lassen. Auf dass sie mich überraschen und erleuchten.

Ich finde diesen Grundsatz nach wie vor richtig.

Aber für den Bienenfresser werde ich, glaube ich, eine Ausnahme machen.

FELDLERCHE UND GARTENROTSCHWANZ

KAPITEL 12

Kein Huhn in Sicht, aber die Lerche singt

Abschlusskonzert in der Lüneburger Heide

Lüneburger Heide, 3.30 Uhr morgens. Heute ist der 6. Mai, einer der ersten Tage in diesem neuen Jahr, an dem ich mir die Zeit nehme, länger zu beobachten. Die vergangenen Monate habe ich vor allem am Schreibtisch verbracht, auch weil das Wetter so schlecht war, dass ich draußen kaum Vögel angetroffen hätte. Bei Dauerregen und Starkwind pflegen auch die sich zu verkriechen und den Schnabel zu halten.

Etwas unheimlich ist es schon, nachts allein von einem abgelegenen Parkplatz aus in die stockdunkle Natur zu laufen. Ausgerechnet heute ist es auch noch besonders finster, denn die Wolken hängen tief, kein Mond ist zu sehen. Ich fühle den Wanderweg mehr unter mir, als dass ich ihn sehe.

Aber meine Vorfreude ist größer als meine Angst. In einer guten halben Stunde werden die Vögel anfangen zu singen; das will ich miterleben, und dafür bin ich heute ausnahmsweise mitten in der Nacht aufgestanden.

Natürlich hätte ich es mir auch auf dem Balkon bequem machen können. In unserer Nachbarschaft legen die Vögel zu dieser Jahreszeit ebenfalls bald nach vier Uhr früh los, wenn es nicht zu sehr schüttet und bläst. Aber es sind nicht so viele wie hier draußen, und bei uns geben auch immer dieselben den Ton an.

Nichts gegen Amseln und schon gar nichts gegen Rotkehlchen. Aber ich möchte endlich mal wieder, wenigstens einmal im Jahr, ein Vogelkonzert in voller Besetzung hören. Keine Kammermusik mit wenigen Solisten, sondern eine richtige Sinfonie. Eine, die für ein, zwei Stunden die Vorstellung aufkommen lässt, dass die Vogelwelt noch in Ordnung ist. Zumindest so in Ordnung wie damals vor über fünfzig Jahren, als ich sie entdeckte. Und um das zu erleben, muss man zur richtigen Zeit, nämlich früh, am richtigen Ort sein.

Der Open-Air-Konzertsaal liegt etwa zwanzig Autominuten von unserem Dorf entfernt: in der Lüneburger Heide, genauer gesagt, in einem Teil von ihr, der Naturschutzgebiet ist. Über 234 Quadratkilometer leicht hügelige Endmoränenlandschaft, bedeckt mit Kiefernwäldern, Heidekraut und sonst zum Glück nicht viel. Es gibt kaum Landwirtschaft, wenige Asphaltstraßen, eine Handvoll überschaubarer Dörfer. Außerhalb davon keine menschlichen Bauwerke, bis auf Schafställe und Bienenstöcke.

Mit »Natur« hat das, was hier geschützt wird, dennoch nicht viel zu tun – im Gegenteil. Denn streng genommen ist die Heide ein ökologisches Katastrophengebiet, entstanden durch Raubbau von Menschenhand. Der begann bereits im Mittelalter. Damals fingen die Menschen an, die ausgedehnten Eichenurwälder der Region großflächig zu roden, um Weideland zu gewinnen – nicht ahnend, wie schnell die mageren Sandböden ausgelaugt sein würden. Auf den entwaldeten Flächen breitete sich Besenheide aus, eine Pflanze, die wunderschön blüht und reichen Nektar produziert, aber kaum ein Weidetier satt macht außer den genügsamen, kratzige Wolle tragenden Heidschnucken. Das Leben der Heidebauern war entbehrungsreich. Nicht zufällig ist das Wort »Plackerei« hier erfunden worden: Es bezeichnete eine besonders mühevolle Form der Düngergewinnung, bei der die gesamte Heidekrautschicht mit Hacke und Spaten »abgeplaggt« und dann, mitsamt den darin enthaltenen Schafskötteln, zu Kompost verarbeitet wurde.

Wenn ich an die Geschichte der Heide denke, empfinde ich es als Privileg, hier einfach nur herumspazieren und den Vögeln zuhören zu können. Vögel lieben die Heide, denn sie finden hier, was in der Landschaft sonst rar geworden ist: sonnenwarme, wenig bewachsene Flächen mit reichem Insektenleben, über die zur Brutzeit kein Traktor fährt. Lerchen, Goldammern, Braunkehlchen, Baumpieper – viele meiner guten alten Bekannten vom Niederrhein sind hier reichlich vertreten, das weiß ich von früheren Ausflügen bei Tageslicht. Kiebitze und Uferschnepfen gibt es hier leider nicht, denen sind die Sandböden zu trocken. Dafür könnte ich, mit sehr viel Glück, ein Huhn sehen, und zwar eines, über dessen Namen ich mir nicht den Kopf zerbrechen müsste: Einige der letzten noch in Norddeutschland verbliebenen Birkhühner brüten hier.

Im Moment allerdings schlafen sie vermutlich noch.

Kurz nach 4 Uhr. Der Wald steht schwarz und schweiget wie im bekannten Volkslied. Ich habe ihn ungern betreten, aber der ausgewiesene Wanderweg führt mitten hinein, und auf seiner anderen Seite liegt eine besonders schöne Heidefläche, die ich von früheren Spaziergängen bei Tageslicht kenne.

Die ersten paar Hundert Meter bin ich schnell gegangen und fest aufgetreten, um verdächtiges Knacken und Knistern zu übertönen. Aber jetzt halte ich kurz inne und horche.

Vielleicht haben sich meine Augen ans Dunkel gewöhnt, vielleicht ist der Wald aber auch nicht mehr ganz so schwarz wie vorhin. Und jetzt schweigt er auch nicht mehr: Der allererste Vogel erhebt seine Stimme.

Wenn ich jetzt sage, dass ich genau auf diesen schon gewartet hatte, dann ist das leicht übertrieben, aber wirklich nur leicht. Ich habe nämlich am Abend zuvor noch auf die »Vogeluhr« geschaut, eine Zeitleiste, die anzeigt, welcher Vogel morgens wann zu singen beginnt. Die Einsätze sind für jede Art biologisch festgelegt, fast auf die Minute genau – jeweils vom Zeitpunkt des Sonnenaufgangs aus berechnet. Der findet heute, am 6. Mai, um 5.36 Uhr statt. Das Display meines Telefons zeigt 4.21 Uhr. Der Gartenrotschwanz hat sich also etwas verspätet, er lässt sich normalerweise bereits neunzig

Minuten vor dem ersten Sonnenstrahl hören. Aber die Verspätung ist verständlich, so tief, wie die Wolken hängen, so finster, wie der Wald ist. Erstaunlich genug, dass dieser kaum merkliche Hauch von Dämmerung gereicht hat, den inneren Wecker des Vogels zu aktivieren und ihn zum Singen zu animieren.

Es ist lange her, seit ich den Gartenrotschwanz das letzte Mal gehört habe. Sein Gesang erinnert mich immer an einen traurigen Buchfink – leise, weich und etwas einförmig. Wer ihm länger zuhört, versteht, weshalb die Biologie den verschiedenen Vogelarten jeweils eigene, zeitlich gestaffelte Singzeiten zugewiesen hat.

Denn Vögel singen ja nicht zum Spaß. Sie müssen sich Gehör verschaffen, bei Weibchen ebenso wie bei Revierkonkurrenten. Würden alle zur gleichen Zeit losschmettern, gingen einzelne Stimmen leicht im Chor unter, gerade die zarten, weniger markanten. So früh vor Sonnenaufgang singen nur einige wenige Unermüdliche, wie etwa die Feldlerche und die Nachtigall. Aber im Moment sind sie noch still, vermutlich, weil sie auf etwas mehr Tageslicht und Wärme warten.

4.40 Uhr. Jetzt melden sich die ersten Rotkehlchen zu Wort, auch eine Feldlerche, die allerdings sehr weit weg und nur kurz singt. Es ist eben immer noch ziemlich duster. Das mulmige Gefühl, das mir bis vorhin im Nacken saß, ist allerdings wie weggeblasen. Ganz rational ist das nicht, denn ich bin ja nach wie vor allein im Wald. Wenn mir jetzt ein Wolf entgegenkäme, ein Wildschweinrudel oder, was schlimmer wäre, ein Mensch mit unschönen Absichten: Die Vögel könnten mich kaum beschützen. Aber ihre Gesänge wirken, auf welche Weise auch immer, beruhigend auf die tieferen Schichten meines Bewusstseins.

Und das geht nicht nur mir so. Ich erinnere mich an eine interessante Studie, auf die mich kürzlich eine Vogelfreundin hinwies. Ein Team britischer Ökologen hatte untersucht, wie sich die regelmäßige Begegnung mit Vögeln, egal welchen, auf das psychische Befinden auswirkt. Das – nicht sehr überraschende – Ergebnis: Menschen, die in einer grünen, an Vögeln reichen Umgebung leben, klagen messbar seltener über Stress, Ängste und depressive Verstimmungen. Und zwar unabhängig davon, wie gut sie einzelne Arten bestimmen können: Die meisten der 270 Studienteilnehmer, Land- ebenso wie Stadtbewohner, waren keine ernsthaften Birder. Die heilsame Wirkung des Vogelwahrnehmens trat allerdings nur bei denen ein, die sich regelmäßig für längere Zeit vor die Tür begaben.

Worauf genau die Wirkung des Anblicks und der Stimmen von Vögeln beruht – davon stand in dem Bericht über die Studie nichts Genaueres. Aber ich hätte eine mögliche Erklärung auf Lager: Beim Beobachten, ob mit Augen oder Ohren, lenkt man ja die eigene Aufmerksamkeit zwangsläufig nach außen, weg von den eigenen Befindlichkeiten hin zu dem, was gerade neben dem Weg singt oder aus dem nächsten Busch auffliegt. Man ist, auf wunderbare Weise, ganz bei sich und doch völlig woanders, abgelenkt und abgehoben von allem, was einem gerade auf der Seele liegt. Etwas Wohltuenderes, Heilsameres kann ich mir kaum vorstellen.

5 Uhr. Es ist heller geworden, die Konturen der Bäume zeichnen sich jetzt deutlich ab. Dafür wird es akustisch langsam unübersichtlich, denn zusätzlich zu den Rotkehlchen haben die Amseln eingesetzt, und es sind so viele, dass ihre Stimmen zu einer Rundumklangwolke zusammenfließen. Gerade höre ich noch das »Montreux, Montreux!« einer Singdrossel heraus und die kraftvollen »Ich bin drrrr König, bin ich!«-Statements mehrerer Zaunkönige. Der Gartenrotschwanz hat Konkurrenz bekommen von einem zweiten, und weiter draußen auf der Heide ruft ein Kuckuck.

Ich habe den Wald jetzt hinter mir, endlich, und vor mir eine Bank mit Aussicht auf die Heide. In ein paar Monaten, etwa Mitte August, wird sich hier ein postkartentauglicher lila Blütenteppich ausbreiten. Dann werden in den umliegenden Dörfern im Stundenrhythmus die Pferdekutschen aufbrechen, voll besetzt mit Touristen, und die Wanderwege werden so belebt sein wie Strandpromenaden zur Hauptferienzeit. Jetzt aber, im Frühjahr, ist die Heide braun und eher unansehnlich; die Wacholderbüsche, die wie einsame Wachposten darüber verteilt sind, wirken noch strenger und düsterer als sonst. Wenn man sie so erlebt, die Heide, an einem grauen Frühjahrsmorgen, dann versteht man, weshalb sie noch vor rund zweihundert Jahren das Gegenteil eines Touristenziels war, eine der unbeliebtesten Gegenden Deutschlands. »Ein ödes, trauriges Stück Land, ohne Anhöhen, ohne Thäler, ohne Seen, ohne Bäche, ohne alles Laubholz«, so heißt es in einer Beschreibung von 1823, und auch, dass man darauf »kein Haus, kein Wasser, keinen Menschen, kein Tier, selbst keinen Vogel« erblicke. Das mit den Tieren und Vögeln war wohl eine Fehlwahrnehmung des Autors; Hasen und Rehe gab es bestimmt auch damals schon, ebenso wärmeliebende Eidechsen und Insekten, und die Vogelwelt der Heide dürfte mindestens so artenreich gewesen sein wie heute. Vögel haben ja eine Vorliebe für Orte, die aus menschlicher Sicht eher herb und unwirtlich wirken – siehe auch die Dümmer-Niederung oder Stadtlandschaften wie die Bodendeponie in Mülheim an der Ruhr. Für Beobachter ist das umso besser: An solchen Orten hat man die Natur oft ganz für sich allein, und das gilt, wenigstens zu bestimmten Jahres- und Tageszeiten, auch für die Heide.

5.40 Uhr. Die Sonne ist aufgegangen, und obwohl sie unsichtbar bleibt, hat sie die Feldlerchen aufgeweckt, zwei zumindest, außerdem eine Goldammer (»Ich hab dich so liiiiiieb!«) und diverse Kohlmeisen. Der Kuckuck von vorhin hat auf Dauerbetrieb umgestellt. Die ersten Frühsänger sind dagegen schon wieder verstummt. Schade, ich hätte den Gartenrotschwanz gerne aufgespürt und aus der Nähe betrachtet. Denn so unauffällig er singt, so prachtvoll sieht er aus: orangerote Brust, rostroter Schwanz und schneeweiße Stirn, die mit dem schwarzen Kopf kontrastiert. Einer der buntesten unter den heimischen Singvögeln.

Aber auch ohne ihn gibt es was zu gucken. Die Baumpieper balzen. Das sind lerchengroße, eher unscheinbare Singvögel, die aber zur Brutzeit spektakuläre Flugshows vorführen: Die Männchen lassen sich ohne einen Flügelschlag senkrecht von Baumwipfeln herabgleiten, dabei geben sie einen Laut von sich, der klingt wie: »Jeetzt – jeeetzt – jeeetzt – JETZT schlag ich auf dem Boden auf!« Tun sie natürlich nie, sie kriegen immer ein paar Handbreit vorher die Kurve.

Ich sehe ihnen eine Weile zu, dann schließe ich die Augen. Lasse, ein paar Momente lang, nur die Stimmen auf mich wirken und beame mich mit ihrer Hilfe ein paar Jahrzehnte zurück.

Man sagt ja, dass die Erinnerung an Vergangenes vor allem durch Düfte und Geschmacksreize geweckt wird. Durch Vanille- und Zimtaromen etwa, die Heimweh nach Großmutters Weihnachtsplätzchen aufkommen lassen. Durch frisch gemähtes Gras und dampfende Kuhfladen, die untrennbar mit der Erinnerung an Familienferien auf dem Bauernhof verbunden sind. Durch Kohlsuppe, von besorgten Eltern zwangseingeflößt, deren Geruch ein Leben lang spontanen Brechreiz auslöst. Wissenschaftler sprechen vom »Proust-Phänomen«, in Anlehnung an die berühmte in Tee getunkte Madeleine, deren Geschmack den Erzähler des Romans *Auf der Suche nach der verlorenen Zeit* schlagartig in die Kindheit zurückversetzt.

Für mich sind Vogelstimmen immer ein bisschen wie Prousts Gebäck. Zwar wecken sie nicht bei jedem Hören so intensive Emotionen, wie manche Düfte es tun. Aber ich empfinde sie als ebenso direkte Verbindung zu früher, quasi als eine akustische Standleitung in die Landschaften meiner Kindheit.

Alle Feldlerchen klingen für mich wie diejenigen, die damals vor vierzig Jahren oder mehr über den Wiesen am Niederrhein aufgestiegen sind. Jeder Ton des Gartenrotschwanzes versetzt mich zurück in den Duisburger Wald, wo meine Eltern und ich zum ersten Mal bewusst einen solchen Vogel hörten und auch sahen. Und jeder Amselchor am Morgen oder am Abend ist ein Echo der ungezählten Vogelkonzerte, die unseren Alltag in der Siegfriedstraße untermalten.

Vogelstimmen sind der Soundtrack meines Lebens. Das ist vermutlich der Hauptgrund, weshalb ich mich so vehement für den

Schutz dieser Tiere engagiere: Würden sie verstummen, würde ich mit ihnen ein Stück Heimat verlieren.

6 Uhr. Ein Blatt, das in sanften Spiralen zum Waldboden hinabtrudelt: der Fitis. Ihn habe ich hier eigentlich nicht erwartet. Denn er singt vor allem in Laubwäldern und im Gebüsch, auch in Gärten. Hier in der Heide wachsen jedoch hauptsächlich Kiefern, in gleichförmigen Reihen, unter denen kaum mehr als Gras und Brombeergestrüpp gedeiht. Nicht die Sorte Wald, die auf Vögel besonders anziehend wirkt. Umso erstaunlicher, dass es hier doch so viele gibt, darunter sogar Arten, die eigentlich anderswo vorkommen.

Das ist ja überhaupt das Beste am Vögelbeobachten: dass man immer auf Überraschungen gefasst sein muss oder, besser gesagt, sein darf.

Ein wirklicher Kenner der Heidenatur würde mich jetzt womöglich korrigieren. Und darauf hinweisen, dass der Fitis, ohnehin ein häufiger Vogel, hier schon lange etabliert ist. Ich hätte mich natürlich vor meiner Exkursion informieren können, welche Arten hier vorkommen. Aber ich wollte das gar nicht wissen. Wenn man mit einer To-see-Liste losgeht, ärgert man sich am Ende nur über all das, was man nicht entdeckt hat. Lieber freue ich mich über das, was da ist. So habe ich es eigentlich schon immer gehalten, auch bei den Exkursionen, die ich für dieses Buch unternommen habe. Nichts erwarten, sondern sich lieber von den Vögeln überraschen lassen: Das ist nach wie vor meine beliebteste Variante des Federnlesens.

Gerade fliegt eine Bande von Eichelhähern über mich hinweg. Ich erkenne sie an ihrem Jizz, ihrem Flugstil: Es ist weniger ein Fliegen als ein gelegentliches Auf- und Zuklappen der Flügel. Große Luftakrobaten sind sie nicht, die Eichelhäher, dafür aber virtuose Klangproduzenten. Wenn ich sie nicht gesehen hätte – an ihren Stimmen hätte ich sie kaum erkannt. Ein seltsames Gurgeln, Gicksen und Fauchen, das selbst in meinen relativ geübten Ohren völlig fremd klingt. Vielleicht eine Art Geheimsprache, die diese Vögel nur zu Zeiten benutzen, in denen normalerweise keine Menschen im Wald sind.

Jetzt fehlt eigentlich nur noch, dass irgendwo ein balzender Birkhahn auftaucht. Das wäre die Krönung.

6.30 Uhr. Gerade habe ich mit einem Freund in Berlin telefoniert und ihm von meiner neuesten Beobachtung erzählt. Nein, kein Birkhuhn. Sondern eine Heidelerche.

Sie hier zu entdecken war natürlich keine Überraschung. Heidelerchen gehören zur Heide wie Wacholderbüsche, Schafherden und Touristenkutschen. Aber abgesehen davon sind sie seltener zu sehen als ihre bekannteren Verwandten. Und ihr Gesang ist noch schöner. »Betörend« ist ein altmodisches Wort, aber keines beschreibt ihn besser. Er ist so flötenhaft klar und melodisch, dass man ihn, anders als die meisten Vogelstimmen, ohne Weiteres in Notenschrift aufzeichnen könnte: eine Reihe ebenmäßiger Achtelnoten, die in zickzackförmigen Terzsprüngen sanft abwärtsfällt. Immer wenn ich die Heidelerche höre, geht mir – noch so ein altmodischer Ausdruck – das Herz auf. Und ich bin froh, dass ich meine Begeisterung darüber mit dem Berliner Freund teilen konnte.

Denn auch wenn ich im Moment der einzige Mensch weit und breit auf der Heide bin: Wirklich allein bin ich nicht. Zeitgleich mit mir sind heute früh fünf vogelkundige Kollegen und Freunde aufgebrochen – in Berlin, Köln und Zürich. Wir sind alle mit Mikrofonen und Aufnahmegeräten ausgerüstet, um die Natursinfonien vor unserer Haustür aufzunehmen.

Und so werden Lerche und Rotschwanz aus der Lüneburger Heide in wenigen Tagen per Podcast im Internet zu hören sein, mit Dutzenden anderer Stimmen: aus einem verwilderten Gleisdreieck in der Mitte der Bundeshauptstadt, einem renaturierten Hafenareal am Rhein und einem Weinberg nahe der Zürcher Uniklinik. Lauter Naturlandschaften aus zweiter Hand, die wie die Heide ursprünglich durch menschliche Eingriffe entstanden sind.

Im Laufe der vergangenen Monate ist um mich herum ein Netzwerk an vogelkundigen und -begeisterten Menschen gewachsen. Oder auch andersherum: Ich bin hineingewachsen in ein Netzwerk, das längst existierte, das ich nur lange kaum wahrgenommen habe. Vermutlich ist es eine Mischung aus beidem. Vielleicht ist »Netzwerk« auch die falsche Bezeichnung für diese spezielle Gruppe von Menschen, der ich mich verbunden fühle. Wir Vogelfreunde sind wohl eher ein Schwarm aus vielen Individuen, die sich am liebsten auf eigenen Flugbahnen bewegen – und oft erst durch Zufall miteinander in Kontakt kommen.

Wenn ich in letzter Zeit bei irgendeiner Gelegenheit von der Arbeit an meinem Buch erzählte, dann passierte es oft, dass sich Menschen spontan als vogelinteressiert »outeten« – manchmal sogar gute Bekannte, von deren ornithologischen Neigungen ich bis dahin nichts wusste. Fast alle Gesprächspartner beeilten sich dann zu erklären, dass sie »nur für sich« nach Vögeln guckten, so wie ich früher, und eigentlich auch nicht viel Ahnung hätten. Manchmal kam dann doch heraus, dass sie sowohl Fernglas als auch Bestimmungsbuch besaßen und dass in ihrem Garten ein Futterhaus stand, dessen Besucher sie genau benennen konnten.

Die meisten neuen Vogel-Freunde und -Freundinnen habe ich jedoch auf virtuellem Weg kennengelernt, über das Netzwerk Twitter. Ohne sie hätte ich zum Beispiel nie vom Prinzengirlitz und dem Geheimnis der runden und spitzen Eier erfahren. Mir wären auch die neuesten Entwicklungen der Birder-Szene verborgen geblieben – etwa, dass sich *Urban Birding* auf städtischen Brachen und Müllkippen zunehmend als Trendsport etabliert, dass sich hippe Berliner im Tiergarten zum »After Work Birding« treffen und dass sich in Großbritannien, dem Mutterland der Vogelbeobachter, gerade ein aufsehenerregender Umbruch vollzieht: Die Generation der 16- bis 25-Jährigen entdeckt das Birding für sich – als eine coole und zugleich sinnliche Art, Natur zu erleben. Mithilfe digitaler Bestimmungstools bringen sich die Jungen nicht nur das Handwerk des Beobachtens selbst bei, sondern bilden eigene, von etablierten Verbänden unabhängige Netzwerke. All dies unter den staunenden, gerührten Blicken gestandener ornithologischer Autoritäten, unter denen, in Deutschland wie anderswo, immer noch Herren mit ergrauten Bärten in der Überzahl sind.

Einem solchen Birder-Netzwerk neuen Typs habe auch ich mich angeschlossen: »Flugbegleiter – die Vogeljournalisten« haben wir es getauft. Meine zehn Kollegen und ich publizieren auf unserer Webseite jede Woche Berichte und Reportagen über Vogelbeobachtung, ornithologische Forschung und Naturschutz – Themen, über die in den meisten Medien, wie wir finden, viel zu wenig berichtet wird. Eine unserer ersten gemeinsamen Unternehmungen ist das Multimedia-Projekt »4 Uhr morgens – wenn die Welt den Vögeln gehört«, eine Audio- und Textreportage über das Vogelstimmenkonzert, das an diesem 6. Mai in vier Naturlandschaften in Deutschland und der Schweiz zu hören war.

Je mehr Aufmerksamkeit Vögel bekommen, so unsere Hoffnung, desto größer auch die Chance, dass sie uns erhalten bleiben. Je mehr Menschen sich für Vögel interessieren, sie beobachten, erforschen, bestaunen, sie als Teil ihrer Heimat betrachten, desto mehr werden sich auch für sie engagieren und ihre verbliebenen Lebensräume gegen die Begehrlichkeiten von Landnutzern, Verkehrsplanern und bauwütigen Bürgermeistern verteidigen. Und vielleicht dafür sorgen, dass Schutzgebiete wie die Lüneburger Heide, das Plagefenn, die Dümmer-Niederung, die Feuchtwiesen an der Nordseeküste, die Sürther Rheinaue, die wilden Ecken von Berlin, Zürich und vielen anderen Städten keine isolierten Inseln bleiben, sondern sich ausbreiten und zusammenwachsen zu einem grünen, lebendigen, von Vogelstimmenklang erfüllten Netzwerk, das sich eines Tages über ganz Europa erstreckt.

Aber das ist jetzt sehr weit vorausgedacht.

Es ist kurz vor sieben. Der Höhepunkt des Frühkonzerts ist vorbei, die große Klangwolke von vorhin ist verebbt zu leisem Hintergrundgezwitscher. Die meisten Sänger sind jetzt vermutlich damit beschäftigt, Futter zu suchen. Ich habe inzwischen auch Hunger auf ein Frühstück. Der Weg zurück zum Auto wird über eine Heidefläche führen, die ich bis jetzt noch nicht bei Tageslicht betrachtet habe. Vielleicht entdecke ich doch noch eines von den Birkhühnern.

Aber wenn nicht, ist das auch nicht schlimm. Im Moment reicht es mir, einfach nur zu wissen, dass sie da sind.

DANKSAGUNG

Wenn man ein Buch über Vögel schreibt, ohne selbst Expertin für Vogelkunde zu sein, ist man auf Leute angewiesen, die es sind. Die ihr Wissen nicht nur teilen, sondern sich Zeit nehmen für lange Interviews oder sogar Exkursionen.

Großen Dank dafür an Sven Trautmann, Christopher König, Johannes Wahl, Uwe Westphal, Martin Flade, Susanne Winter, Heike Jeromin, Volker Salewski, Oliver Granke, Hermann Hötker, Heinrich Belting, Patrick Kretz, Oliver Krüger, Thomas Krumenacker, Eva Brendel, Oliver Schuhmacher, Frank Allmer, Karen Heitland und Frank Stühmer. Nicht alle Genannten sind im Buch namentlich erwähnt, wofür ich um Nachsicht bitte: Wie die meisten Autoren habe ich im Laufe mehrerer Monate mehr Stoff zusammengetragen, als ich auf 300 Seiten unterbringen konnte.

Zwei ebenso erfahrene wie bestens vernetzte Ornithologen haben mir am Anfang wichtige Starthilfe geleistet: Lars Lachmann, Vogelschutzexperte des NABU, der mich mit Tipps und Kontaktadressen versorgte, und Hans-Heinrich Dörrie vom Arbeitskreis Göttinger Ornithologen. Was er mir an einem einzigen Tag über Vögel, Vogelbeobachter und seine eigene ornithologische Biografie erzählte, hätte für ein eigenes Buch gereicht.

Einigen im Text erwähnten Vögeln wäre ich nie begegnet, hätte mich nicht das Magazin GEO schon vor Jahren auf Reisen in ihre Verbreitungsgebiete geschickt. Meine Heimatredaktion räumte mir auch die nötige Auszeit ein, um dieses Buch zu schreiben. *Special thanks* an Christoph Kucklick und Johanna Wieland sowie Anke Sparmann und Fred Langer. Und, Stichwort Heimat: Dank auch an meine ebenso naturbegeisterte wie -kundige Freundin Anja Roese aus dem Nachbardorf, mit der ich in Zukunft noch viel häufiger auf Exkursion gehen sollte.

Schreiben ist ein einsames Geschäft, wenn man den regelmäßigen Austausch auf Redaktionsfluren gewohnt ist. Ich hatte das Glück, gleich zu Beginn ein Netzwerk von Berufskollegen zu finden, die auch meine Vogelbegeisterung teilen: die »Flugbegleiter«, die zusammen mit anderen Wissenschaftsjournalisten auf der Plattform riffreporter.de vertreten sind. Ihrer Schwarmintelligenz und vor allem unserem »Leitvogel« Christian Schwägerl verdanke ich wertvolle Anregungen und Literaturtipps. Eine stetig wachsende Zahl von Twitter-Freunden versorgt mich mit einem Strom spannender und kurioser Infos, Fotos und Videos aus der Vogelwelt. #FF an @tinido, @moitzfeld, @f_birdinger, @lingenhoehl, @irbarthel, @rszbt, @Saltytrees, @waderquest, @KlausRiede, @BrunnerBernd, @Barbara_Schnell, @mtwirth, @PlaasBeisemann, @kocher_sandra und @ho_uston.

Manche Bücher würden nicht geschrieben, gäbe es nicht jemanden, der im richtigen Moment »Schreib das auf!« sagt. Das war in meinem Fall Barbara Wenner, die mich nicht nur als Literaturagentin vertreten, sondern auch als Gegenleserin und Selbstzweifel-Ausräumerin unterstützt hat. Hilfreiches und anregendes Feedback kam auch von Ramona Jäger vom Lübbe-Verlag. Sie hat, zusammen mit Ann-Kathrin Schwarz, das Manuskript so lektoriert, wie man es sich als Autorin wünscht: mit messerscharfem Blick und minimalinvasiven Eingriffen.

Der letzte und größte Dank geht natürlich an meine Familie, die meinen Vogeltick seit vielen Jahren geduldig erträgt, ganz besonders an meinen Mann Wolfgang Michal.

Was habe ich für ein Glück, dass du bei mir bist.

LITERATUR

Bestimmen und beobachten: Nachschlagewerke, Hilfsmittel, Praxistipps

Frank Allmer: *Vögel beobachten: Gute Nachbarschaft mit Amsel, Drossel, Fink und Star*, Cadmos Verlag, München 2010

Peter Barthel / Paschalis Dougalis: *Was fliegt denn da? Alle Vogelarten Europas sicher bestimmen*, Kosmos Verlag, Stuttgart 2016

Hans-Heiner Bergmann / Hans-Wolfgang Helb: *Stimmen der Vögel Europas: Gesänge und Rufe von über 400 Vogelarten in mehr als 2000 Sonagrammen*, BLV Verlagsgesellschaft, München 1982

Peter Berthold / Gabriele Mohr: *Vögel füttern, aber richtig: Das ganze Jahr füttern, schützen und sicher bestimmen*, Kosmos Verlag Stuttgart 2012

Lars Jonsson: *Die Vögel Europas und des Mittelmeerraums*, Kosmos Verlag, Stuttgart 2010

Peter Krauss: *Singt der Vogel, ruft er oder schlägt er? Handwörterbuch der Vogellaute*, Matthes & Seitz Berlin 2017

Donald Kroodsma: *The Singing Life of Birds: The Art and Science of Listening to Birdsong*, Houghton Mifflin Harcourt, Boston 2005

Bill Oddie / Stephen Moss: *Birding with Bill Oddie: A Practical Guide to Birdwatching*, BBC Books, London 1997

Lars Svensson / Killian Mullarney: *Der Kosmos Vogelführer: Alle Arten Europas, Nordafrikas und Vorderasiens*, Kosmos Verlag, Stuttgart 2017

Uwe Westphal: *Schräge Vögel: Begegnungen mit Rohrdommel, Ziegenmelker, Wiedehopf und anderen heimischen Vogelarten*, pala-verlag, Darmstadt 2015

Zeitschriften und Webseiten für Vogelinteressierte

Der Falke – Journal für Vogelbeobachter, erscheint monatlich im AULA-Verlag, http://www.falke-journal.de/

Die Vogelwelt – Beiträge zur Vogelkunde, erscheint vierteljährlich im AULA-Verlag, http://www.vogelwelt.com/

http://www.xeno-canto.org/ *(online-Vogelstimmenarchiv)*
http://ornitho.de/ (Vogelbeobachtungen online melden)
http://www.naturgucker.de/natur.dll/$/ (Online-Meldeplattform für Naturbeobachtungen aller Art)
https://www.riffreporter.de/flugbegleiter/ (Journalismus für Vogelinteressierte)

Erforschen und schützen: Bestandsaufnahmen, Erfahrungsberichte, Langzeitbeobachtungen

Atlas deutscher Brutvogelarten (ADEBAR), herausgegeben von der Stiftung Vogelmonitoring Deutschland und dem Dachverband Deutscher Avifaunisten 2014
Peter Berthold: *Unsere Vögel: Warum wir sie brauchen und wie wir sie schützen können*, Ullstein, Berlin 2017
Tim Birkhead: *Bird Sense: What It's Like to Be a Bird*, Bloomsbury 2012
Bernd Brunner: *Ornithomania: Geschichte einer besonderen Leidenschaft*, Galiani, Berlin 2015
Martin Flade: *Von der Energiewende zum Biodiversitätsdesaster*, in: *Vogelwelt* 133 (2012), S. 149–158
Heinrich Gätke: *Die Vogelwarte Helgoland*, Verlag Johann Heinrich Meyer, Braunschweig 1900 (Nachdruck: Verlag und Buchhandlung Maren Knauß, Helgoland 1987)
Tim Gallagher: *The Grail Bird: Hot on the Trail of the Ivory-Billed Woodpecker*, Houghton Mifflin Harcourt, Boston 2005
Wulf Gatter: *Vogelzug und Vogelbestände in Europa: 30 Jahre Beobachtung des Langstreckenzugs am Randecker Maar*, AULA Verlag, Wiebelsheim 2001
Hermann Hötker/Christoph Leuschner: *Naturschutz in der Agrarlandschaft am Scheideweg: Misserfolge, Erfolge, neue Wege*, Michael Otto Stiftung für Umweltschutz, Hamburg 2014
Daniel Lingenhöhl: *Vogelwelt im Wandel. Trends und Perspektiven*, Wiley-VCH Verlag, Weinheim, 2011
Josef Reichholf: *Ornis. Das Leben der Vögel*, C. H. Beck, München 2014
Cord Riechelmann: *Krähen: Ein Porträt*, Matthes & Seitz, Berlin 2013
Noah Strycker: *The Thing with Feathers. The Surprising Lives of Birds and* what *They Tell Us* about *Being Human*, Riverhead Books, New York 2011

Zeitschrift *Der Falke: Sonderheft Greifvögel*, Dezember 2011
Zeitschrift *Der Falke: Sonderheft Vögel im Wald*, Dezember 2012
Zeitschrift *Der Falke: Sonderheft Vogelzug*, August 2013

Stadtvögel und Stadtnatur

Hans-Heinrich Dörrie: *Göttingens gefiederte Mitbürger: Streifzüge durch die Vogelwelt einer kleinen Großstadt*, Buchverlag Göttinger Tageblatt, Göttingen 2009
Florian Möllers und Josef Reichholf: *Wilde Tiere in der Stadt* (Bildband), Knesebeck, München 2010
Uwe Westphal: *Mehr Platz für den Spatz! Spatzen erleben, verstehen, schützen*, pala-verlag, Darmstadt 2016
Uwe Westphal / Günther Helm: *Wilde Hamburger: Austernfischer, Bekassinen und andere Nachbarn*, Murmann Verlag, Hamburg 2006
Zeitschrift *Der Falke*: *Sonderheft Stadtvögel*, Dezember 2015

Naturkunde und Naturerleben – mit und ohne Vögel

Julie Dunlap / Susan A. Cohen (Hrsg.): *Coming of Age at the End of Nature: A Generation Faces Living on a Changed Planet*, Trinity University Press, San Antonio 2016
Uta Henschel: »Ich bin eine Persönlichkeit: Die verborgenen Charaktere der Tiere«, in: *GEO Magazin* Nr. 2/2016
Jörn auf dem Kampe: »Das geheime Wissen der Tiere: Mit revolutionärer Technik entschlüsseln Forscher die Zusammenhänge der Natur«, in: *GEO Magazin* Nr. 7/2014
Elizabeth Kolbert: *Das sechste Sterben: Wie der Mensch Naturgeschichte schreibt*, Suhrkamp, Berlin 2016
Andreas Maier / Christine Büchner: *Bullau: Versuch über Natur*, Insel Verlag, Berlin 2017
George Monbiot: *Feral: Rewilding the Land, the Sea, and Human Life*, University of Chicago Press, Chicago 2014
Norbert Panek: *Der deutsche Wald im Spiegel der Bundeswaldinventur: Ergebnisse und Entwicklungstrends aus Sicht des Naturschutzes*, Greenpeace-Studie, www.greenpeace.de, 2016

Christian Schwägerl: *Menschenzeit: Zerstören oder gestalten? Wie wir heute die Welt von morgen erschaffen*, Goldmann Verlag, München 2012
Anke Sparmann: »Pestizide und das Ende unserer Insekten«, in: *GEO Magazin* Nr. 3/2017
Andreas Weber: *Mehr Matsch! Kinder brauchen Natur*, Ullstein Berlin 2011
Alan Weisman: *Die Welt ohne uns: Reisen über eine unbevölkerte Erde*, Piper, München 2009

Romane und Biografien mit hohem Vogelanteil

Marcel Beyer: *Kaltenburg*, Suhrkamp, Berlin 2009
Jonathan Franzen: *Freiheit*, Rowohlt, Reinbek 2010
Olivia Gentile: *Life List: A Woman's Quest for the World's Most Amazing Birds*, Bloomsbury 2009
Norbert Scheuer: *Die Sprache der Vögel*, C. H. Beck, München 2015
Juli Zeh: *Unterleuten*, Luchterhand Literaturverlag, München 2016
Nell Zink: *Der Mauerläufer*, Rowohlt, Reinbek 2016

VÖGEL VON A BIS Z

(*kursive Seitenzahlen verweisen auf Abbildungen*)

VÖGEL VON A BIS Z

(*kursive Seitenzahlen verweisen auf Abbildungen*)